KUWASHII

MATHEMATICS

くわしい
中学

文英堂編集部　編

ΣBEST
シグマベスト

文英堂

本書の特色と使い方

圧倒的な「くわしさ」で，考える力が身につく

本書は，豊富な情報量を，わかりやすい文章でまとめています。丸暗記ではなく，しっかりと理解しながら学習を進められるので，知識がより深まります。

要点

この単元でおさえたい内容を簡潔にまとめています。学習のはじめに，**確実におさえましょう**。

例題／ここに着目！解き方

教科書で扱われている問題やテストに出題されやすい問題を，「基本」「標準」「応用」にレベル分けし，掲載しています。
「ここに着目！」で，例題の最重要ポイントを押さえ，「解き方」で答えの求め方を学習します。

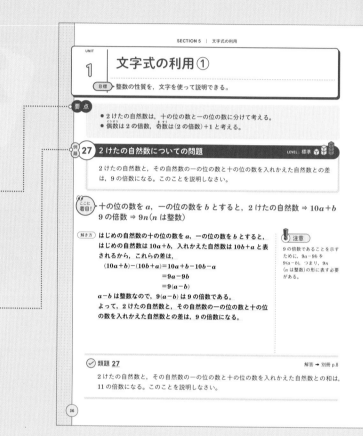

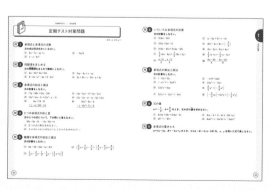

定期テスト対策問題

各章の最後に，テストで**問われやすい問題**を集めました。テスト前に，解き方が身についているかを確かめましょう。

くーくん

HOW TO USE

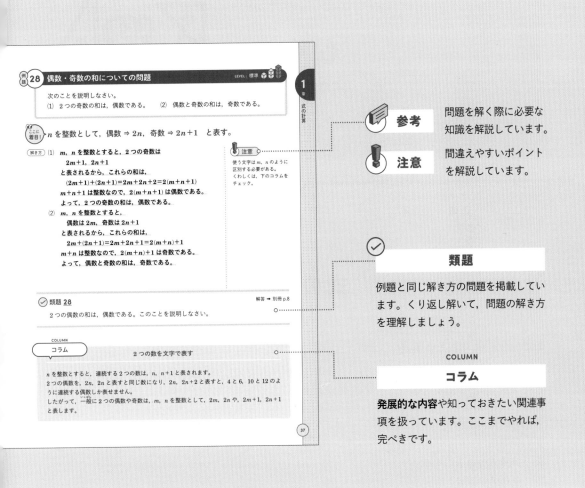

参考 問題を解く際に必要な知識を解説しています。

注意 間違えやすいポイントを解説しています。

✓ 類題

例題と同じ解き方の問題を掲載しています。くり返し解いて，問題の解き方を理解しましょう。

COLUMN

コラム

発展的な内容や知っておきたい関連事項を扱っています。ここまでやれば，完ぺきです。

思考力を鍛える問題

「思考力」を問う問題を，巻末の前半に掲載しました。いままでに学習した知識を使いこなす練習をしましょう。

入試問題にチャレンジ

巻末の後半には，実際の入試問題を掲載しています。中2数学の**総仕上げ**として，挑戦してみましょう。

も く じ
CONTENTS

1章 式の計算

2章 連立方程式

3章 1次関数

4章 平行と合同

5章 三角形と四角形

6章 確率

7章 データの比較

KUWASHII
MATHEMATICS

中 2
数 学

1章

式の計算

UNIT 1

単項式と多項式

目標 ▶ 単項式と多項式，多項式の項について理解する。

要点

- 単項式…数や文字についての乗法だけでつくられた式。1 つの文字や 1 つの数も単項式と考える。(例) $3a$, $-xy$, b, -10
- 多項式…単項式の和の形で表された式。
- 多項式の項…多項式の中のひとつひとつの単項式。

例題 1 | 単項式と多項式   LEVEL：基本

次の式は単項式と多項式のどちらであるかをいいなさい。

(1) $3x - \dfrac{1}{2}y$ (2) $-3x^2$

(3) a (4) $a^2 + b^2$

ここに着目！ 単項式 ⇒ 数や文字の乗法だけの式。
多項式 ⇒ 単項式の和の形の式。

解き方 (1) $3x - \dfrac{1}{2}y$ は，$3x + \left(-\dfrac{1}{2}y\right)$ と表せる。

したがって，単項式の和の形の式だから，**多項式** ………答

(2) 数や文字の乗法だけの式だから，**単項式** ………答

(3) 1 つの文字だから，**単項式** ………答

(4) 単項式の和の形の式だから，**多項式** ………答

 注意

1 つの文字や数は単項式。

類題 1   解答 ➡ 別冊 p.2

次の式は単項式と多項式のどちらであるかをいいなさい。

(1) $8x^2$ (2) $ab + b$

(3) $\dfrac{1}{2}x + \dfrac{1}{3}y$ (4) 5

例題 2 多項式の項

LEVEL：基本

次の多項式の項をいいなさい。

(1) $3x - 2y$

(2) $5x + 3y - 1$

(3) $4x^2 - 2x + 3$

(4) $\dfrac{1}{2}ab - 3a - b$

ここに着目！ 多項式の項 ⇒ 多項式の中のひとつひとつの単項式。

解き方 (1) $3x - 2y$ は，$3x + (-2y)$ と表せるから，その項は，

$3x,\ -2y$ ……答

(2) $5x + 3y - 1$ は，$5x + 3y + (-1)$ と表せるから，その項は，

$5x,\ 3y,\ -1$ ……答

(3) $4x^2 - 2x + 3$ は，$4x^2 + (-2x) + 3$ と表せるから，その項は，

$4x^2,\ -2x,\ 3$ ……答

(4) $\dfrac{1}{2}ab - 3a - b$ は，$\dfrac{1}{2}ab + (-3a) + (-b)$ と表せるから，そ

の項は，$\dfrac{1}{2}ab,\ -3a,\ -b$ ……答

注意

$3x - 2y$ の項は $3x,\ 2y,$ としてはいけない。

$3x - 2y$ を単項式の和の形で表すと，$3x + (-2y)$ だから，$3x,\ -2y$ が項。

多項式を，単項式の和の形に表して考えるんだね。

類題 2

解答 ➡ 別冊 p.2

次の多項式の項をいいなさい。

(1) $4x + 2y$

(2) $-3a + b - 2$

(3) $\dfrac{2}{3}x^2 - 5x + \dfrac{1}{2}$

(4) $-a^2b + 3ab^2$

1 章

式の計算

UNIT

2 単項式と多項式の次数

目標 ▶ 単項式と多項式の次数について理解する。

要点

- **単項式の次数**…単項式でかけられている文字の個数。
- **多項式の次数**…多項式の各項の次数のうちで最も大きいもの。
- 次数が **1** の式を **1** 次式，次数が **2** の式を **2** 次式という。

例題 **3** 単項式の次数

LEVEL：基本

次の単項式の次数をいいなさい。

(1) $3a$

(2) $-7xy$

(3) $5x^2$

(4) $-8a^2b^3$

 ここに着目！ かけられている文字の個数に着目する。

解き方 (1) $3a = 3 \times a$ より，かけられている文字は 1 個。

したがって，$3a$ の次数は，**1** ……答

(2) $-7xy = -7 \times x \times y$ より，かけられている文字は 2 個。

したがって，$-7xy$ の次数は，**2** ……答

(3) $5x^2 = 5 \times x \times x$ より，かけられている文字は 2 個。

したがって，$5x^2$ の次数は，**2** ……答

(4) $-8a^2b^3 = -8 \times a \times a \times b \times b \times b$ より，かけられている文字は 5 個。

したがって，$-8a^2b^3$ の次数は，**5** ……答

⊙ ×の記号

単項式を×の記号を使って表すと，次数を考えやすい。

✓ 類題 **3**

解答 ➡ 別冊 p.2

次の単項式の次数をいいなさい。

(1) $-x$

(2) $15ab^2$

(3) a^3

(4) $-5x^3y^2$

例題 4 多項式の次数 　　　　　　　　　　　　　　LEVEL: 基本

次の式は何次式かいいなさい。

(1) $5x + 3y - xy$

(2) $-4x^2$

(3) $a^2 - 3ab + b^3$

(4) $3x^2y^2 - xy + 3y^3$

ここに着目! 多項式の次数 ⇒ 各項の次数のうちで最も大きいもの。

(解き方)

(1) $5x + 3y - xy$ の各項について，$5x$ の次数は 1，$3y$ の次数は 1，$-xy$ の次数は 2。

各項の次数のうち，最も大きいものは 2 だから，

2 次式 ………(答)

(2) $-4x^2$ の次数は 2 だから，**2 次式** ………(答)

(3) $a^2 - 3ab + b^3$ の各項について，a^2 の次数は 2，$-3ab$ の次数は 2，b^3 の次数は 3。

各項の次数のうち，最も大きいものは 3 だから，

3 次式 ………(答)

(4) $3x^2y^2 - xy + 3y^3$ の各項について，$3x^2y^2$ の次数は 4，$-xy$ の次数は 2，$3y^3$ の次数は 3。

各項の次数のうち，最も大きいものは 4 だから，

4 次式 ………(答)

○ 単項式の次数

(1) $-xy = -1 \times x \times y$ より，$-xy$ の次数は 2。

(2) $-4x^2 = -4 \times x \times x$ より，$-4x^2$ の次数は 2。

✓ 類題 4 　　　　　　　　　　　　　　　　　　解答 ➜ 別冊 p.2

次の式は何次式かいいなさい。

(1) $3x^2 - x$

(2) $2x^2y - 3xy + 4y^2$

(3) $4y^3$

(4) $-a^3b^2 + 2ab$

COLUMN コラム 　　　　　　　　　　　単項式と多項式

多項式は，単項式の和の形で表される式のことです。単項式は，項の数が 1 つだけの多項式として考えることもできます。

UNIT

1 同類項

目標 ▶ 同類項をみつけ，まとめることができる。

要点

● **同類項**…多項式で，文字の部分が同じである項を同類項という。

同類項は，分配法則 $ac+bc=(a+b)c$ を使って 1 つにまとめることができる。

例題 **5** 同類項 LEVEL：基本

次の式で同類項をいいなさい。

(1) $4x-2y-3x-6y$

(2) $ab-a+3ab+2a$

(3) $7x^2-8x-2x-5x^2$

ここに着目！ ▶ 同類項 ⇒ 文字の部分が同じである項。

同じ文字でも次数が異なるものは，同類項ではない。

解き方 (1) $4x$ と $-3x$，$-2y$ と $-6y$ は，文字の部分がそれぞれ同じである。

よって，同類項は，**$4x$ と $-3x$，$-2y$ と $-6y$** ……㊐

(2) ab と $3ab$，$-a$ と $2a$ は，文字の部分がそれぞれ同じである。

よって，同類項は，**ab と $3ab$，$-a$ と $2a$** ……㊐

(3) $7x^2$ と $-5x^2$，$-8x$ と $-2x$ は，文字の部分がそれぞれ同じである。

よって，同類項は，**$7x^2$ と $-5x^2$，$-8x$ と $-2x$** ……㊐

 注意

(3) $7x^2$ と $-8x$ のような次数の異なる項は，同類項ではない。

✓ **類題 5**

解答 ➡ 別冊 p.2

次の式で同類項をいいなさい。

(1) $6x+3y-5x-4y$

(2) $x+xy+2xy-4x$

(3) $4a^2+3a-a^2+a$

例題 6 同類項をまとめる

LEVEL：標準

次の式の同類項をまとめて簡単にしなさい。

(1) $2x-3y-x+2y$

(2) $2ab+3a-a-3ab$

(3) $2x^2+x+1-4x+2+x^2$

(4) $3a+2b-c-b+2a-2c$

 ここに着目！ 分配法則 $ac+bc=(a+b)c$ を使ってまとめる。

解き方

(1) $\underset{\sim}{2x}\underset{\frown}{-3y}\underset{\sim}{-x}+2y$ ┐ 項を並べかえる

$=\underset{\sim}{2x}\underset{\sim}{-x}\underset{}{-3y}+2y$ ┘ 同類項をまとめる

$=(2-1)x+(-3+2)y$

$=\boldsymbol{x-y}$ ……（答）

(2) $2ab+3a-a-3ab=2ab-3ab+3a-a$

$=(2-3)ab+(3-1)a$

$=\boldsymbol{-ab+2a}$ ……（答）

(3) $2x^2+x+1-4x+2+x^2=2x^2+x^2+x-4x+1+2$

$=(2+1)x^2+(1-4)x+(1+2)$

$=\boldsymbol{3x^2-3x+3}$ ……（答）

(4) $3a+2b-c-b+2a-2c$

$=3a+2a+2b-b-c-2c$

$=(3+2)a+(2-1)b+(-1-2)c$

$=\boldsymbol{5a+b-3c}$ ……（答）

注意

(1) $2x-x$ を x でくくってまとめるとき，

$2x-x=(2-1)x$

また，

$-3y+2y=+(-3+2)y$

である。

$-(3+2)y$ などとしないように注意する。

✓ **類題 6**

解答 → 別冊 p.2

次の式の同類項をまとめて簡単にしなさい。

(1) $8x-7y-4x+3y$

(2) $xy+3y+5y-4xy$

(3) $a^2-4a+3-2a^2+7a-5$

(4) $5p-3q-2p+r-4r+2q$

UNIT 2 多項式の加法と減法①

目標 ▶ 多項式の加法と減法ができる。

要点

● 多項式の加法では，多項式のすべての項を加える。

● 多項式の減法では，ひくほうの多項式の各項の符号を変えて加える。

例題 7 多項式の加法

LEVEL：標準

次の計算をしなさい。

(1) $(9x - 3y) + (7x + 2y)$

(2) $(x + 3y - 1) + (3x - y - 5)$

(3) $(x^2 - 2x + 2) + (-3x^2 + x + 6)$

 多項式の加法 ⇒ 符号はそのままで，かっこをはずす。

解き方

(1) $(9x - 3y) + (7x + 2y) = 9x - 3y + 7x + 2y$

$\qquad = 9x + 7x - 3y + 2y$

$\qquad = (9 + 7)x + (-3 + 2)y$

$\qquad = \boldsymbol{16x - y}$ ……（答）

(2) $(x + 3y - 1) + (3x - y - 5) = x + 3y - 1 + 3x - y - 5$

$\qquad = x + 3x + 3y - y - 1 - 5$

$\qquad = \boldsymbol{4x + 2y - 6}$ ……（答）

(3) $(x^2 - 2x + 2) + (-3x^2 + x + 6) = x^2 - 2x + 2 - 3x^2 + x + 6$

$\qquad = x^2 - 3x^2 - 2x + x + 2 + 6$

$\qquad = \boldsymbol{-2x^2 - x + 8}$ ……（答）

◆ 同類項

同類項は忘れずにまとめる。

✓ 類題 7

解答 ➡ 別冊 p.2

次の計算をしなさい。

(1) $(x - 7y) + (-6x + 5y)$

(2) $(4x + 3y + 1) + (2x - 5y - 7)$

(3) $(2a^2 + a - 4) + (5a^2 - 5a + 2)$

(4) $(3a - b + c) + (a + 4b - 3c)$

例題 **8** 多項式の減法　　　　　　　　　　LEVEL：標準

次の計算をしなさい。

(1) $(2x-5y)-(4x-7y)$

(2) $(3x+2y-1)-(x-y+2)$

(3) $(2x^2+4x-3)-(x^2-3x-1)$

(4) $(a-3b-4c)-(2a+b-2c)$

ここに着目! 多項式の減法 ⇒ ひくほうの符号を変えてかっこをはずす。

解き方 (1) $(2x-5y)-(4x-7y)=2x-5y-4x+7y$
$$=2x-4x-5y+7y$$
$$=\mathbf{-2x+2y} \quad \text{（答）}$$

(2) $(3x+2y-1)-(x-y+2)=3x+2y-1-x+y-2$
$$=3x-x+2y+y-1-2$$
$$=\mathbf{2x+3y-3} \quad \text{（答）}$$

(3) $(2x^2+4x-3)-(x^2-3x-1)$
$$=2x^2+4x-3-x^2+3x+1$$
$$=2x^2-x^2+4x+3x-3+1$$
$$=\mathbf{x^2+7x-2} \quad \text{（答）}$$

(4) $(a-3b-4c)-(2a+b-2c)$
$$=a-3b-4c-2a-b+2c$$
$$=a-2a-3b-b-4c+2c$$
$$=\mathbf{-a-4b-2c} \quad \text{（答）}$$

○ かっこをはずす

かっこの前に－がついている場合，かっこをはずすときに符号を変える。

 かっこをはずすとき，符号に注意しよう。

✓ **類題 8**　　　　　　　　　　解答 → 別冊 p.3

次の計算をしなさい。

(1) $(x-3y)-(4x-2y)$

(2) $(5a+b-3)-(2a-4b+1)$

(3) $(8t^2-4t+9)-(2t^2-5t-8)$

(4) $(3a+2b-c)-(a-4b-3c)$

UNIT 3 多項式の加法と減法②

(目標) 縦書きによる計算ができる。2つの式の和と差を求めることができる。

要点

- 縦書きによる計算では，同類項（どうるいこう）どうしを上下にそろえて計算する。
- 多項式どうしの計算では，多項式にかっこをつけるようにする。

例題 9 縦書きによる計算　　LEVEL：標準

次の計算をしなさい。

(1)
$$x - 5y + 6$$
$$+)\ -3x + 4y - 2$$

(2)
$$-2a + b - 1$$
$$-)\ 3a - 2b + 4$$

(3)
$$-\ x^2 + 3x$$
$$-)\ -4x^2 + x + 5$$

ここに着目！ 縦書きによる計算 ⇒ 同類項を上下にそろえて計算する。

(解き方) (1)
$$x - 5y + 6$$ ← $x+(-3x)$, $-5y+4y$, $6+(-2)$ を計算する
$$+)\ -3x + 4y - 2$$
$$\mathbf{-2x - y + 4}$$ ……(答)

(2)
$$-2a + b - 1$$
$$-)\ 3a - 2b + 4$$
⇒
$$-2a + b - 1$$
$$+)\ -3a + 2b - 4$$
$$\mathbf{-5a + 3b - 5}$$ ……(答)

(3)
$$-\ x^2 + 3x$$
$$-)\ -4x^2 + x + 5$$
⇒
$$-\ x^2 + 3x$$
$$+)\ 4x^2 - x - 5$$
$$\mathbf{3x^2 + 2x - 5}$$ ……(答)
← 定数の項は，$0+(-5)$ を計算する

○ 縦書きでのひき算
ひき算では，ひく式の符号（ふごう）を変えて加える。

類題 9　　解答 ➜ 別冊 p.3

次の計算をしなさい。

(1)
$$4a + 3b - 1$$
$$+)2a - b + 5$$

(2)
$$3x^2 - x - 5$$
$$-)\ -2x^2 + 4x - 1$$

(3)
$$5a - 3b$$
$$-)\ -2a - 5b + 8$$

例題 10 2つの式の和と差

次の2つの式について，下の問いに答えなさい。

$$3a+2b+1, \quad 4a-5b+3$$

(1) 2つの式の和を求めなさい。

(2) 左の式から右の式をひいたときの差を求めなさい。

ここに着目！ 多項式どうしでの計算では，多項式にかっこをつけて計算する。
差の計算では，かっこをはずすときに，符号を変える。

解き方
(1) $(3a+2b+1)+(4a-5b+3)$

$\quad = 3a+2b+1+4a-5b+3$

$\quad = 3a+4a+2b-5b+1+3$

$\quad = \boldsymbol{7a-3b+4}$ ……（答）

(2) $(3a+2b+1)-(4a-5b+3)$

$\quad = 3a+2b+1-4a+5b-3$

$\quad = 3a-4a+2b+5b+1-3$

$\quad = \boldsymbol{-a+7b-2}$ ……（答）

 注意

(2)では，多項式にかっこを
つけるのを忘れて，
$3a+2b+1-4a-5b+3$
としないように注意する。

✓ **類題 10**

解答 → 別冊 p.3

次の2つの式について，下の問いに答えなさい。

$$x-3y-2, \quad 3x+y-1$$

(1) 2つの式の和を求めなさい。

(2) 左の式から右の式をひいたときの差を求めなさい。

UNIT

4 | 多項式の加法と減法 ③

（目標）▶ 2 重かっこのある式や複雑な式の計算ができる。

要点

● 2 重かっこは順にはずす。
● 係数が分数のときは，係数を通分して計算する。

例題 11 | **2 重かっこのある式** LEVEL：応用

次の計算をしなさい。

(1) $2a + b - \{a + b - (3a - b)\}$

(2) $x - 2y - \{-3x + (2x - y)\}$

 ここに着目！ ▶ 2 重かっこは内側から，または外側から順にはずす。

解き方 (1) $2a + b - \{a + b - (3a - b)\}$

$= 2a + b - (a + b - 3a + b)$ ◀ かっこの中を先に整理する

$= 2a + b - (a - 3a + b + b) = 2a + b - (-2a + 2b)$

$= 2a + b + 2a - 2b = 2a + 2a + b - 2b$

$= \boldsymbol{4a - b}$ ……… 答

(2) $x - 2y - \{-3x + (2x - y)\}$

$= x - 2y - (-3x + 2x - y) = x - 2y - (-x - y)$

$= x - 2y + x + y = x + x - 2y + y$

$= \boldsymbol{2x - y}$ ……… 答

参考

2 重かっこは内側から順にはずすことが多いが，
(1) $2a + b - \{a + b - (3a - b)\}$
$= 2a + b - a - b + (3a - b)$
$= 2a - a + b - b + (3a - b)$
$= a + (3a - b)$
$= a + 3a - b$
$= 4a - b$
のように，外側から順にかっこをはずすこともできる。

✓ **類題 11**

次の計算をしなさい。

解答 ➡ 別冊 p.3

(1) $4a + \{3b - (3a - 5b)\}$

(2) $3x - \{-2x + y - (4x - 5y)\}$

(3) $2a - b - \{b - 3c - (a + c)\}$

例題 **12** 複雑な式の計算　　　　　　　　　　　　　LEVEL：応用

$$-\frac{2}{3}x+\frac{3}{4}y-\left\{-\frac{1}{3}x+\frac{2}{3}y-\left(\frac{1}{2}x-\frac{1}{4}y\right)\right\}$$ を計算しなさい。

ここに着目！ 係数が分数のときの加法・減法は，係数を通分して計算する。

解き方

$$-\frac{2}{3}x+\frac{3}{4}y-\left\{-\frac{1}{3}x+\frac{2}{3}y-\left(\frac{1}{2}x-\frac{1}{4}y\right)\right\}$$

$$=-\frac{2}{3}x+\frac{3}{4}y-\left(-\frac{1}{3}x+\frac{2}{3}y-\frac{1}{2}x+\frac{1}{4}y\right)$$

$$=-\frac{2}{3}x+\frac{3}{4}y-\left(-\frac{1}{3}x-\frac{1}{2}x+\frac{2}{3}y+\frac{1}{4}y\right)$$

$$=-\frac{2}{3}x+\frac{3}{4}y-\left(-\frac{5}{6}x+\frac{11}{12}y\right)$$

$$=-\frac{2}{3}x+\frac{3}{4}y+\frac{5}{6}x-\frac{11}{12}y$$

$$=-\frac{2}{3}x+\frac{5}{6}x+\frac{3}{4}y-\frac{11}{12}y$$

$$=\frac{1}{6}x-\frac{1}{6}y$$ ……（答）

参考

外側から順にかっこをはずすこともできる。

✓ 類題 **12**

解答 ➡ 別冊 p.4

次の計算をしなさい。

(1) $\dfrac{4}{5}x-\dfrac{1}{3}y-\dfrac{1}{3}-\left(\dfrac{1}{2}x+\dfrac{2}{3}y-\dfrac{1}{4}\right)$

(2) $\dfrac{2}{3}a+\dfrac{1}{2}b-\left\{a-\dfrac{1}{2}b-\left(\dfrac{2}{5}a+b\right)\right\}$

いろいろな多項式の計算①

UNIT 1

> **目標** 多項式と数の乗法や除法の計算ができる。

要点

- **多項式と数の乗法**…分配法則を使って計算する。
- **多項式と数の除法**…乗法になおして計算する。

例題 13 （数）×（多項式），（多項式）×（数）

LEVEL：標準

次の計算をしなさい。

(1) $4(3x - 2y + 1)$

(2) $(a - 6b + 2) \times (-3)$

(3) $(2x - 3y + 1) \times \dfrac{1}{6}$

ここに着目！ 多項式と数の乗法 ⇒ 分配法則を使う。

解き方

(1) $4(3x - 2y + 1) = 4 \times 3x + 4 \times (-2y) + 4 \times 1$

$\qquad\qquad\qquad = \boldsymbol{12x - 8y + 4}$ ……（答）

(2) $(a - 6b + 2) \times (-3) = a \times (-3) - 6b \times (-3) + 2 \times (-3)$

$\qquad\qquad\qquad\qquad = \boldsymbol{-3a + 18b - 6}$ ……（答）

(3) $(2x - 3y + 1) \times \dfrac{1}{6} = 2x \times \dfrac{1}{6} - 3y \times \dfrac{1}{6} + 1 \times \dfrac{1}{6}$

$\qquad\qquad\qquad\qquad = \boldsymbol{\dfrac{1}{3}x - \dfrac{1}{2}y + \dfrac{1}{6}}$ ……（答）

○ 分配法則

$a(b + c) = ab + ac$

$(a + b)c = ac + bc$

参考

(3)の答えは，

$\dfrac{2x - 3y + 1}{6}$

のような書き方をしてもよい。

類題 13

解答 ➡ 別冊 p.4

次の計算をしなさい。

(1) $2(4x - 3y)$

(2) $(2a + 5b) \times 3$

(3) $-\dfrac{1}{4}(2x - 4y - 3)$

(4) $(2x^2 - x + 3) \times (-5)$

14 （多項式）÷（数）　　　LEVEL：標準

次の計算をしなさい。

(1) $(6x^2 + 4x) \div 2$

(2) $(3a - 5b + 4) \div (-6)$

(3) $(4x^2 - 6x + 3) \div \dfrac{3}{2}$

ここに着目！ 多項式と数の除法 ⇒ わる数の逆数をかけて乗法になおす。

（解き方） (1) $(6x^2 + 4x) \div 2 = (6x^2 + 4x) \times \dfrac{1}{2}$ ← わる数の逆数をかける

$$= 6x^2 \times \dfrac{1}{2} + 4x \times \dfrac{1}{2}$$

$$= 3x^2 + 2x \quad \text{（答）}$$

(2) $(3a - 5b + 4) \div (-6) = (3a - 5b + 4) \times \left(-\dfrac{1}{6}\right)$

$$= 3a \times \left(-\dfrac{1}{6}\right) - 5b \times \left(-\dfrac{1}{6}\right) + 4 \times \left(-\dfrac{1}{6}\right)$$

$$= -\dfrac{1}{2}a + \dfrac{5}{6}b - \dfrac{2}{3} \quad \text{（答）}$$

(3) $(4x^2 - 6x + 3) \div \dfrac{3}{2} = (4x^2 - 6x + 3) \times \dfrac{2}{3}$

$$= 4x^2 \times \dfrac{2}{3} - 6x \times \dfrac{2}{3} + 3 \times \dfrac{2}{3}$$

$$= \dfrac{8}{3}x^2 - 4x + 2 \quad \text{（答）}$$

 注意

逆数は分母と分子を入れかえた数になる。

(1) $2 = \dfrac{2}{1}$ の逆数は $\dfrac{1}{2}$。

 参考

(2) $\dfrac{-3a + 5b - 4}{6}$ を答えとしてもよい。

(3) $\dfrac{8x^2 - 12x + 6}{3}$ を答えとしてもよい。

✓ **類題 14**

解答 → 別冊 p.4

次の計算をしなさい。

(1) $(15x - 12y) \div 3$

(2) $(5a^2 - 3a) \div (-5)$

(3) $(20a + 10b - 15) \div \dfrac{5}{3}$

(4) $(2x^2 - 6x - 4) \div \left(-\dfrac{1}{2}\right)$

UNIT

2 いろいろな多項式の計算②

目標 ▶乗法と加法・減法が混じった式の計算ができる。

要点

● 乗法と加法・減法が混じった式…かっこをはずして同類項（どうるいこう）をまとめる。

例題 **15** 乗法と加法が混じった式　　　　　　　LEVEL：標準

次の計算をしなさい。

(1) $-3(2x+y)+2(x-2y)$

(2) $5(x^2-2x+1)+4(x^2+2x-1)$

(3) $4(3a+b-c)+3(a+3b+2c)$

 ここに着目！ 分配法則を使ってかっこをはずす。

解き方 (1) $-3(2x+y)+2(x-2y)$

$= -3\times2x-3\times y+2\times x+2\times(-2y)$

$= -6x-3y+2x-4y = -6x+2x-3y-4y$

$= \boldsymbol{-4x-7y}$ ……… 答

(2) $5(x^2-2x+1)+4(x^2+2x-1)$

$=5x^2-10x+5+4x^2+8x-4 = 5x^2+4x^2-10x+8x+5-4$

$= \boldsymbol{9x^2-2x+1}$ ……… 答

(3) $4(3a+b-c)+3(a+3b+2c)$

$=12a+4b-4c+3a+9b+6c$

$=12a+3a+4b+9b-4c+6c$

$= \boldsymbol{15a+13b+2c}$ ……… 答

注意

（数）×（多項式）でかっこを
はずすとき，多項式のすべ
ての項に数をかけるのを忘
れないようにする。

(1) $-3(2x+y)$

$= -3\times2x+y$

などとしない。

✓ 類題 **15**

解答 ➡ 別冊 p.4

次の計算をしなさい。

(1) $2(4x+3y)+3(x-y)$

(2) $3(8a^2-6a-1)+2(6a^2-3a+2)$

(3) $2(4p-3q-r)+5(3p+2q-3r)$

例題 16　乗法と減法が混じった式　　　　LEVEL：標準

次の計算をしなさい。

(1)　$4(x-5y)-2(3x+4y)$　　　　(2)　$5(2a+3b-1)-(a-2b+4)$

(3)　$2(3x^2+x-2)-3(5x^2-2x-1)$　　(4)　$3(3a-b+2c)-4(2a-3b+4c)$

ここに着目！ かっこの前が−のときは，かっこ内の符号を変えて，かっこをはずす。
$-(\bigcirc+\triangle-\square) \Rightarrow -\bigcirc-\triangle+\square$

解き方

(1)　$4(x-5y)-2(3x+4y)$
$=4x-20y-6x-8y$
$=4x-6x-20y-8y$
$=\boldsymbol{-2x-28y}$ ⋯⋯⋯ (答)

(2)　$5(2a+3b-1)-(a-2b+4)$
$=10a+15b-5-a+2b-4$
$=10a-a+15b+2b-5-4$
$=\boldsymbol{9a+17b-9}$ ⋯⋯⋯ (答)

(3)　$2(3x^2+x-2)-3(5x^2-2x-1)$
$=6x^2+2x-4-15x^2+6x+3$
$=6x^2-15x^2+2x+6x-4+3$
$=\boldsymbol{-9x^2+8x-1}$ ⋯⋯⋯ (答)

(4)　$3(3a-b+2c)-4(2a-3b+4c)$
$=9a-3b+6c-8a+12b-16c$
$=9a-8a-3b+12b+6c-16c$
$=\boldsymbol{a+9b-10c}$ ⋯⋯⋯ (答)

注意

(1) $-2(3x+4y)$
$=(-2)\times3x+(-2)\times4y$
$=-6x-8y$
である。
−の符号を忘れて，
$-2(3x+4y)$
$=-6x+8y$
などとしないよう注意する。

かっこをはずすときの符号は合っているかな？

類題 16

解答 → 別冊 p.5

次の計算をしなさい。

(1)　$3(4a-2b)-5(a-3b)$　　　(2)　$-3(2x-5y+1)-2(4x+6y-3)$

(3)　$4(a^2-6a-8)-2(3a^2+4a+5)$　(4)　$6(2x+3y-z)-4(4x-2y+3z)$

UNIT

3 いろいろな多項式の計算③

目標 → 分数をふくむ式や分数の形をした式の計算ができる。

要点

● 分数の形をした式は，通分するか，（分数）×（多項式）の形になおす。

例題 **17** 分数をふくむ式 　　　　　　　　　LEVEL：標準

次の計算をしなさい。

(1) $\dfrac{1}{3}(6x-9y)+\dfrac{1}{4}(8x+4y)$ 　　　(2) $\dfrac{1}{5}(3a-2b)-\dfrac{1}{3}(a-2b)$

ここに
着目! → 係数が分数のときは，通分して同類項をまとめる。

解き方 (1) $\dfrac{1}{3}(6x-9y)+\dfrac{1}{4}(8x+4y)$

$=2x-3y+2x+y$

$=2x+2x-3y+y$

$=\boldsymbol{4x-2y}$ ……（答）

(2) $\dfrac{1}{5}(3a-2b)-\dfrac{1}{3}(a-2b)$

$=\dfrac{3}{5}a-\dfrac{2}{5}b-\dfrac{1}{3}a+\dfrac{2}{3}b$

$=\dfrac{3}{5}a-\dfrac{1}{3}a-\dfrac{2}{5}b+\dfrac{2}{3}b$

$=\boldsymbol{\dfrac{4}{15}a+\dfrac{4}{15}b}$ ……（答）

 参考

(2) $\dfrac{4a+4b}{15}$ を答えとして
もよい。

✓ 類題 **17** 　　　　　　　　　　　　　　　　解答 ➜ 別冊 p.5

次の計算をしなさい。

(1) $\dfrac{1}{6}(12x+8y)+\dfrac{1}{3}(15x-7y)$ 　　(2) $\dfrac{1}{2}(a+2b)-\dfrac{1}{5}(2a-4b)$

$\dfrac{2x+y}{2} - \dfrac{2x-3y}{3}$ を計算しなさい。

 通分するか，（分数）×（多項式）の形になおす。

（解き方）通分すると，

$$\dfrac{2x+y}{2} - \dfrac{2x-3y}{3} = \dfrac{3(2x+y)}{6} - \dfrac{2(2x-3y)}{6}$$

$$= \dfrac{3(2x+y) - 2(2x-3y)}{6}$$

$$= \dfrac{6x+3y-4x+6y}{6}$$

$$= \dfrac{6x-4x+3y+6y}{6}$$

$$= \dfrac{2x+9y}{6} \quad \cdots\cdots ⓐ$$

［別解］

（分数）×（多項式）の形になおすと，

$$\dfrac{2x+y}{2} - \dfrac{2x-3y}{3} = \dfrac{1}{2}(2x+y) - \dfrac{1}{3}(2x-3y)$$

$$= x + \dfrac{1}{2}y - \dfrac{2}{3}x + y$$

$$= x - \dfrac{2}{3}x + \dfrac{1}{2}y + y$$

$$= \dfrac{1}{3}x + \dfrac{3}{2}y \quad \cdots\cdots ⓐ$$

 参考

$$\dfrac{2x+9y}{6}$$

$$= \dfrac{2x}{6} + \dfrac{9y}{6}$$

$$= \dfrac{1}{3}x + \dfrac{3}{2}y$$

より，2 つの解き方の答え
は同じである。

✓ 類題 **18**

解答 ➡ 別冊 p.5

次の計算をしなさい。

(1) $\dfrac{3x-2y}{4} + \dfrac{2x-y}{5}$

(2) $\dfrac{a-3b}{4} - \dfrac{2a-3b}{6}$

UNIT
1

単項式の乗法と除法①

目標 ▶ 単項式の乗法や同じ文字をふくむ式の乗法の計算ができる。

要点

● **単項式の乗法**…係数の積に文字の積をかける。
● **同じ文字をふくむ式の乗法**…同じ文字の積は指数を使って表す。

例題 **19** 単項式の乗法

LEVEL：基本

次の計算をしなさい。

(1) $2a \times 8b$

(2) $3x \times (-2y)$

(3) $(-5m) \times 4n$

(4) $\left(-\dfrac{1}{4}ab\right) \times (-12c)$

ここに着目！ **単項式の乗法 ⇒（係数の積）×（文字の積）**

解き方 (1) $2a \times 8b = 2 \times a \times 8 \times b$
      $= \boldsymbol{16ab}$ ……（答）

(2) $3x \times (-2y) = 3 \times x \times (-2) \times y$
      $= \boldsymbol{-6xy}$ ……（答）

(3) $(-5m) \times 4n = -5 \times m \times 4 \times n$
      $= \boldsymbol{-20mn}$ ……（答）

(4) $\left(-\dfrac{1}{4}ab\right) \times (-12c) = -\dfrac{1}{4} \times a \times b \times (-12) \times c$
      $= \boldsymbol{3abc}$ ……（答）

参考

単項式の乗法の結果は，積の表し方
①かけ算の記号×を省く。
②数を文字の前に書く。
にしたがって表す。

✓ 類題 **19**

解答 ➡ 別冊 p.6

次の計算をしなさい。

(1) $6x \times 3y$

(2) $7a \times (-4b)$

(3) $(-6p) \times \dfrac{1}{3}q$

(4) $\left(-\dfrac{1}{4}x\right) \times (-10yz)$

例題 20 同じ文字の積をふくむ式の乗法 LEVEL：標準

次の計算をしなさい。

(1) $4a \times (-2a^2)$

(2) $\left(-\dfrac{1}{2}x\right) \times 2x^2$

(3) $3xy \times 2x^2y$

(4) $5ab \times (-3b^2)$

 ここに着目！ 同じ文字の積 ⇒ 指数を使って表す。

解き方
(1) $4a \times (-2a^2) = 4 \times a \times (-2) \times a \times a$
$= \boldsymbol{-8a^3}$ …………答

(2) $\left(-\dfrac{1}{2}x\right) \times 2x^2 = -\dfrac{1}{2} \times x \times 2 \times x \times x$
$= \boldsymbol{-x^3}$ …………答

(3) $3xy \times 2x^2y = 3 \times x \times y \times 2 \times x \times x \times y$
$= \boldsymbol{6x^3y^2}$ …………答

(4) $5ab \times (-3b^2) = 5 \times a \times b \times (-3) \times b \times b$
$= \boldsymbol{-15ab^3}$ …………答

累乗の指数

(1) a が 3 個
(2) x が 3 個
(3) x が 3 個，y が 2 個
(4) a が 1 個，b が 3 個
となっている。

類題 20

解答 → 別冊 p.6

次の計算をしなさい。

(1) $4x^2 \times x$

(2) $(-5y) \times 2y^2$

(3) $4ab^2 \times \left(-\dfrac{1}{6}ab\right)$

(4) $(-3a^2b) \times (-4ab^2)$

UNIT 2 単項式の乗法と除法②

目標▶累乗をふくむ式の乗法の計算ができる。

要点

● **単項式の累乗をふくむ式**…何を何回かけているのかに注意する。

例題 21 単項式の累乗をふくむ式の乗法

LEVEL：標準

次の計算をしなさい。

(1) $(-3x)^2$

(2) $(2xy)^3$

(3) $(-a)^2 \times (-2b)^3$

ここに着目！ **何を何回かけているのかに注意する。**
負の数の累乗は，指数が奇数 ⇒ 負，偶数 ⇒ 正。

解き方
(1) $(-3x)^2 = (-3x) \times (-3x)$
$= \boldsymbol{9x^2}$ ……（答）

(2) $(2xy)^3 = (2xy) \times (2xy) \times (2xy)$
$= \boldsymbol{8x^3y^3}$ ……（答）

(3) $(-a)^2 \times (-2b)^3 = \{(-a) \times (-a)\} \times \{(-2b) \times (-2b) \times (-2b)\}$
$= a^2 \times (-8b^3)$
$= \boldsymbol{-8a^2b^3}$ ……（答）

注意
(1) $(-3x)^2$ は，-3 を 2 回，x を 2 回かけていることを表している。
$(-3x)^2 = -3x^2$,
$(-3x)^2 = 9x$ などとしないように注意する。

類題 21

解答 ➡ 別冊 p.6

次の計算をしなさい。

(1) $(-4x)^3$

(2) $(-2ab)^2$

(3) $(-m)^3 \times (3n)^2$

UNIT 3 | 単項式の乗法と除法③

目標 ▶ 単項式の除法の計算ができる。

要点

● 単項式の除法… $A \div B = \dfrac{A}{B}$

例題 22 単項式の除法 LEVEL：標準

次の計算をしなさい。

(1) $6x^2 \div 2x$

(2) $12a^2b \div (-8a)$

(3) $(-10xy^2) \div 5x^2y$

ここに着目！ $A \div B = \dfrac{A}{B}$ 約分ができるか，1 つ 1 つ確認する。

解き方 (1) $6x^2 \div 2x = \dfrac{6x^2}{2x} = \dfrac{6 \times x \times x}{2 \times x}$

$= \boldsymbol{3x}$ ……… 答

(2) $12a^2b \div (-8a) = \dfrac{12a^2b}{-8a} = -\dfrac{12 \times a \times a \times b}{8 \times a}$

$= -\dfrac{\boldsymbol{3}}{\boldsymbol{2}}\boldsymbol{ab}$ ……… 答

(3) $(-10xy^2) \div 5x^2y = \dfrac{-10xy^2}{5x^2y} = -\dfrac{10 \times x \times y \times y}{5 \times x \times x \times y}$

$= -\dfrac{\boldsymbol{2y}}{\boldsymbol{x}}$ ……… 答

 参考

(1)わる数 $2x$ の逆数 $\dfrac{1}{2x}$ を

かけて，

$6x^2 \div 2x$

$= 6x^2 \times \dfrac{1}{2x}$

と計算してもよい。

✓ 類題 22

解答 ➡ 別冊 p.6

次の計算をしなさい。

(1) $4a^3 \div 2a^2$

(2) $(-4xy^2) \div 2xy$

(3) $3a^2 \div (-6ab)$

式の計算 1章

UNIT 4 単項式の乗法と除法④

目標 分数をふくむ式の除法や乗除の混じった式の計算ができる。

要点

● **分数をふくむ式の除法**… $A \div \dfrac{B}{C} = A \times \dfrac{C}{B}$

● **乗法と除法の混じった式**…わる式の逆数をかけて積の形になおす。

例題 23 分数をふくむ式の除法 LEVEL: 応用

次の計算をしなさい。

(1) $\dfrac{1}{6}x^3 \div \dfrac{2}{3}x$

(2) $\dfrac{5}{2}a^2b \div \left(-\dfrac{5}{4}ab^2\right)$

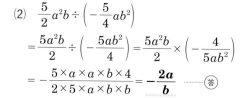

ここに着目！ $\dfrac{2}{3}x \Rightarrow \dfrac{2x}{3}$ 分数の外にある文字を分子に入れてから逆数にする。

解き方 (1) $\dfrac{1}{6}x^3 \div \dfrac{2}{3}x = \dfrac{x^3}{6} \div \dfrac{2x}{3} = \dfrac{x^3}{6} \times \dfrac{3}{2x}$

$= \dfrac{x \times x \times x \times 3}{6 \times 2 \times x} = \dfrac{1}{4}x^2$ ……（答）

(2) $\dfrac{5}{2}a^2b \div \left(-\dfrac{5}{4}ab^2\right)$

$= \dfrac{5a^2b}{2} \div \left(-\dfrac{5ab^2}{4}\right) = \dfrac{5a^2b}{2} \times \left(-\dfrac{4}{5ab^2}\right)$

$= -\dfrac{5 \times a \times a \times b \times 4}{2 \times 5 \times a \times b \times b} = -\dfrac{2a}{b}$ ……（答）

 注意

(1) $\dfrac{2}{3}x = \dfrac{2x}{3}$ より，$\dfrac{2}{3}x$ の

逆数は $\dfrac{3}{2x}$。$\dfrac{3}{2}x$ ではない。

類題 23 解答 ➡ 別冊 p.6

次の計算をしなさい。

(1) $\dfrac{2}{3}a^3 \div \dfrac{1}{4}a^2$

(2) $\left(-\dfrac{3}{8}xy^2\right) \div \dfrac{9}{4}y^2$

(3) $3ab^2 \div \left(-\dfrac{1}{4}ab\right)$

(4) $\dfrac{1}{6}xy \div \dfrac{2}{3}x^2$

24 乗法と除法の混じった式の計算

LEVEL：応用

次の計算をしなさい。

(1) $(-3a^2b) \div 3ab \times 2b$

(2) $8x^2y \div \dfrac{5}{2}x \div \dfrac{4}{3}y^2$

ここに着目！ 除法は，すべて積の形になおし，約分ミスに気をつける。

解き方 (1) $(-3a^2b) \div 3ab \times 2b$

$= -3a^2b \times \dfrac{1}{3ab} \times 2b$

$= -\dfrac{3a^2b \times 2b}{3ab}$

$= \boldsymbol{-2ab}$ ……（答）

(2) $8x^2y \div \dfrac{5}{2}x \div \dfrac{4}{3}y^2 = 8x^2y \div \dfrac{5x}{2} \div \dfrac{4y^2}{3}$

$= 8x^2y \times \dfrac{2}{5x} \times \dfrac{3}{4y^2}$

$= \dfrac{8x^2y \times 2 \times 3}{5x \times 4y^2}$

$= \boldsymbol{\dfrac{12x}{5y}}$ ……（答）

 参考

(1) $A \div B \times C$

$= A \times \dfrac{1}{B} \times C$

$= \dfrac{A \times C}{B}$

(2) $A \div B \div C$

$= A \times \dfrac{1}{B} \times \dfrac{1}{C}$

$= \dfrac{A}{B \times C}$

符号と，分数をふくむ項の逆数に気をつけて計算しよう。

✓ **類題 24**

解答 → 別冊 p.7

次の計算をしなさい。

(1) $6ab \times 2a^2b \div 9a^2b^2$

(2) $\dfrac{5}{2}x \times (-2xy) \div \dfrac{10}{3}y^2$

UNIT

5 | 式の値

目標 ⟩ 式の計算を利用して，式の値を求めることができる。

要点

● 式の値…式を簡単にしてから，数を代入して式の値を求める。

例題 25 多項式と式の値 LEVEL：標準

$x = 2$，$y = -\dfrac{1}{3}$ のとき，次の式の値を求めなさい。

(1) $2(x - 5y) + 4(x + 4y)$　　　　(2) $3(2x + y) - 2(x - y)$

 ここに着目！ ⟩ 式を簡単にする ⇒ これ以上計算できない式の形にする。

解き方 (1) $2(x - 5y) + 4(x + 4y) = 2x - 10y + 4x + 16y$

$= 2x + 4x - 10y + 16y = \underline{6x + 6y}$

└─ これ以上計算できない

この式に $x = 2$，$y = -\dfrac{1}{3}$ を代入すると，

$6x + 6y = 6 \times 2 + 6 \times \left(-\dfrac{1}{3}\right) = 12 - 2 = \mathbf{10}$ ………答

(2) $3(2x + y) - 2(x - y) = 6x + 3y - 2x + 2y$

$= 6x - 2x + 3y + 2y = 4x + 5y$

この式に $x = 2$，$y = -\dfrac{1}{3}$ を代入すると，

$4x + 5y = 4 \times 2 + 5 \times \left(-\dfrac{1}{3}\right) = 8 - \dfrac{5}{3} = \mathbf{\dfrac{19}{3}}$ ………答

◆ 式を簡単にする

与えられた式にそのまま数を代入しても，式の値は求められるが，式を簡単にしてから代入したほうが計算が速く，ミスも少ない。

✓ 類題 25 解答 → 別冊 p.7

$a = -4$，$b = \dfrac{1}{2}$ のとき，次の式の値を求めなさい。

(1) $2(2a + 3b) + 4(a - 5b)$　　　(2) $3(a - 2b) - 2(3a - 7b)$

(3) $3a + \{7b - (2a - 3b)\}$　　　(4) $2a - b - \{3b - (3a + 4b)\}$

26 単項式の乗法・除法と式の値　LEVEL：応用

$a = \dfrac{2}{3}$，$b = -\dfrac{1}{2}$ のとき，次の式の値を求めなさい。

(1)　$6a^2b^2 \div 2ab$

(2)　$9a^3b \div 3a^2 \times (-4b)$

ここに着目！ 除法は，わる式の逆数をかける。

解き方

(1)　$6a^2b^2 \div 2ab = \dfrac{6a^2b^2}{2ab}$

$\qquad\qquad\qquad\quad = 3ab$

この式に $a = \dfrac{2}{3}$，$b = -\dfrac{1}{2}$ を代入すると，

$3ab = 3 \times \dfrac{2}{3} \times \left(-\dfrac{1}{2}\right) = \mathbf{-1}$ ………㊙

(2)　$9a^3b \div 3a^2 \times (-4b) = -9a^3b \times \dfrac{1}{3a^2} \times 4b$

$\qquad\qquad\qquad\qquad\quad = -\dfrac{9a^3b \times 4b}{3a^2}$

$\qquad\qquad\qquad\qquad\quad = -12ab^2$

この式に $a = \dfrac{2}{3}$，$b = -\dfrac{1}{2}$ を代入すると，

$-12ab^2 = -12 \times \dfrac{2}{3} \times \left(-\dfrac{1}{2}\right)^2 = -12 \times \dfrac{2}{3} \times \dfrac{1}{4}$

$\qquad\qquad = \mathbf{-2}$ ………㊙

注意

文字の累乗に負の数や分数を代入するときは，かっこをつける。

かっこをつけることで，負の数のときは，符号のミス，分数のときは，分子だけを2乗，3乗，…として，分母を2乗，3乗，…とするのを忘れてしまうようなミスを防ぐことができる。

✓ **類題 26**

解答 → 別冊 p.7

$x = 4$，$y = -\dfrac{1}{3}$ のとき，次の式の値を求めなさい。

(1)　$6xy^2 \div (-2y)$

(2)　$4x^3y^2 \div 6xy$

(3)　$9x^2 \div 2x^2y \times 8xy^3$

(4)　$2x^2y^2 \times 9xy \div (-3xy^2)$

UNIT

1 | 文字式の利用①

目標 ▶ 整数の性質を，文字を使って説明できる。

要点

- 2 けたの自然数は，十の位の数と一の位の数に分けて考える。
- 偶数は 2 の倍数，奇数は (2 の倍数)＋1 と考える。

例題 **27** 2 けたの自然数についての問題

LEVEL：標準

2 けたの自然数と，その自然数の一の位の数と十の位の数を入れかえた自然数との差は，9 の倍数になる。このことを説明しなさい。

ここに着目！ 十の位の数を a，一の位の数を b とすると，2 けたの自然数 ⇒ $10a+b$
9 の倍数 ⇒ $9n$ (n は整数)

解き方 はじめの自然数の十の位の数を a，一の位の数を b とすると，
はじめの自然数は $10a+b$，入れかえた自然数は $10b+a$ と表されるから，これらの差は，

$$(10a+b)-(10b+a)=10a+b-10b-a$$
$$=9a-9b$$
$$=9(a-b)$$

$a-b$ は整数なので，$9(a-b)$ は 9 の倍数である。
よって，2 けたの自然数と，その自然数の一の位の数と十の位の数を入れかえた自然数との差は，9 の倍数になる。

注意

9 の倍数であることを示すために，$9a-9b$ を $9(a-b)$，つまり，$9n$ (n は整数) の形に表す必要がある。

✓ 類題 **27**

解答 → 別冊 p.8

2 けたの自然数と，その自然数の一の位の数と十の位の数を入れかえた自然数との和は，11 の倍数になる。このことを説明しなさい。

例題 **28** 偶数・奇数の和についての問題　　　　　　　　LEVEL：標準

次のことを説明しなさい。

(1) 2つの奇数の和は，偶数である。　　(2) 偶数と奇数の和は，奇数である。

ここに着目！ n を整数として，偶数 $\Rightarrow 2n$，奇数 $\Rightarrow 2n+1$　と表す。

解き方 (1)　m，n を整数とすると，2つの奇数は

$2m+1$，$2n+1$

と表されるから，これらの和は，

$(2m+1)+(2n+1)=2m+2n+2=2(m+n+1)$

$m+n+1$ は整数なので，$2(m+n+1)$ は偶数である。

よって，2つの奇数の和は，偶数である。

(2)　m，n を整数とすると，

偶数は $2m$，奇数は $2n+1$

と表されるから，これらの和は，

$2m+(2n+1)=2m+2n+1=2(m+n)+1$

$m+n$ は整数なので，$2(m+n)+1$ は奇数である。

よって，偶数と奇数の和は，奇数である。

注意

使う文字は m，n のように区別する必要がある。
くわしくは，下のコラムをチェック。

✓ 類題 **28**

解答 ➡ 別冊 p.8

2つの偶数の和は，偶数である。このことを説明しなさい。

COLUMN

コラム

2つの数を文字で表す

n を整数とすると，連続する2つの数は，n，$n+1$ と表されます。

2つの偶数を，$2n$，$2n$ と表すと同じ数になり，$2n$，$2n+2$ と表すと，4と6，10と12のように連続する偶数しか表せません。

したがって，一般に2つの偶数や奇数は，m，n を整数として，$2m$，$2n$ や，$2m+1$，$2n+1$ と表します。

文字式の利用②

(目標)➤ 整数の性質やカレンダーのしくみを，文字を使って説明できる。

 要 点

- 連続する整数は 1 つずつ増えていく。
- カレンダー上で，縦に並んだ 1 つ上の数は −7，1 つ下の数は +7 になる。

例題 29 連続する整数の和についての問題　　　LEVEL：標準

3 つの連続する整数の和は，3 の倍数である。このことを説明しなさい。

ここに着目!➤ 3 つの連続する整数 ⇒ $n-1$，n，$n+1$（n：整数）

3 の倍数 ⇒ $3n$（n：整数）

(解き方) 3 つの連続する整数のうち，真ん中の数を n とすると，3 つの

連続する整数は，

　　$n-1$，n，$n+1$

と表されるから，これらの和は，

　　$(n-1)+n+(n+1)=3n$

n は整数なので，$3n$ は 3 の倍数である。

よって，3 つの連続する整数の和は，3 の倍数である。

参考

最も小さい数を n として
もよい。
この場合，3 つの数は，n，
$n+1$，$n+2$ と表され，
$n+(n+1)+(n+2)$
$=3n+3=3(n+1)$ となる。

 類題 29　　　　　　　　　　　　　　　　　　　解答 ➡ 別冊 p.8

3 つの連続する偶数（ぐうすう）の和は，6 の倍数である。このことを説明しなさい。

例題 30 カレンダーの数の和についての問題

LEVEL：標準

右の図は，ある月のカレンダーである。線で囲まれた3つの数 1，8，15 の和は 24 で，真ん中の数 8 の 3 倍になっている。このように，カレンダー上で縦に並んだ 3 つの数の和は，真ん中の数の 3 倍になる。このことを説明しなさい。

日	月	火	水	木	金	土
		1	2	3	4	5
6	7	8	9	10	11	12
13	14	15	16	17	18	19
20	21	22	23	24	25	26
27	28	29	30			

 ここに着目！ カレンダー上で1つの日にちの数を n とすると，n の1つ上の数は $n-7$，n の1つ下の数は $n+7$

（解き方）縦に並んだ3つの数のうち，真ん中の数を n とすると，縦に並んだ3つの数は，$n-7$，n，$n+7$ と表されるから，これらの和は，$(n-7)+n+(n+7)=3n$
よって，カレンダー上で縦に並んだ3つの数の和は，真ん中の数の 3 倍になる。

○ カレンダー上の数

1週間は7日だから，n の1つ上の数は $n-7$，n の1つ下の数は $n+7$ となる。

✓ 類題 30

解答 ➡ 別冊 p.8

右の図は，ある月のカレンダーである。線で囲まれた3つの数 1，7，13 の数の和は 21 で，真ん中の数 7 の 3 倍になっている。このように，カレンダー上で右上から左下にかけてななめに並んだ 3 つの数の和は，真ん中の数の 3 倍になる。このことを説明しなさい。

日	月	火	水	木	金	土
		1	2	3	4	5
6	7	8	9	10	11	12
13	14	15	16	17	18	19
20	21	22	23	24	25	26
27	28	29	30			

COLUMN
コラム

文字を用いて表す

一般に，n を整数として，次のように表します。
偶数… $2n$　奇数… $2n+1$（あるいは，$2n-1$）
連続する2数… n，$n+1$　連続する3数… $n-1$，n，$n+1$（あるいは，n，$n+1$，$n+2$）
連続しない場合は，m，n などの異なる文字を使って表します。
2つの偶数… $2m$，$2n$　2つの奇数… $2m+1$，$2n+1$

UNIT

3 文字式の利用③

目標 ▶ 文字について解くことができる。体積についての問題を解くことができる。

要点

● **文字について解く**…与えられた等式を変形し，ある文字を求める式を導くことを，与えられた等式をその**文字について解く**という。

例題 **31** **文字について解く**   LEVEL：標準

次の等式を〔 〕の中の文字について解きなさい。

(1)　$2x - y + 3 = 0$ 〔x〕　　　　　　(2)　$\dfrac{1}{4}xy = 3$ 〔y〕

ここに
着目！ ▶ 指定された文字を左辺に残す。左辺に必要ない項・数・文字を，移項や四則のいずれかの計算を用いて，右辺に移動させる。

解き方 (1)　$2x - y + 3 = 0$

$\quad\quad\quad 2x = y - 3$ ── 移項する

$\quad\quad\quad x = \dfrac{1}{2}y - \dfrac{3}{2}$ ……⦿答 ── 両辺を 2 でわる

(2)　$\dfrac{1}{4}xy = 3$

$\quad\quad\quad xy = 12$ ── 両辺に 4 をかける

$\quad\quad\quad y = \dfrac{12}{x}$ ……⦿答 ── 両辺を x でわる

参考

(1) $x = \dfrac{y-3}{2}$ としてもよい。

✓ 類題 **31**   解答 → 別冊 p.9

次の等式を〔 〕の中の文字について解きなさい。

(1)　$3x - 4y + 6 = 0$ 〔x〕　　　　　(2)　$\dfrac{1}{3}xy = 5$ 〔y〕

(3)　$\ell = 2(a + b)$ 〔a〕

例題 32 体積についての問題 　　　　LEVEL：応用

右の図のように，AB＝$x$cm，BC＝$y$cm の長方形 ABCD が
ある。辺 AB を軸にして 1 回転させてできる立体を P，
辺 BC を軸にして 1 回転させてできる立体を Q とする。Q
の体積は P の体積の何倍になるか，求めなさい。

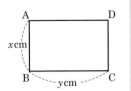

ここに着目! （円柱の体積）＝（底面積）×（高さ）

解き方 立体 P は，底面の半径が $y$cm，高さ
が $x$cm の円柱だから，P の体積は，
$$\pi y^2 \times x = \pi x y^2 (\text{cm}^3)$$
立体 Q は，底面の半径が $x$cm，高さ
が $y$cm の円柱だから，Q の体積は，
$$\pi x^2 \times y = \pi x^2 y (\text{cm}^3)$$
よって，
$$\pi x^2 y \div \pi x y^2 = \frac{\pi x^2 y}{\pi x y^2}$$
$$= \frac{x}{y}（倍）\cdots\cdots（答）$$

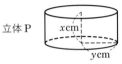

立体 P

立体 Q

○ 円の面積の求め方
$\pi \times (半径)^2$

文字を使って，
体積を正しく表
すことができた
かな？

✓ **類題 32** 　　　　解答 → 別冊 p.9

底面の半径が $a$cm，高さが $h$cm の円柱 A がある。円柱 A の半径を半分にし，高さを 2
倍にした円柱を B とする。B の体積は A の体積の何倍になるか，求めなさい。

UNIT 4 文字式の利用④

目標 公式や経路についての問題を解くことができる。

要点

● 1つの文字について解くことで，2つの公式から新たな公式を導くことができる。

例題 33 公式についての問題

LEVEL：応用

おうぎ形の半径を r，中心角を $a°$ とすると，弧の長さ ℓ と面積 S は，次のように表される。

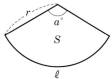

$$\ell = 2\pi r \times \frac{a}{360} \quad \cdots① , \quad S = \pi r^2 \times \frac{a}{360} \quad \cdots②$$

①，②から，おうぎ形の面積は $S = \frac{1}{2}\ell r$ と表されることを示しなさい。

 ここに着目！ ℓ の式を a について解く。

解き方 ①の両辺を $2\pi r$ でわると，$\dfrac{\ell}{2\pi r} = \dfrac{a}{360}$

さらに両辺に 360 をかけて，左辺と右辺を入れかえると，

$$a = \frac{360\ell}{2\pi r} \quad \cdots①'$$

よって，①′ を②に代入すると，$S = \pi r^2 \times \dfrac{1}{360} \times \dfrac{360\ell}{2\pi r} = \dfrac{1}{2}\ell r$

参考

$\frac{1}{2}\ell r$ の ℓ に①を代入して，S を示してもよい。

✓ 類題 33

解答 → 別冊 p.9

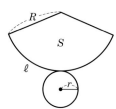

円錐の母線を R，側面の展開図のおうぎ形の弧の長さを ℓ とすると，側面積 S は，次のように表される。

$$S = \frac{1}{2}\ell R$$

円錐の底面の半径を r とするとき，円錐の側面積は $S = \pi r R$ と表されることを示しなさい。

例題 34 経路についての問題　LEVEL: 応用

直径 AB の長さが 10cm の円がある。AB を 2 つの線分
AC と CB に分け，AC を直径とする円を P，CB を直径
とする円を Q とする。A から B まで行くのに，図の赤の
実線を通って行くのと赤の破線を通って行くのとでは，
どちらが近いか。円 P の直径を p cm として考えなさい。

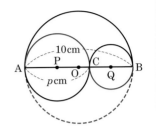

 半円の弧の長さを調べる。

(解き方) 円 P の直径を p cm とすると，円 Q の直径は $(10-p)$ cm であ
るから，赤の実線を通って行くときの道のりは，

$$\pi p \times \frac{1}{2} + \pi(10-p) \times \frac{1}{2} = \frac{\pi p}{2} + 5\pi - \frac{\pi p}{2}$$
$$= 5\pi \,(\text{cm})$$

赤の破線を通って行くときの道のりは，

$$\pi \times 10 \times \frac{1}{2} = 5\pi \,(\text{cm})$$

よって，**どちらも同じ**である。⋯⋯⋯(答)

 参考

円 P と円 Q の面積の和は，
円 O の面積より小さくな
る。
たとえば，AC＝6cm とす
ると，CB＝4cm
円 P，Q の面積の和は，
$\pi \times 3^2 + \pi \times 2^2 = \underline{13\pi}\,(\text{cm}^2)$
円 O の面積は，
$\pi \times 5^2 = \underline{25\pi}\,(\text{cm}^2)$

✓ 類題 34

解答 ➡ 別冊 p.9

直径 AB の長さが 10cm の円がある。AB を 3 つの線分 AC，
CD，DB に分け，AC を直径とする円を P，CD を直径とする
円を Q，DB を直径とする円を R とする。A から B まで行く
のに，図の赤の実線を通って行くのと赤の破線を通って行く
のとでは，どちらが近いか。円 P の直径を p cm，円 Q の直径
を q cm として考えなさい。

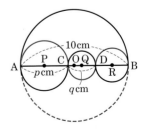

定期テスト対策問題

解答 ➡ 別冊 p.9

問 ❶ 単項式と多項式の次数

次の式は何次式かいいなさい。

(1) $4x - 7y - xy + z$

(2) $-5a^2b$

(3) $1 - x - 5x^3$

問 ❷ 同類項をまとめる

次の同類項をまとめて簡単にしなさい。

(1) $4a - 2b + 3a + 5b$

(2) $3xy - 4y + y - xy$

(3) $5 - 3x + x^2 - 4x + 3 - 2x^2$

(4) $2a + 3b - c - 5b - a + 2c$

問 ❸ 多項式の加法と減法

次の計算をしなさい。

(1) $(7a - 6b) + (3a - 2b)$

(2) $(4x - 5y) - (7 + 3y - 2x)$

(3) $(3x^2 + 4x - 1) + (2x^2 - x - 1)$

(4) $(2x - 3y - z) - (x - 2y + 3z)$

(5) $\quad 4a + 7b - 9$
$\underline{+) \quad -a + 2b - 11}$

(6) $\quad 10x^2 - 9x - 2$
$\underline{-) \quad -6x^2 + 7x - 2}$

問 ❹ 2つの多項式の和と差

次の2つの式について，下の問いに答えなさい。

$\quad 10x - 9y - 8, \quad -3x - 9y + 4$

(1) 2つの式の和を求めなさい。

(2) 左の式から右の式をひいたときの差を求めなさい。

問 ❺ 複雑な多項式の加法と減法

次の計算をしなさい。

(1) $5a - 3b - \{2a - (a - b)\}$

(2) $\left(\dfrac{2}{3}x + \dfrac{3}{5}y - \dfrac{1}{4} \right) - \left(\dfrac{3}{4}x - \dfrac{5}{7}y + \dfrac{5}{6} \right)$

(3) $\dfrac{1}{3}x - \dfrac{3}{4}y - \left\{ x - \dfrac{1}{6}y - \left(\dfrac{1}{2}x + y \right) \right\}$

問 6 いろいろな多項式の計算

次の計算をしなさい。

(1) $2(4a - 3b)$

(2) $(x - 2y + 3) \times (-4)$

(3) $(10x + 8y) \div 2$

(4) $(9x^2 - 3x + 6) \div \left(-\dfrac{3}{4}\right)$

(5) $2(3a - 4b) + 3(4a - 2b)$

(6) $(3x - 2y) - 5(x + 4y)$

(7) $\dfrac{1}{2}(4x - 6y) + \dfrac{1}{3}(9x + 3y)$

(8) $\dfrac{1}{3}(x + y) - \dfrac{1}{2}(x - 3y)$

(9) $\dfrac{a + b}{2} + \dfrac{a - b}{3}$

(10) $\dfrac{8a - 5b}{4} - \dfrac{5a - 3b}{6}$

問 7 単項式の乗法と除法

次の計算をしなさい。

(1) $(-3x) \times 2y$

(2) $-a^2b \times 3ab$

(3) $(-a)^2 \times (-2ab^2)$

(4) $15a^3 \div (-3a)$

(5) $12x^2y \div 4xy$

(6) $\dfrac{5}{2}a^3 \div \left(-\dfrac{5}{8}a^2\right)$

(7) $3x^2y \times (-2y) \div (-6x)$

(8) $\left(-\dfrac{2}{3}xy\right) \div 2x^3y \times \left(-\dfrac{1}{2}x^3y\right)$

問 8 式の値

$a = -\dfrac{1}{2}$, $b = \dfrac{2}{3}$ のとき，次の式の値を求めなさい。

(1) $4(3a + 2b) + 2(5a - b)$

(2) $2(a - b + 1) - 4(1 - 2b + a)$

(3) $ab^2 \div (-2b)$

(4) $6ab^2 \div (-2a^2b) \times (-3ab)^2$

問 9 多項式の置きかえ

$A = 3x - 2y$, $B = -2x + y$ のとき，$2(3A - B) - 3(A - 2B)$ を，x，y を用いた式で表しなさい。

問 10　3けたの整数

一の位の数が 0 か 5 である整数は，5 の倍数であることを，3 けたの整数について，次のように説明した。　□ をうめなさい。

〔説明〕3 けたの整数の百の位の数を a，十の位の数を b，一の位の数を c とすると，3 けたの整数は，

$$100a + 10b + c = 5 \times \boxed{\text{ア}} + 5 \times \boxed{\text{イ}} + c$$
$$= 5\,\boxed{\text{ウ}} + c$$

$5\,\boxed{\text{ウ}}$ は 5 の倍数だから，$\boxed{\text{エ}}$ が 5 の倍数であれば，$100a + 10b + c$ は 5 の倍数である。よって，一の位の数が 0 か 5 である 3 けたの整数は 5 の倍数である。

問 11　カレンダーの数

右の図は，ある月のカレンダーである。四角で囲んだ 4 つの数を考えたとき，カレンダーのどこに四角をとっても，左上の数と右下の数の和と，右上の数と左下の数の和は等しくなる。このことを説明しなさい。

日	月	火	水	木	金	土
			1	2	3	4
5	6	7	8	9	10	11
12	13	14	15	16	17	18
19	20	21	22	23	24	25
26	27	28	29	30	31	

問 12　文字について解く

次の等式を〔　〕の中の文字について解きなさい。

(1)　$3x + y = 6$　〔x〕

(2)　$V = \dfrac{1}{3}ah$　〔a〕

(3)　$\ell = 2\pi(r+1)$　〔r〕

問 13　正四角柱の体積

底面の 1 辺の長さが a cm，高さが h cm の正四角柱 A がある。この正四角柱 A の底面の 1 辺の長さを 2 倍，高さを半分にした正四角柱を B とする。B の体積は A の体積の何倍になるか，求めなさい。

問 14　2 つの円周の長さの和

右の図の実線のような，中心が O である 2 つの円がある。P を通る円周と Q を通る円周の長さの和は，PQ の中点 R を通る円周の長さの 2 倍に等しくなることを説明しなさい。

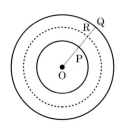

KUWASHII

MATHEMATICS

2 章

連立方程式

中2 数学

UNIT **1** 2元1次方程式

目標 2元1次方程式とその解について理解する。

要点

● **2元1次方程式**…2つの文字をふくむ1次方程式。
● **2元1次方程式の解**…2元1次方程式を成り立たせる文字の値の組。

例題 **1** 2元1次方程式の解
LEVEL：基本

右の表は，2元1次方程式 $2x+y=10$ を成り立たせ
る x, y の値の組を表したものである。表の空欄ア〜
ウにあてはまる数を求めなさい。

x	-2	-1	0	1	2
y	14	ア	イ	ウ	6

ここに着目！ x の値を代入してできる y についての1次方程式を解く。

解き方 $2x+y=10$ …①
①に $x=-1$ を代入すると，$2\times(-1)+y=10$ より，$-2+y=10$
よって，$y=12$ より，ア…**12** ───（答）
①に $x=0$ を代入すると，$2\times0+y=10$ より，$y=10$
よって，イ…**10** ───（答）
①に $x=1$ を代入すると，$2\times1+y=10$ より，$2+y=10$
よって，$y=8$ より，ウ…**8** ───（答）

○ **2元1次方程式の解**
2元1次方程式の解は，無
数にある。
たとえば，
$x=3$, $y=4$ や，
$x=\dfrac{1}{2}$, $y=9$ なども
①の解である。

✓ 類題 **1**
解答 ➡ 別冊 p.12

右の表は，2元1次方程式 $3x+y=-1$ を成り立たせる
x, y の値の組を表したものである。表の空欄ア〜ウに
あてはまる数を求めなさい。

x	-2	-1	0	1	2
y	5	2	ア	イ	ウ

例題 2　2元1次方程式の解を選ぶ

次の x，y の値の組の中で，2元1次方程式 $3x-4y=1$ の解はどれですか。

ⓐ　$x=2$，$y=1$

ⓘ　$x=3$，$y=2$

ⓒ　$x=-1$，$y=-1$

ⓔ　$x=-3$，$y=-2$

ここに着目！ $3x-4y=1$ の解 ⇒ $3x-4y=1$ を成り立たせる x，y の値の組。

解き方

ⓐ　$x=2$，$y=1$ のとき，
$3x-4y=3×2-4×1=6-4=2$
だから，$x=2$，$y=1$ は解ではない。

ⓘ　$x=3$，$y=2$ のとき，
$3x-4y=3×3-4×2=9-8=1$
だから，$x=3$，$y=2$ は解である。

ⓒ　$x=-1$，$y=-1$ のとき，
$3x-4y=3×(-1)-4×(-1)=-3+4=1$
だから，$x=-1$，$y=-1$ は解である。

ⓔ　$x=-3$，$y=-2$ のとき，
$3x-4y=3×(-3)-4×(-2)=-9+8=-1$
だから，$x=-3$，$y=-2$ は解ではない。

よって，$3x-4y=1$ の解は，**ⓘ，ⓒ** …………**答**

> **注意**
>
> 文字の式に，x や y の値を代入するとき，×の記号が省かれていることを忘れないようにする。
> $3x-4y=3×x-4×y$

> **➡ $3x-4y=1$ の解**
>
> x，y の値を代入して左辺を計算すると，1（右辺）になる x，y の値の組が解である。

✓ **類題 2**

解答 ➡ 別冊 p.12

次の x，y の値の組の中で，2元1次方程式 $2x+5y=3$ の解はどれですか。

ⓐ　$x=3$，$y=-2$

ⓘ　$x=4$，$y=-1$

ⓒ　$x=-4$，$y=2$

ⓔ　$x=-6$，$y=3$

UNIT
2 | 連立方程式

（目標）連立方程式とその解について理解する。

要点

● **連立方程式**…２つ以上の方程式を組み合わせたもの。
● **連立方程式を解く**…連立方程式の解を求めること。

例題 3 | 連立方程式の解

LEVEL：基本

右の表１，表２はそ
れぞれ，２元１次方
程式 $3x-y=7$，
$2x+y=8$ を成り立
たせる x，y の値の組を表したものである。２つの表の空欄をうめ，２つの表で共通な
x，y の値の組を求めなさい。

表１

x	1	2	3	4	5
y	-4				

表２

x	1	2	3	4	5
y	6				

（ここに着目!）**連立方程式の解 ⇒ すべての方程式を成り立たせる文字の値の組。**

（解き方）２つの表の空欄をうめると，次のようになる。**下の表** ……（答）

表１

x	1	2	3	4	5
y	-4	-1	2	5	8

表２

x	1	2	3	4	5
y	6	4	2	0	-2

２つの表で共通な x，y の値の組は，**$x=3$，$y=2$** ……（答）

● 空欄の y の値

２元１次方程式に x の値を
代入してできる y について
の１次方程式を解いて求
める。

✓ 類題 3

解答 ➜ 別冊 p.13

右の表１，表２はそれぞれ，２元１
次方程式 $2x-3y=2$，$x+2y=8$ を
成り立たせる x，y の値の組を表し
たものである。２つの表の空欄を
うめ，２つの表で共通な x，y の値の組を求めなさい。

表１

x	1	2	3	4	5
y	0				

表２

x	1	2	3	4	5
y	$\dfrac{7}{2}$				

4 連立方程式の解を選ぶ

次の x，y の値の組の中で，連立方程式 $\begin{cases} x+y=6 \\ 3x-y=14 \end{cases}$ の解はどれですか。

⑦ $x=3$，$y=3$ ⑦ $x=5$，$y=1$

⑦ $x=3$，$y=-1$ ⑦ $x=4$，$y=2$

 ここに着目！

連立方程式の解
⇒ x，y の値を代入すると，方程式がすべて成り立つ。

解き方 ⑦ $x=3$，$y=3$ のとき，

$x+y=3+3=6$，$3x-y=3\times3-3=9-3=6$

だから，$x=3$，$y=3$ は解ではない。

⑦ $x=5$，$y=1$ のとき，

$x+y=5+1=6$，$3x-y=3\times5-1=15-1=14$

だから，$x=5$，$y=1$ は解である。

⑦ $x=3$，$y=-1$ のとき，

$x+y=3+(-1)=2$，$3x-y=3\times3-(-1)=9+1=10$

だから，$x=3$，$y=-1$ は解ではない。

⑦ $x=4$，$y=2$ のとき，

$x+y=4+2=6$，$3x-y=3\times4-2=12-2=10$

だから，$x=4$，$y=2$ は解ではない。

よって，連立方程式の解は，⑦ ………答

➡ 連立方程式の解

$x=3$，$y=3$ のとき，
$x+y=6$ は成り立つが，
$3x-y=14$ は成り立たない。
2 つの式のうち 1 つしか成り立たないので，$x=3$，$y=3$ は連立方程式の解ではない。

✓ 類題 4

解答 ➡ 別冊 p.13

次の x，y の値の組の中で，連立方程式 $\begin{cases} 5x+y=13 \\ x+2y=17 \end{cases}$ の解はどれですか。

⑦ $x=2$，$y=3$ ⑦ $x=3$，$y=-2$

⑦ $x=5$，$y=6$ ⑦ $x=1$，$y=8$

UNIT 3 加減法①

（目標）▶2つの式をひくかたすかして，連立方程式を解くことができる。

要点

- **消去する**…ある文字をふくむ2つの方程式から，その文字をふくまない1つの方程式をつくること。
- **加減法**…連立方程式の1つの文字の係数をそろえ，左辺どうし，右辺どうしをたすかひくかして，その文字を消去して解く方法。

例題 5 一方の式からもう一方の式をひく

LEVEL：基本

次の連立方程式を解きなさい。

$$\begin{cases} x + 2y = 3 \\ x - y = 6 \end{cases}$$

 ここに着目！ **一方の式からもう一方の式をひいて，文字が消去できる条件**
（ア）消去する文字の係数の絶対値が同じ　（イ）消去する文字の係数が同符号

（解き方）
$$\begin{cases} x + 2y = 3 & \cdots① \\ x - y = 6 & \cdots② \end{cases}$$

①の両辺から②の両辺をひくと，

$$\begin{array}{r} x + 2y = 3 \\ -)\ x - \ y = 6 \\ \hline 3y = -3 \quad y = -1 \end{array}$$

⇒

$$\begin{array}{r} x + 2y = \ \ 3 \\ +)\ -x + \ y = -6 \\ \hline 3y = -3 \quad y = -1 \end{array}$$

$y = -1$ を②に代入すると，$x - (-1) = 6$ $x = 5$

よって，**$x = 5$，$y = -1$** ……（答）

 参考

$y = -1$ を①に代入しても，x の値を求めることができる。
連立方程式の解は，
$(x,\ y) = (5,\ -1)$，
$$\begin{cases} x = 5 \\ y = -1 \end{cases}$$
のように書くこともある。

✓ 類題 5

解答 ➡ 別冊 p.13

次の連立方程式を解きなさい。

(1) $$\begin{cases} x + y = -1 \\ x - 3y = 7 \end{cases}$$

(2) $$\begin{cases} 5x + 2y = 9 \\ x + 2y = 5 \end{cases}$$

例題 6 2つの式をたす

LEVEL：基本

次の連立方程式を解きなさい。

$$\begin{cases} 3x + 2y = 10 \\ 5x - 2y = 6 \end{cases}$$

ここに着目！ **2つの式をたして，文字が消去できる条件**
(ア)消去する文字の係数の絶対値が同じ　(イ)消去する文字の係数が異符号

解き方

$$\begin{cases} 3x + 2y = 10 & \cdots① \\ 5x - 2y = 6 & \cdots② \end{cases}$$

①と②の両辺をたすと，

$$\begin{array}{r} 3x + 2y = 10 \\ +)\ 5x - 2y = \ \ 6 \\ \hline 8x\ \ \ \ \ \ \ = 16 \\ x = 2 \end{array}$$

$x = 2$ を①に代入すると，

$$3 \times 2 + 2y = 10$$
$$2y = 4$$
$$y = 2$$

よって，**$x = 2$，$y = 2$** ……… (答)

参考

$x = 2$ を②に代入しても，
$$5 \times 2 - 2y = 6$$
$$-2y = -4$$
$$y = 2$$
として y の値を求めることができる。求めやすいほうに代入するとよい。

類題 **6**

解答 → 別冊 p.13

次の連立方程式を解きなさい。

(1) $$\begin{cases} 4x - 3y = 6 \\ x + 3y = 9 \end{cases}$$

(2) $$\begin{cases} 4x + y = -14 \\ -4x + 5y = 2 \end{cases}$$

UNIT 4 加減法②

（目標）一方の式を何倍かして連立方程式を解くことができる。

要点

● 文字の係数がそろっていない場合，一方の文字の式を何倍かすることを考える。

例題 7 一方の式を何倍かしてひく　　　LEVEL：基本

次の連立方程式を解きなさい。
$$\begin{cases} 5x+3y=6 \\ 2x+y=1 \end{cases}$$

ここに着目！ 一方の y の係数がもう一方の 3 倍となっている点に着目する。

（解き方）
$$\begin{cases} 5x+3y=6 & \cdots① \\ 2x+y=1 & \cdots② \end{cases}$$

$$\begin{array}{r} ① \qquad 5x+3y=6 \\ ②\times3 \quad -)\ 6x+3y=3 \\ \hline -x \qquad\quad =3 \\ x=-3 \end{array}$$

$x=-3$ を②に代入すると，

$$2\times(-3)+y=1$$
$$y=7$$

よって，**$x=-3$, $y=7$** ……（答）

● y の係数

y の係数が，①が 3，②が 1 となっている。②を 3 倍して，係数をそろえる。

● 等式の性質

$a=b$ のとき，$a\times c=b\times c$ 両辺に同じ数をかけても，等式は成り立つ。

✓ **類題 7**　　　　　　　　　　　　　解答 ➡ 別冊 p.14

次の連立方程式を解きなさい。

(1) $\begin{cases} 5x+2y=9 \\ 2x+y=4 \end{cases}$　　　　(2) $\begin{cases} 2x-3y=1 \\ 6x-5y=7 \end{cases}$

例題 **8** 一方の式を何倍かしてたす

LEVEL：基本

次の連立方程式を解きなさい。

$$\begin{cases} 2x + 3y = 10 \\ -4x + 7y = 6 \end{cases}$$

ここに
着目！ 一方の x の係数がもう一方の -2 倍となっている点に着目する。

解き方

$$\begin{cases} 2x + 3y = 10 & \cdots ① \\ -4x + 7y = 6 & \cdots ② \end{cases}$$

① $\times 2$ $\qquad 4x + 6y = 20$

② $\qquad$ $+)\ -4x + 7y = \ \ 6$

$\qquad\qquad\qquad\quad 13y = 26$

$\qquad\qquad\qquad\quad\ \ y = 2$

$y = 2$ を①に代入すると，

$\qquad 2x + 3 \times 2 = 10$

$\qquad\qquad\quad 2x = 4$

$\qquad\qquad\quad\ \ x = 2$

よって，**$x = 2$，$y = 2$** $\cdots\cdots$ 答

> **◯ x の係数**
>
> x の係数は，①が 2，②が -4 となっていることから，①を 2 倍することを考える。

> x と y のどちらの係数をそろえるか，決めてから計算しよう。

✓ 類題 **8**

解答 ➡ 別冊 p.14

次の連立方程式を解きなさい。

(1) $\begin{cases} 8x - 5y = 4 \\ -2x + 3y = 6 \end{cases}$
$\qquad$
(2) $\begin{cases} 2x + 3y = 14 \\ 7x - 9y = 10 \end{cases}$

5 加減法③

UNIT

目標 → 2つの式をそれぞれ何倍かして連立方程式を解くことができる。

要点

● 連立方程式で一方の式を何倍かしても文字を消去できない場合，2つの式をそれぞれ何倍かすることを考える。

例題 9 2つの式をそれぞれ何倍かしてひく LEVEL：標準

次の連立方程式を解きなさい。

$$\begin{cases} 5x + 2y = 9 \\ 4x + 3y = 3 \end{cases}$$

ここに着目！ → （上の式の両辺）を3倍，（下の式の両辺）を2倍することで，y の係数がそろう。

解き方

$$\begin{cases} 5x + 2y = 9 & \cdots ① \\ 4x + 3y = 3 & \cdots ② \end{cases}$$

$$\begin{array}{rl} ①×3 & 15x + 6y = 27 \\ ②×2 & -)\ \ 8x + 6y = \ \ 6 \\ \hline & 7x \quad\quad = 21 \quad x = 3 \end{array}$$

$x = 3$ を②に代入すると，$4 × 3 + 3y = 3$

$$3y = -9$$
$$y = -3$$

よって，**$x = 3$，$y = -3$** ……(答)

● 消去する文字

①×4−②×5として，x を消去してもよいが，4と5の最小公倍数20より2と3の最小公倍数6のほうが小さいことから，①×3−②×2として y を消去したほうが計算は簡単になる。

✓ 類題 9

解答 → 別冊 p.14

次の方程式を解きなさい。

(1) $\begin{cases} 4x - 5y = -3 \\ 3x - 4y = -2 \end{cases}$

(2) $\begin{cases} 7x + 5y = -16 \\ 5x + 2y = -2 \end{cases}$

例題 10 2つの式をそれぞれ何倍かしてたす

LEVEL：標準

次の連立方程式を解きなさい。

$$\begin{cases} 2x - 3y = 13 \\ 7x + 2y = 8 \end{cases}$$

ここに着目！（上の式の両辺）を2倍，（下の式の両辺）を3倍することで，y の係数が
そろう。

解き方

$$\begin{cases} 2x - 3y = 13 & \cdots① \\ 7x + 2y = 8 & \cdots② \end{cases}$$

①×2　　　　$4x - 6y = 26$
②×3　　$+)\ 21x + 6y = 24$
　　　　　　$25x\ \ \ \ \ \ = 50$　$x = 2$

$x = 2$ を①に代入すると，$2 \times 2 - 3y = 13$
　　　　　　　　　　　　　　$-3y = 9$
　　　　　　　　　　　　　　$y = -3$

よって，**$x = 2$, $y = -3$** ……… **答**

[別解]

x の係数をそろえて，x を消去すると，

①×7　　　$14x - 21y = 91$
②×2　$-)\ 14x + \ 4y = 16$
　　　　　　$-25y = 75$　$y = -3$

$y = -3$ を①に代入すると，$2x - 3 \times (-3) = 13$
　　　　　　　　　　　　　　$2x = 4$
　　　　　　　　　　　　　　$x = 2$

よって，**$x = 2$, $y = -3$** ……… **答**

先に消去する
文字がちがっ
ても解は同じ
になるよ。

✓ **類題 10**

解答 → 別冊 p.14

次の連立方程式を解きなさい。

(1) $\begin{cases} 8x + 5y = 14 \\ 3x - 2y = 13 \end{cases}$　　　　(2) $\begin{cases} 5x - 6y = 2 \\ -3x + 7y = 9 \end{cases}$

章

連立方程式

UNIT

⑥ 代入法

（目標）→代入法で連立方程式を解くことができる。

要点

● **代入法**…連立方程式の一方の式を，もう一方の式に代入することによって，文字を消去して解く方法。

例題 **11** もう一方の式に代入する

LEVEL：基本

次の連立方程式を解きなさい。

$$\begin{cases} 5x + 3y = 4 \\ x = y + 4 \end{cases}$$

ここに着目！ $x = y + 4$ をもう一方の式の x に代入する。 $5\underline{(y+4)} + 3y = 4$
$${}_{x}$$

（解き方）
$$\begin{cases} 5x + 3y = 4 & \cdots ① \\ x = y + 4 & \cdots ② \end{cases}$$

②を①に代入すると， $5(y+4) + 3y = 4$
$$5y + 20 + 3y = 4$$
$$8y = -16$$
$$y = -2$$

$y = -2$ を②に代入すると，
$$x = -2 + 4 = 2$$
よって， $\boldsymbol{x = 2, \ y = -2}$ ……（答）

◆ **代入法**

一方の式が $x = \bigcirc$，$y = \triangle$ の形をしている連立方程式は，代入法だと解きやすい。

注意

代入するときはかっこをつける。

✓ 類題 **11**

解答 ➡ 別冊 p.15

次の連立方程式を解きなさい。

(1) $\begin{cases} y = 2x \\ x + 3y = 14 \end{cases}$

(2) $\begin{cases} x = 2y - 3 \\ 2x - y = 6 \end{cases}$

例題 **12** 1つの文字について解く   LEVEL：標準

次の連立方程式を，代入法で解きなさい。
$$\begin{cases} 2x - y = 5 \\ 3x + 2y = 4 \end{cases}$$

 ここに着目！ $2x - y = 5$ を $y = 2x - 5$ とし，もう一方の式の y に代入する。
$$3x + 2\underline{(2x-5)} = 4$$
$$\;\;\;\;\;\;\;\;\;\;\;\;\; y$$

解き方
$$\begin{cases} 2x - y = 5 \quad \cdots ① \\ 3x + 2y = 4 \quad \cdots ② \end{cases}$$
①を y について解くと，$y = 2x - 5 \quad \cdots ③$
③を②に代入すると，
$$3x + 2(2x - 5) = 4$$
$$3x + 4x - 10 = 4$$
$$7x = 14$$
$$x = 2$$
$x = 2$ を③に代入すると，
$$y = 2 \times 2 - 5 = -1$$
よって，$x = 2$, $y = -1$ ……（答）

◑ 代入法と係数

x や y の係数が 1 や −1 のときは，代入法でも解きやすい。そうでないときは，代入法だと解きにくくなることがある。
たとえば，①を x について解くと，$x = \dfrac{y+5}{2}$ となり，係数に分数が出てくる。

✓ **類題 12**   解答 ➡ 別冊 p.15

次の連立方程式を，代入法で解きなさい。

(1) $\begin{cases} 2x - 3y = 5 \\ x + 2y = -1 \end{cases}$ (2) $\begin{cases} 3x + y = 4 \\ 2x + 3y = -9 \end{cases}$

2 章 連立方程式

UNIT 1 いろいろな連立方程式①

（目標）かっこや小数の係数の式をふくむ連立方程式を解くことができる。

要点

- **かっこをふくむ連立方程式**…かっこをはずし，整理してから解く。
- **小数の係数の式をふくむ連立方程式**…全体を何倍かして係数を整数にする。

例題 13 かっこをふくむ連立方程式

LEVEL：標準

次の連立方程式を解きなさい。

$$\begin{cases} 2x-3(x-y)=5 \\ 4x-3y=-2 \end{cases}$$

（ここに着目！）かっこのある連立方程式 ⇒ 分配法則を用いて，かっこをはずす。

（解き方）
$$\begin{cases} 2x-3(x-y)=5 & \cdots① \\ 4x-3y=-2 & \cdots② \end{cases}$$

①のかっこをはずすと，$2x-3x+3y=5$

これを整理すると，$-x+3y=5$ $\cdots③$

$$\begin{array}{r} ③ \quad -x+3y=\ \ 5 \\ ② \quad +)\ 4x-3y=-2 \\ \hline 3x\ \ \ \ \ \ \ =3 \quad x=1 \end{array}$$

$x=1$ を③に代入すると，$-1+3y=5$
$$3y=6 \quad y=2$$

よって，**$x=1$，$y=2$** ……（答）

○ 式を整理する

かっこをはずして，
$ax+by=c$ の形に整理する。

○ 検算

求めた x，y の値を，もう一方の式に代入して確かめる。
②の左辺に代入すると，
$4x-3y=4×1-3×2$
$\qquad =4-6=-2$
②の右辺と一致する。

✓ 類題 13

解答 → 別冊 p.15

次の連立方程式を解きなさい。

(1) $\begin{cases} 3x+y=2 \\ 5x-3(x+y)=5 \end{cases}$

(2) $\begin{cases} 3x+5(y-1)=8 \\ 2(x-2y)+5y=-3 \end{cases}$

14 小数の係数の式をふくむ連立方程式 　　　　　　　　LEVEL：標準

次の連立方程式を解きなさい。

$$\begin{cases} 0.2x + 0.7y = 1.5 \\ 3x - 2y = -15 \end{cases}$$

ここに着目！ **小数を整数になおす ⇒ 両辺を 10 倍，100 倍，…する。**

解き方 $\begin{cases} 0.2x + 0.7y = 1.5 & \cdots① \\ 3x - 2y = -15 & \cdots② \end{cases}$

①の両辺に 10 をかけると，$2x + 7y = 15$ 　…③

$$\begin{array}{r} ③×3 \quad 6x + 21y = 45 \\ ②×2 \quad -)6x - 4y = -30 \\ \hline 25y = 75 \\ y = 3 \end{array}$$

$y = 3$ を②に代入すると，

$$3x - 2×3 = -15$$
$$3x = -9$$
$$x = -3$$

よって，$x = -3$，$y = 3$ ……（答）

● 10 倍，100 倍する

すべての小数の係数が整数になる数をかける。

例
$$\underset{\text{10倍}}{0.2x} + \underset{\text{100倍}}{0.07y} = \underset{\text{100倍}}{-0.15}$$

この場合は，両辺を 100 倍する。

10 倍，100 倍するときは，左辺と右辺にちがう数をかけてしまわないよう気をつけよう。

✓ **類題 14**

解答 ➡ 別冊 p.15

次の連立方程式を解きなさい。

(1) $\begin{cases} 4x - 11y = -2 \\ 0.2x + 0.1y = 1.2 \end{cases}$　　(2) $\begin{cases} 0.6x + 0.2y = 1 \\ 0.01x + 0.04y = -0.13 \end{cases}$

いろいろな連立方程式②

目標 → 分数の係数の式や分数の形の式をふくむ連立方程式を解くことができる。

要点

● **分数の係数の式をふくむ連立方程式**…全体を何倍かして係数を整数にする。
● **分数の形の式をふくむ連立方程式**…全体を何倍かして分母をはらう。

例題 **15** 分数の係数の式をふくむ連立方程式

次の連立方程式を解きなさい。
$$\begin{cases} 2x - 5y = 10 \\ \dfrac{3}{5}x - \dfrac{5}{2}y = 1 \end{cases}$$

→ 分数を整数になおす ⇒ 両辺に分母の最小公倍数をかける。

解き方 連立方程式のうち上の式を①，下の式を②とする。

②の両辺に 10 をかけると，$6x - 25y = 10$ ···③

$$\begin{array}{rl} ① \times 3 & 6x - 15y = 30 \\ ③ & -)\,6x - 25y = 10 \\ \hline & 10y = 20 \quad y = 2 \end{array}$$

$y = 2$ を①に代入すると，$2x - 5 \times 2 = 10$ より，

$2x = 20 \quad x = 10$

よって，**$x = 10$, $y = 2$** ……(答)

● **分数を整数になおす**

$$\dfrac{3}{5}x - \dfrac{5}{2}y = 1$$

分母の 5 と 2 の最小公倍数
10 を両辺にかける。

$$10 \times \left(\dfrac{3}{5}x - \dfrac{5}{2}y \right) = 10 \times 1$$

$$10 \times \dfrac{3}{5}x - 10 \times \dfrac{5}{2}y = 10$$

⇒ $6x - 25y = 10$ となる。

✓ 類題 **15**

解答 → 別冊 p.16

次の連立方程式を解きなさい。

(1) $\begin{cases} 5x + 3y = 3 \\ \dfrac{1}{3}x + \dfrac{3}{4}y = -2 \end{cases}$

(2) $\begin{cases} \dfrac{1}{2}x + y = 5 \\ \dfrac{1}{3}x + \dfrac{1}{2}y = 2 \end{cases}$

16 分数の形の式をふくむ連立方程式　　　LEVEL：応用

次の連立方程式を解きなさい。

$$\begin{cases} \dfrac{2}{3}x - \dfrac{y+2}{4} = \dfrac{4}{3} \\ \dfrac{x-2y}{3} + \dfrac{2}{9}y = -1 \end{cases}$$

 ここに着目！ 分数の形の式をふくむ連立方程式
⇒ 両辺に分母の最小公倍数をかける。

（解き方） 連立方程式のうち上の式を①，下の式を②とする。

①の両辺に 12 をかけると，$8x - 3(y+2) = 16$ より，

$\qquad 8x - 3y - 6 = 16$

$\qquad\qquad 8x - 3y = 22$　…③

②の両辺に 9 をかけると，$3(x-2y) + 2y = -9$ より，

$\qquad 3x - 6y + 2y = -9$

$\qquad\qquad 3x - 4y = -9$　…④

$\quad$③×4　　　$32x - 12y = 88$

$\quad$④×3　$\underline{-)9x - 12y = -27}$

$\qquad\qquad 23x = 115$

$\qquad\qquad\qquad\quad x = 5$

$x=5$ を④に代入すると，$3 \times 5 - 4y = -9$ より，

$\qquad -4y = -24$

$\qquad\qquad y = 6$

よって，**$x=5$, $y=6$** ……（答）

◯ 分数を整数になおす

$$\dfrac{2}{3}x - \dfrac{y+2}{\boxed{4}} = \dfrac{4}{\boxed{3}}$$

分母の 3 と 4 の最小公倍数 12 を両辺にかける。

$$12 \times \left(\dfrac{2}{3}x - \dfrac{y+2}{4} \right)$$

$$= 12 \times \dfrac{4}{3}$$

$$12 \times \dfrac{2}{3}x - 12 \times \dfrac{y+2}{4}$$

$$= 12 \times \dfrac{4}{3}$$

$$8x - 3(y+2) = 16$$

 注意

分母をはらうとき，分子の式にかっこをつけるようにする。

✓ 類題 16

解答 → 別冊 p.16

次の連立方程式を解きなさい。

(1) $\begin{cases} \dfrac{x-1}{2} = -\dfrac{4y-3}{5} \\ \dfrac{x+2}{9} + \dfrac{y+1}{2} = 0 \end{cases}$

(2) $\begin{cases} \dfrac{x+4y}{10} = \dfrac{1}{3}y + 1 \\ \dfrac{7}{3}x - \dfrac{2x+y}{2} = \dfrac{5}{6} \end{cases}$

UNIT 3 いろいろな連立方程式③

(目標)→ $A=B=C$ の連立方程式を解くことができる。

要点

● $A=B=C$ の形の連立方程式… $\begin{cases} A=B \\ A=C, \end{cases}$ $\begin{cases} A=B \\ B=C, \end{cases}$ $\begin{cases} A=C \\ B=C \end{cases}$ のどれかの形になおす。

例題 17 $A=B=C$ の形の連立方程式   LEVEL：標準

次の連立方程式を解きなさい。

$$3x+5y=-2x-2y=4$$

ここに着目！ $A=B=C$ ⇒ $\begin{cases} A=B \\ A=C, \end{cases}$ $\begin{cases} A=B \\ B=C, \end{cases}$ $\begin{cases} A=C \\ B=C \end{cases}$ のどれかの形になおす。

(解き方) $3x+5y=-2x-2y=4$ より，

$$\begin{cases} 3x+5y=4 & \cdots① \\ -2x-2y=4 & \cdots② \end{cases}$$

$①×2$ $6x+10y=\ 8$
$②×3$ $\underline{+)\ -6x-\ 6y=12}$
            $4y=20$
            $y=5$

$y=5$ を②に代入すると，$-2x-2×5=4$
                    $-2x=14$
                    $x=-7$

よって，$\boldsymbol{x=-7}$，$\boldsymbol{y=5}$ ……(答)

○ 2つの等式に分ける

3つの分け方のうち，計算しやすいものを選ぶとよい。ここでは，$C=4$（定数）となっていることから，

$$\begin{cases} A=C \\ B=C \end{cases}$$ の形に分けている。

✓ 類題 17   解答 → 別冊 p.17

次の連立方程式を解きなさい。

(1) $6x+5y=2x+3y=-4$ (2) $x+5y-6=4x-y=2y+7$

いろいろな連立方程式④

UNIT 4

目標 ▶ 解が与えられた連立方程式の問題を解くことができる。

2章 連立方程式

 要点

● 解が与えられている問題では，与えられた解を代入する。

例題 18 解が与えられた連立方程式

LEVEL：標準

連立方程式 $\begin{cases} ax+4y=-1 \\ 4x+by=4 \end{cases}$ の解が，$x=3$，$y=-4$ であるとき，a，b の値を求めなさい。

 ここに着目！ 与えられた解を代入して，a，b の 1 次方程式を解く。

解き方 $\begin{cases} ax+4y=-1 & \cdots① \\ 4x+by=4 & \cdots② \end{cases}$

$x=3$，$y=-4$ を①に代入すると，

$a\times3+4\times(-4)=-1$

$3a=15$

$a=5$

$x=3$，$y=-4$ を②に代入すると，

$4\times3+b\times(-4)=4$

$-4b=-8$

$b=2$

よって，$a=5$，$b=2$ ……答

→ 解を代入する

$x=3$，$y=-4$ を代入すると，①は a の 1 次方程式，②は b の 1 次方程式になる。

✓ 類題 18

解答 → 別冊 p.17

連立方程式 $\begin{cases} 8x+ay=5 \\ bx+2y=-4 \end{cases}$ の解が，$x=-2$，$y=7$ であるとき，a，b の値を求めなさい。

UNIT

5 いろいろな連立方程式⑤

目標 解や解の比が与えられた連立方程式の問題を解くことができる。

要点

● 解の比が与えられている場合，比例式の性質を使う。

例題 **19** 係数 a, b についての連立方程式とみる LEVEL：標準

連立方程式 $\begin{cases} 2ax + by = 8 \\ -ax + 3by = 10 \end{cases}$ の解が，$x = 2$, $y = 1$ であるとき，a, b の値を求めなさい。

ここに着目！ 与えられた解を代入して，a, b についての連立方程式を解く。

解き方 $\begin{cases} 2ax + by = 8 & \cdots① \\ -ax + 3by = 10 & \cdots② \end{cases}$

$x = 2$, $y = 1$ を①に代入すると，$2a \times 2 + b \times 1 = 8$ より，

$\quad 4a + b = 8 \quad \cdots③$

$x = 2$, $y = 1$ を②に代入すると，$-a \times 2 + 3b \times 1 = 10$ より，

$\quad -2a + 3b = 10 \quad \cdots④$

③ $\qquad 4a + b = 8$
④$\times 2 \quad \underline{+)\ -4a + 6b = 20}$
$\qquad\qquad\qquad 7b = 28 \quad b = 4$

$b = 4$ を③に代入すると，$4a + 4 = 8$ より，

$\quad 4a = 4 \quad a = 1$

よって，**$a = 1$, $b = 4$** ……(答)

● 解を代入する

$x = 2$, $y = 1$ を代入すると，a, b についての連立方程式とみることができる。

✓ 類題 **19** 解答 ➡ 別冊 p.17

連立方程式 $\begin{cases} 3ax + by = 6 \\ ax - 2by = 30 \end{cases}$ の解が，$x = 3$, $y = -4$ であるとき，a, b の値を求めなさい。

連立方程式 $\begin{cases} 2x-3y=2 \\ ax-7y=-2 \end{cases}$ の解の比が，$x:y=5:3$ であるとき，a の値を求めなさい。

 $x:y=5:3$ より，$3x=5y \Rightarrow 3x-5y=0$

解き方 $\begin{cases} 2x-3y=2 & \cdots① \\ ax-7y=-2 & \cdots② \end{cases}$

$x:y=5:3$ より，

$\qquad 3x=5y$

$\quad 3x-5y=0 \quad \cdots③$

$\quad ①\times3 \qquad 6x-\ 9y=6$

$\quad ③\times2 \quad -)\underline{6x-10y=0}$

$\qquad\qquad\qquad\qquad y=6$

$y=6$ を③に代入すると，

$\quad 3x-5\times6=0$

$\qquad\quad 3x=30$

$\qquad\quad\ x=10$

$x=10,\ y=6$ を②に代入すると，

$\quad a\times10-7\times6=-2$

$\qquad\quad 10a=40$

$\qquad\qquad a=4$

よって，**$a=4$** $\cdots$ 答

参考

比例式の性質
$a:b=c:d$ ならば，
$ad=bc$

x と y の比を，x と y の関係を表す式にして考えよう。

✓ **類題 20**

解答 ➡ 別冊 p.17

連立方程式 $\begin{cases} 5x-6y=6 \\ 2x-by=-3 \end{cases}$ の解の比が，$x:y=4:3$ であるとき，b の値を求めなさい。

UNIT 6 いろいろな連立方程式⑥

目標 ▶ 解が無数にある連立方程式や解がない連立方程式について理解する。

要点

● 連立方程式には，解が無数にあるものや解がないものもある。

例題 21 解が無数にある連立方程式　　　　LEVEL：応用

次の連立方程式の解を調べなさい。
$$\begin{cases} x+y=3 \\ 2x+2y=6 \end{cases}$$

ここに着目！ ▶ 2つの2元1次方程式が同じ ⇒ 連立方程式の解は無数にある。

解き方　$\begin{cases} x+y=3 & \cdots① \\ 2x+2y=6 & \cdots② \end{cases}$

①の両辺を2倍すると，

$2x+2y=6 \quad \cdots③$

③と②は，左辺と右辺がともに同じであるから，①の解はすべて②の解になり，②の解はすべて①の解になる。

よって，この連立方程式の解は**無数にある。** ……（答）

➡ ①の解と②の解
①の解の1つは $x=0$，$y=3$ で，これは等式②を成り立たせる。
他の解も同様。

類題 21　　　　解答 ➡ 別冊 p.17

次の連立方程式の解を調べなさい。
$$\begin{cases} 2x-y=1 \\ 6x-3y=3 \end{cases}$$

例題 22 解がない連立方程式 LEVEL：応用

次の連立方程式の解を調べなさい。

$$\begin{cases} x+y=3 \\ 2x+2y=4 \end{cases}$$

 ここに着目！

2つの2元1次方程式の文字の項の係数が同じで定数の項が異なる
⇒ 連立方程式の解はない。

解き方

$$\begin{cases} x+y=3 & \cdots① \\ 2x+2y=4 & \cdots② \end{cases}$$

①の両辺を2倍すると，

$$2x+2y=6 \quad \cdots③$$

③と②は，左辺は同じで，右辺は異なる。

すなわち，③と②は，文字の項は同じで，定数の項は異なって
いるから，①の解はすべて②の解にはならず，②の解はすべて
①の解にはならない。

よって，この連立方程式の**解はない。**……答

● 解がない連立方程式の見つけ方

2つの連立方程式を，
$x+ay=b$，$x+cy=d$ の形
に変形したとき，a と c が
等しく，b と d が異なる場
合，連立方程式の解はない。
（a と c が等しく，b と d
が等しい場合，連立方程式
の解は無数にある。）

✓ 類題 22

解答 → 別冊 p.18

次の連立方程式の解を調べなさい。

$$\begin{cases} x-2y=1 \\ -x+2y=1 \end{cases}$$

連立方程式の利用①

目標 連立方程式を使って数の問題を解くことができる。

要点

● **連立方程式の利用**…わかっていない数量を文字で表し，数量の間の関係を見つけて 2 つの方程式をつくり，解く。

例題 **23** **数についての問題**

和が 50 となる 2 つの数があり，一方の数はもう一方の数の 2 倍より 5 大きい。この 2 つの数を求めなさい。

 2 つの数を x，y とし，x と y の関係を表す式をつくる。

解き方 2 つの数を x，y とする。

和が 50 という条件より，$x+y=50$ …①

一方の数はもう一方の数の 2 倍より 5 大きいという条件より，

$y=2x+5$ …②

②を①に代入すると，$x+(2x+5)=50$

$$x+2x+5=50$$
$$3x=45$$
$$x=15$$

$x=15$ を②に代入すると，

$y=2\times15+5=35$

これらは問題に適している。

よって，求める 2 つの数は，**15 と 35** ⋯⋯⋯答

 注意

何を文字でおくのか，最初に説明する。

類題 **23**

解答 ➜ 別冊 p.18

和が 100 となる 2 つの数があり，一方の数はもう一方の数の 3 倍より 12 大きい。この 2 つの数を求めなさい。

2 けたの自然数があり，十の位の数は一の位の数より 6 小さい。また，十の位の数と一の位の数を入れかえてできる数は，もとの数の 3 倍より 2 小さい。もとの自然数を求めなさい。

ここに着目！ 十の位の数が x，一の位の数が y である 2 けたの自然数 ⇒ $10x+y$

解き方 もとの自然数の十の位の数を x，一の位の数を y とする。十の位の数は一の位の数より 6 小さいという条件より，

$$x=y-6 \quad \cdots ①$$

十の位の数と一の位の数を入れかえてできる数は，もとの数の 3 倍より 2 小さいという条件より，

$$10y+x=3(10x+y)-2 \quad \cdots ②$$

②より，

$$10y+x=30x+3y-2$$
$$-29x+7y=-2 \quad \cdots ③$$

①を③に代入すると，

$$-29(y-6)+7y=-2$$
$$-29y+174+7y=-2$$
$$-22y=-176$$
$$y=8$$

$y=8$ を①に代入すると，$x=8-6=2$
もとの自然数は，$10 \times 2+8=28$
これは問題に適している。よって，**28** ……(答)

● 解の確認
x，y の値を求めた後は，x，y の値が問題の条件にあっているのかを確認する。

✓ 類題 **24**

解答 ➔ 別冊 p.18

2 けたの自然数があり，十の位の数は一の位の数より 3 小さい。また，十の位の数と一の位の数を入れかえてできる数は，もとの数の 2 倍より 9 小さい。もとの自然数を求めなさい。

2章

連立方程式

UNIT 2 連立方程式の利用②

目標 連立方程式を使って代金や料金の問題を解くことができる。

要点

● 代金の問題…個数と代金の関係から式をつくる。

例題 25 買い物の代金の問題

LEVEL：標準

1本60円の鉛筆と1本100円の鉛筆をあわせて12本買い，920円払った。60円の鉛筆と100円の鉛筆を，それぞれ何本買いましたか。

ここに着目! 個数についての式と代金についての式をつくる。

解き方 60円の鉛筆をx本，100円の鉛筆をy本買ったとする。
あわせて12本買ったという条件より，

$$x+y=12 \quad \cdots ①$$

920円払ったという条件より，

$$60x+100y=920 \quad \cdots ②$$

$$
\begin{array}{rl}
①×60 & 60x+60y=720 \\
② & \underline{-)\,60x+100y=920} \\
& -40y=-200 \quad y=5
\end{array}
$$

$y=5$ を①に代入すると，

$$x+5=12 \quad x=7$$

これらは問題に適している。

よって，**60円の鉛筆7本，100円の鉛筆5本** ……… (答)

◆ 文字で表す

60円の鉛筆はx本，100円の鉛筆はy本だから，本数の合計は，$(x+y)$本
60円の鉛筆x本の代金は $60×x=60x$(円)，100円の鉛筆y本の代金は $100×y=100y$(円)だから，代金の合計は，$(60x+100y)$円

✓ 類題 25

解答 → 別冊 p.18

1個65円のりんごと1個30円のみかんをあわせて11個買い，400円払った。りんごとみかんを，それぞれ何個買いましたか。

例題 **26** 入場料に関する問題

LEVEL：標準

> ある動物園の入園料は，おとな 10 人と中学生 5 人では 9500 円，おとな 7 人と中学生 8 人では 8000 円になる。おとな 1 人と中学生 1 人の入園料は，それぞれ何円ですか。

2 章 連立方程式

ここに 着目！ 人数と料金についての式を 2 つつくる。

(解き方) おとな 1 人の入園料を x 円，中学生 1 人の入園料を y 円とする。

おとな 10 人と中学生 5 人では 9500 円になるという条件より，

$$10x + 5y = 9500 \quad \cdots①$$

おとな 7 人と中学生 8 人では 8000 円になるという条件より，

$$7x + 8y = 8000 \quad \cdots②$$

$$\begin{array}{rl} ①×8 & 80x + 40y = 76000 \\ ②×5 & \underline{-)\,35x + 40y = 40000} \\ & 45x = 36000 \\ & x = 800 \end{array}$$

$x = 800$ を①に代入すると，

$$10 × 800 + 5y = 9500$$
$$5y = 1500$$
$$y = 300$$

これらは問題に適している。

よって，**おとな 1 人 800 円，中学生 1 人 300 円** ········(答)

● **文字で表す**

おとな 10 人の入園料は $x × 10 = 10x$（円），中学生 5 人の入園料は $y × 5 = 5y$（円）だから，このときの入園料の合計は，$(10x + 5y)$ 円

おとな 7 人の入園料は $x × 7 = 7x$（円），中学生 8 人の入園料は $y × 8 = 8y$（円）だから，このときの入園料の合計は，$(7x + 8y)$ 円

求めた答えが正しいか確かめよう。

✓ 類題 **26**

解答 → 別冊 p.18

> ある博物館の入館料は，おとな 6 人と中学生 8 人では 16200 円，おとな 9 人と中学生 7 人では 19800 円になる。おとな 1 人と中学生 1 人の入館料は，それぞれ何円ですか。

UNIT 3 連立方程式の利用③

> 目標 ▶ 連立方程式を使って速さや道のりについての問題を解くことができる。

要点

● 速さ・道のり・時間の関係から式をつくる。

例題 27 速さが途中で変わる問題

LEVEL：応用

A 地点から B 地点を経て C 地点まで，26km の道のりを歩いた。A 地点から B 地点まででは時速 3km，B 地点から C 地点まででは時速 5km で歩き，全体では 6 時間かかった。A，B 間の道のりと B，C 間の道のりを，それぞれ求めなさい。

ここに着目！ 道のりについての式と時間についての式をつくる。

解き方 A，B 間の道のりを x km，B，C 間の道のりを y km とすると，

$$\begin{cases} x+y=26 & \cdots① \\ \dfrac{x}{3}+\dfrac{y}{5}=6 & \cdots② \end{cases}$$

②の両辺に 15 をかけると，

$5x+3y=90 \quad \cdots③$

$①×3 \qquad 3x+3y=78$

$③ \qquad -)\ \ 5x+3y=90$

$\qquad\qquad -2x \quad\ = -12 \qquad x=6$

$x=6$ を①に代入すると，$6+y=26$ より，$y=20$

これらは問題に適している。よって，

A，B 間の道のり 6km，B，C 間の道のり 20km ……（答）

◎ 式をつくる

合計 26km の道のりだから，
$x+y=26$
A 地点から B 地点まで
$x÷3=\dfrac{x}{3}$（時間），
B 地点から C 地点まで
$y÷5=\dfrac{y}{5}$（時間），
全体で 6 時間かかったから，
$\dfrac{x}{3}+\dfrac{y}{5}=6$

（図）
26km
A x km B ─ y km ─ C
時速3km　時速5km
6時間

✓ 類題 27

解答 → 別冊 p.18

家から峠を経てとなり町へ，行きは峠までは時速 3km，峠からは時速 4km で歩いた。帰りは峠までは時速 3km，峠からは時速 6km で歩いた。行きに 6 時間，帰りに 5 時間 30 分かかった。家から峠までの道のりと峠からとなり町までの道のりを，それぞれ求めなさい。

例題 28 池のまわりをまわる問題

LEVEL：応用

> 周囲 3000m の池がある。この池を，A さんは自転車で，B さんは歩いてまわる。同じところを同時に出発して，反対の方向にまわると 12 分後にはじめて出会う。また，同じ方向にまわると，A さんは B さんに 20 分後にはじめて追いつく。A さんと B さんの速さは分速何 m か，それぞれ求めなさい。

ここに着目！ はじめて出会う ⇒ 道のりの和は 1 周分。
はじめて追いつく ⇒ 道のりの差は 1 周分。

(解き方) A さんの速さを分速 xm，B さんの速さを分速 ym とする。反対の方向にまわると 12 分後にはじめて出会うことから，12 分間に 2 人が進んだ道のりの和は，池 1 周分に等しい。

また，同じ方向にまわると 20 分後にはじめて A さんが B さんに追いつくことから，20 分間に 2 人が進んだ道のりの差は，池 1 周分に等しい。

これらのことから，

$$\begin{cases} 12x + 12y = 3000 & \cdots① \\ 20x - 20y = 3000 & \cdots② \end{cases}$$

$$\begin{array}{ll} ①÷12 & x + y = 250 \quad \cdots③ \\ ②÷20 & \underline{+)\ x - y = 150} \\ & 2x = 400 \\ & x = 200 \end{array}$$

$x = 200$ を③に代入すると，$200 + y = 250$ より，$y = 50$

これらは問題に適している。

よって，**A さん分速 200m，B さん分速 50m** ……(答)

● **はじめて出会う**

12 分間に A さんは
$x × 12$
$= 12x$(m)，
B さんは
$y × 12 = 12y$(m)進む。

● **はじめて追いつく**

20 分間に
A さんは
$x × 20$
$= 20x$(m)，
B さんは
$y × 20 = 20y$(m)進む。

● **y の値**

①÷12 － ②÷20 から y の値を求めてもよい。

✓ **類題 28**

解答 ➡ 別冊 p.19

周囲 4000m の池がある。この池を，A さんと B さんは自転車でまわる。同じところを同時に出発して，反対の方向にまわると 8 分後にはじめて出会う。また，同じ方向にまわると，A さんは B さんに 100 分後にはじめて追いつく。A さんと B さんの速さは分速何 m か，それぞれ求めなさい。

2 章

連立方程式

連立方程式の利用④

目標 連立方程式を使って単位時間あたりの量の問題を解くことができる。

● 問題文から数量の関係を読みとって式に表す。

例題 **29** 列車の長さと速さの問題

LEVEL：応用

ある列車が，1350 m の鉄橋を渡り始めてから渡り終わるまでに，75 秒かかった。また，この列車が 550 m のトンネルに入って完全に見えなくなってから再び見え始めるまでに，20 秒かかった。この列車の長さと時速を求めなさい。

ここに着目！ 列車の長さをふくめて移動距離を考える。

解き方 列車の長さを x m，速さを秒速 y m とすると，

$$\begin{cases} 1350 + x = 75y & \cdots ① \\ 550 - x = 20y & \cdots ② \end{cases}$$

① $\quad 1350 + x = 75y$
② $\underline{+) \quad 550 - x = 20y}$
$\qquad 1900 \qquad = 95y$
$\qquad\qquad 95y = 1900$
$\qquad\qquad\quad y = 20$

$y = 20$ を①に代入すると，$1350 + x = 75 \times 20$ より，$x = 150$

これらは問題に適している。$\dfrac{20 \times 60 \times 60}{1000} = 72$ より，

列車の長さ 150 m，時速 72 km （答）

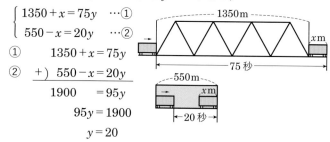

● 実際の移動距離
・（橋の長さ）
　　＋（列車の長さ）
・（トンネルの長さ）
　　－（列車の長さ）
2つの関係から式をつくる。列車の先頭か最後尾の移動距離を考えるとよい。

注意

時速を問われているので，列車の速さは時速になおす必要がある。

✓ 類題 **29**

解答 → 別冊 p.19

ある列車が，2050 m の鉄橋を渡り始めてから渡り終わるまでに，70 秒かかった。また，この列車が 350 m のトンネルに入って完全に見えなくなってから再び見え始めるまでに，10 秒かかった。この列車の長さと時速を求めなさい。

例題 30 水そうの問題

LEVEL：応用

240L 入る空の水そうがある。水そうを水でいっぱいにするのに，給水管 A と B の両方を使うと 30 分かかる。また，最初は給水管 A だけを 16 分間使い，その後は給水管 A と B の両方を 20 分間使うと，水そうは水でいっぱいになる。給水管 A と B の 1 分間あたりの給水量を，それぞれ求めなさい。

 ここに着目！ **給水量についての式を 2 つつくる。**

(解き方) 給水管 A と B の 1 分間あたりの給水量を，それぞれ xL，yL とすると，

$$\begin{cases} 30(x+y)=240 & \cdots ① \\ 16x+20(x+y)=240 & \cdots ② \end{cases}$$

①より，$x+y=8$ $\cdots ③$

②のかっこをはずすと，$16x+20x+20y=240$ より，

$$36x+20y=240$$
$$9x+5y=60 \quad \cdots ④$$

③×5 $\qquad 5x+5y=40$

④ $\qquad -) \ \ 9x+5y=60$
$$\overline{\qquad -4x \qquad = -20}$$
$$x=5$$

$x=5$ を③に代入すると，$5+y=8$ より，$y=3$

これらは問題に適している。

よって，**A（毎分）5L，B（毎分）3L** ……(答)

◆ 給水量と時間の関係

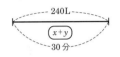

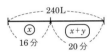

給水管 A と B の両方を使うときの 1 分間あたりの給水量は，$(x+y)$L

✓ 類題 30

解答 ➡ 別冊 p.19

360L 入る空の水そうがある。水そうを水でいっぱいにするのに，給水管 A と B の両方を使うと 18 分かかる。また，最初は給水管 A だけを 24 分間使い，その後は給水管 B だけを 14 分間使うと，水そうは水でいっぱいになる。給水管 A と B の 1 分間あたりの給水量を，それぞれ求めなさい。

2 章 連立方程式

UNIT
5

連立方程式の利用⑤

目標 連立方程式を使って割合の問題を解くことができる。

要点

- $1\% = \dfrac{1}{100} = 0.01$, 1 割 $= \dfrac{1}{10} = 0.1$ として式をつくる。

例題 **31** 人数の割合の問題

LEVEL：応用

ある中学校の昨年の生徒数は，男女あわせて 1225 人であった。今年は男子が 6% 増え，女子が 4% 減ったので，全体で 6 人増えた。今年の男子と女子の生徒数を，それぞれ求めなさい。

ここに着目！ **昨年の人数と増減についての式をつくる。**

解き方 昨年の男子を x 人，女子を y 人とすると，

$$\begin{cases} x + y = 1225 & \cdots ① \\ 0.06x - 0.04y = 6 & \cdots ② \end{cases}$$

①より，$x = 1225 - y$ $\cdots$③

②の両辺に 100 をかけると，$6x - 4y = 600$ $\cdots$④

③を④に代入すると，$6(1225 - y) - 4y = 600$ より，$y = 675$

③より，$x = 1225 - 675 = 550$

今年の男子は，$550 + 0.06 \times 550 = 550 + 33 = 583$（人）

今年の女子は，$675 - 0.04 \times 675 = 675 - 27 = 648$（人）

これらは問題に適しているから，

　　男子 583 人，女子 648 人 $\cdots$答

➡ **割合の表し方**
ここでは小数で表したが，分数で表してもよい。

➡ **昨年の人数と増減**
表にすると，次のようになる。

	男子	女子	合計
昨年（人）	x	y	1225
増減（人）	$0.06x$	$-0.04y$	6

✓ **類題 31**

解答 ➡ 別冊 p.19

ある中学校の昨年の生徒数は，男女あわせて 1150 人であった。今年は男子が 2% 増え，女子が 3% 減ったので，全体で 7 人減った。今年の男子と女子の生徒数を，それぞれ求めなさい。

あるお店で，パンとジュースを1つずつ買った。特売日だったので，パンは定価の2割引，ジュースは定価の1割引であった。代金の合計は327円で，定価で買うより63円安くなっていた。パンとジュースの定価を，それぞれ求めなさい。

ここに着目！ 定価の a 割 ⇒ 定価の $\dfrac{a}{10}$ 倍

（解き方）パンの定価を x 円，ジュースの定価を y 円とすると，

$$\begin{cases} x + y = 327 + 63 & \cdots ① \\ \dfrac{2}{10}x + \dfrac{1}{10}y = 63 & \cdots ② \end{cases}$$

①より，$x = 390 - y$ …③

②の両辺に10をかけると，$2x + y = 630$ …④

③を④に代入すると，$2(390 - y) + y = 630$ より，

$$780 - 2y + y = 630$$
$$y = 150$$

$y = 150$ を③に代入すると，$x = 390 - 150 = 240$

$240 \times \dfrac{2}{10} = 48$，$150 \times \dfrac{1}{10} = 15$ より，これらは問題に適している。

よって，**パンの定価240円，ジュースの定価150円** ……（答）

● **式をつくる**
①定価についての式
②割引額についての式
の2つの式をつくる。

● **解の確認**
それぞれの割引額が整数となっていることを確認する。

✓ **類題 32**   解答 ➡ 別冊 p.20

あるお店で，シャツと靴下（くつした）を1つずつ買った。定価だと代金の合計は1700円であったが，シャツは定価の2割引，靴下は定価の3割引だったので，代金の合計は1310円になった。シャツと靴下の定価を，それぞれ求めなさい。

UNIT 6 連立方程式の利用⑥

目標 連立方程式を使って濃度についての問題を解くことができる。

要点

● 食塩水の濃度(質量パーセント濃度)…

$$（食塩水の濃度（\%））=\frac{（食塩の重さ（g））}{（食塩水の重さ（g））}\times 100$$

● 食塩水の重さ…（食塩水の重さ（g））=（水の重さ（g））+（食塩の重さ（g））

例題 33 食塩水の問題 　　　　　　　　　　　　　　LEVEL：応用

濃度が 4% の食塩水と 12% の食塩水を混ぜて，濃度が 10% の食塩水を 400g つくりたい。それぞれの食塩水を何 g ずつ混ぜればよいか求めなさい。

 ここに着目！ （食塩の重さ）=（食塩水の重さ）×（食塩水の濃度）

解き方 4% の食塩水の重さを xg，12% の食塩水の重さを yg とすると，

$$\begin{cases} x+y=400 & \cdots① \\ x\times\dfrac{4}{100}+y\times\dfrac{12}{100}=400\times\dfrac{10}{100} & \cdots② \end{cases}$$

①より，$x=400-y$ $\cdots③$

②の両辺に 100 をかけると，$4x+12y=4000$ $\cdots④$

③を④に代入すると，$4(400-y)+12y=4000$ より，

　$1600-4y+12y=4000$ $8y=2400$ $y=300$

$y=300$ を③に代入すると，$x=400-300=100$

これらは問題に適している。

よって，**4% の食塩水 100g，12% の食塩水 300g** ……… (答)

➡ 式をつくる

①食塩水の重さについての式

②食塩の重さについての式

の 2 つの式をつくる。以下のような表をつくると式をつくりやすい。

	4%	12%	10%
重さ	x	y	400
濃度	$\dfrac{4}{100}$	$\dfrac{12}{100}$	$\dfrac{10}{100}$
食塩	$\dfrac{4}{100}x$	$\dfrac{12}{100}y$	$400\times\dfrac{10}{100}$

✓ 類題 33

解答 ➡ 別冊 p.20

濃度が 3% の食塩水と 10% の食塩水を混ぜて，濃度が 5% の食塩水を 700g つくりたい。それぞれの食塩水を何 g ずつ混ぜればよいか求めなさい。

みそ A とみそ B の 2 種類のみそを使ってみそ汁をつくる。みそ汁は水 100g に対してみそ 10g を入れてつくる。みそ 100g あたりの食塩の量は，みそ A が 7g，みそ B が 12g であるとする。みそ汁 1 杯分にふくまれる食塩の量を 1g にしたい。みそ汁 1 杯分を 110g とするとき，1 杯分のみそ汁をつくるのに，みそ A とみそ B をそれぞれ何 g ずつ使えばよいか求めなさい。

 ここに着目！ みその量についての式と食塩の量についての式をつくる。

解き方 みそ A を xg，みそ B を yg とする。

$$\begin{cases} x + y = 10 & \cdots① \\ x \times \dfrac{7}{100} + y \times \dfrac{12}{100} = 1 & \cdots② \end{cases}$$

①より，$x = 10 - y$ …③

②の両辺に 100 をかけると，$7x + 12y = 100$ …④

③を④に代入すると，$7(10 - y) + 12y = 100$ より，

$$70 - 7y + 12y = 100$$
$$5y = 30$$
$$y = 6$$

$y = 6$ を③に代入すると，$x = 10 - 6 = 4$

これらは問題に適している。

よって，**みそ A 4g，みそ B 6g** ……… 答

 参考

みそ A を塩分 7 % のみそ，みそ B を塩分 12 % のみそと考えると，食塩水の問題と同じように，以下のような表をつくることができる。

	みそ A (塩分 7%)	みそ B (塩分 12%)	みそ汁
みそ	x	y	10
食塩	$x \times \dfrac{7}{100}$	$y \times \dfrac{12}{100}$	1

✓ 類題 **34**

解答 → 別冊 p.20

みかんといちごを使ってジュースをつくる。100g 中にふくまれるビタミン C の量は，みかんが 30mg，いちごが 60mg であるとする。ジュース 250g でビタミン C を 114mg とるには，みかんといちごをそれぞれ何 g ずつ使えばよいか求めなさい。

定期テスト対策問題

解答 ➜ 別冊 p.20

問 1 連立方程式の解

下の表 1，表 2 はそれぞれ，2 元 1 次方程式 $2x+y=10$，$3x-2y=1$ を成り立たせる x，y の値の組を表したものである。

表 1　$2x+y=10$

x	1	2	3	4	5
y	8				

表 2　$3x-2y=1$

x	1	2	3	4	5
y	1				

(1)　2 つの表の空欄をうめなさい。

(2)　表から，連立方程式 $\begin{cases} 2x+y=10 \\ 3x-2y=1 \end{cases}$ の解を求めなさい。

問 2 加減法による連立方程式の解き方

次の連立方程式を加減法で解きなさい。

(1) $\begin{cases} x+3y=8 \\ x-y=-4 \end{cases}$

(2) $\begin{cases} 2x+5y=-1 \\ x-5y=7 \end{cases}$

(3) $\begin{cases} x+y=7 \\ x-y=3 \end{cases}$

(4) $\begin{cases} 2x-y=11 \\ 3x+2y=6 \end{cases}$

(5) $\begin{cases} 4x-3y=1 \\ x+y=2 \end{cases}$

(6) $\begin{cases} 4x-3y=-5 \\ 2x-6y=2 \end{cases}$

(7) $\begin{cases} 2x-3y=9 \\ 3x+2y=7 \end{cases}$

(8) $\begin{cases} 3x+4y=-1 \\ 5x+6y=-3 \end{cases}$

問 3 代入法による連立方程式の解き方

次の連立方程式を代入法で解きなさい。

(1) $\begin{cases} y=1+x \\ 4x+y=16 \end{cases}$

(2) $\begin{cases} 2x-y=5 \\ y=-3x \end{cases}$

(3) $\begin{cases} y=2x-3 \\ 3x-2y=0 \end{cases}$

(4) $\begin{cases} y=5x-3 \\ y=3x-1 \end{cases}$

(5) $\begin{cases} 7x+2y=3 \\ 2y=x-5 \end{cases}$

(6) $\begin{cases} 3x-2y=18 \\ x-y=7 \end{cases}$

問 4 複雑な連立方程式の解き方

次の連立方程式を解きなさい。

(1) $\begin{cases} 3x - 4(x+y) = 9 \\ 2x + 3y = -8 \end{cases}$

(2) $\begin{cases} 5x + 3(x-y) = 6 \\ y - 2(2x+1) = 0 \end{cases}$

(3) $\begin{cases} 0.6x - 0.8y = 1.4 \\ x - 2y = 4 \end{cases}$

(4) $\begin{cases} 0.4x + y = 4.6 \\ 0.03x - 0.02y = 0.06 \end{cases}$

(5) $\begin{cases} 4x - 3y = 6 \\ \dfrac{1}{2}x - \dfrac{1}{3}y = \dfrac{5}{6} \end{cases}$

(6) $\begin{cases} \dfrac{3}{4}x + \dfrac{2}{3}y = 10 \\ \dfrac{1}{8}x - \dfrac{5}{6}y = -4 \end{cases}$

(7) $\begin{cases} \dfrac{x-1}{2} = \dfrac{y+3}{4} \\ \dfrac{x+5}{2} + \dfrac{y-1}{3} = \dfrac{5}{3} \end{cases}$

(8) $\begin{cases} \dfrac{x+6}{3} = y - 4 \\ 2x - 0.6y = 1.8 \end{cases}$

(9) $5x + 7y = 3x + 4y = 2$

(10) $3(y-x) + 2 = 5(y+x) = x + 5$

問 5 解の条件が与えられた連立方程式

次の問いに答えなさい。

(1) 連立方程式 $\begin{cases} ax + by = 1 \\ bx - ay = 17 \end{cases}$ の解が，$x = 2$，$y = -5$ であるとき，a，b の値を求めなさい。

(2) 連立方程式 $\begin{cases} 4x + ay = -2 \\ 3x - 4y = -12 \end{cases}$ の解の比が，$x : y = 2 : 3$ であるとき，a の値を求めなさい。

(3) 次の 2 組の x，y についての連立方程式 $\begin{cases} x + ay = 1 \\ x + y = 7 \end{cases}$ と $\begin{cases} 2x - y = 5 \\ ax + by = 2 \end{cases}$ の解が一致するとき，a，b の値を求めなさい。

問 6 連立方程式の利用（数の問題）

2 けたの自然数があり，各位の数の和は 13 になる。また，十の位の数と一の位の数を入れかえてできる数は，もとの数より 9 大きい。もとの自然数を求めなさい。

問 7 連立方程式の利用（代金の問題）

鉛筆 5 本とボールペン 2 本を買うと 520 円，鉛筆 3 本とボールペン 5 本を買うと 730 円になる。鉛筆 1 本，ボールペン 1 本の値段を，それぞれ求めなさい。

問 8　連立方程式の利用（時間，速さ，道のりの問題）

Aさんは，家から峠をこえて 12km はなれた駅へ自転車で行った。家から峠までは時速 12km で，峠から駅までは時速 15km で進んだので，全体で 50 分かかった。家から峠までの道のり，峠から駅までの道のりを，それぞれ求めなさい。

問 9　連立方程式の利用（鉄橋，トンネルと列車の問題）

760m の鉄橋を渡り始めてから渡り終わるまでに 40 秒かかる列車が，2340m のトンネルに入りきって完全に見えなくなってから再び見え始めるまでに 84 秒かかった。この列車の長さと時速を求めなさい。

問 10　連立方程式の利用（人数の割合の問題）

ある中学校の昨年の生徒数は男女あわせて 450 人であった。今年は男子が 4％増え，女子が 3％減ったので，全体で 4 人増えた。今年の男子と女子の生徒数を，それぞれ求めなさい。

問 11　連立方程式の利用（食塩水の問題）

濃度が 10％の食塩水と 15％の食塩水を混ぜて，濃度が 12％の食塩水を 300g つくりたい。それぞれの食塩水を何 g ずつ混ぜればよいか求めなさい。

問 12　連立方程式の利用（所持金の問題）

姉と妹の現在の所持金の比は 3：2 である。姉が 300 円のケーキを 1 個，妹が 250 円のシュークリームを 2 個，それぞれ買えば，2 人の所持金の比は 2：1 になる。2 人の現在の所持金を求めなさい。

KUWASHII

MATHEMATICS

中2
数学

3章

1次関数

UNIT

1 │ 1次関数

目標 ▶ 1次関数について理解する。

要点

- **1次関数**… 2つの変数 x, y について，y が x の1次式で表されるとき，y は x の1次関数であるという。
- **1次関数の式**… $y = ax + b$

例題 **1** │ **1次関数の式**

LEVEL：基本

2つの変数 x, y の間に，次の式で表される関係があるとき，y が x の1次関数であるものはどれですか。

① $y = 2x - 1$ ② $x + y = 5$ ③ $y = \dfrac{2}{x} + 1$ ④ $x = \dfrac{y}{3}$

ここに着目！ ▶ **1次関数の式 ⇒ $y = ax + b$ と表される。**

解き方 ① $y = ax + b$ の式で $a = 2$，$b = -1$ となっている。

② $x + y = 5$ を y について解くと，$y = -x + 5$ となり，$y = ax + b$ の式で $a = -1$，$b = 5$ となっている。

③ $y = 2 \times \dfrac{1}{x} + 1$ という形になる。1次関数の式の形ではない。

④ $x = \dfrac{y}{3}$ を y について解くと，$y = 3x$ これを $y = 3x + 0$ とみると，$y = ax + b$ の式で $a = 3$，$b = 0$ となっている。

よって，y が x の1次関数であるものは，**①，②，④** ……… 答

➡ 1次関数の式

$y = ax + b$ の形になおせるかを調べる。

➡ 比例と1次関数

④は比例の関係。比例は1次関数で，$b = 0$ の特別な場合である。

✓ **類題 1**

解答 ➡ 別冊 p.26

2つの変数 x, y の間に，次の式で表される関係があるとき，y が x の1次関数であるものはどれですか。

① $y = 3x + 2$ ② $y = 3 - 4x$ ③ $x - y = 1$ ④ $y = \dfrac{3}{x}$

2 **1次関数の式で表される関係**

LEVEL：標準

次のうち，y が x の 1 次関数であるものはどれですか。

① 5km の道のりを，$x$km 歩いたときの残りの道のり $y$km

② 面積が 100cm²，縦の長さが $x$cm の長方形の横の長さ $y$cm

③ 1 辺の長さが $x$cm の正三角形の周の長さ $y$cm

④ 半径 $x$cm の円の面積 $y$cm²

3

章

1
次
関
数

ここに着目！ $y = ax + b$ の形で表されるかを調べる。

解き方 ① 残りの道のりは，全体の道のりから歩いた道のりをひいて
求められるので，$y = 5 - x$
これより，$y = -x + 5$ となるから，y は x の 1 次関数である。

② 長方形の面積は，（縦）×（横）で表されるので，$100 = xy$

これを y について解くと，$y = \dfrac{100}{x}$ となるから，y は x の

1 次関数ではない。

③ 正三角形の周の長さは，（1 辺の長さ）×3 で表されるので，
$$y = x \times 3$$
これより，$y = 3x$ となるから，y は x の 1 次関数である。

④ 円の面積は，$\pi \times$（円の半径）² で表されるので，$y = \pi x^2$
これより，y は x の 1 次関数ではない。

よって，y が x の 1 次関数であるものは，①，③ ……… 答

→ 1 次関数の式

$y = ax + b$ において，
①… $a = -1$，$b = 5$
③… $a = 3$，$b = 0$
としたものになっている。

x と y の関係を式に表して考えることができたかな？

類題 2

解答 → 別冊 p.26

次のうち，y が x の 1 次関数であるものはどれですか。

① 半径 $x$cm の円の周の長さ $y$cm

② 5km の道のりを，時速 $x$km で歩いたときにかかる時間 y 時間

③ 1 辺の長さが $x$cm の立方体の体積 $y$cm³

④ 周の長さが 100cm，縦の長さが $x$cm の長方形の横の長さ $y$cm

UNIT

2

変化の割合

目標 ▶ 変化の割合について理解できる。

要 点

● $(変化の割合) = \dfrac{(y \text{の増加量})}{(x \text{の増加量})}$

例題 3 変化の割合

LEVEL：基本

1次関数 $y = 2x + 8$ で，x の値(あたい)が次のように増加したときの変化の割合を，それぞれ求めなさい。

(1) 1から3まで

(2) −5から−4まで

ここに着目！ a から b までの増加量 ⇒ $b - a$

解き方 (1) x の増加量は，$3 - 1 = 2$

$x = 1$ のとき，$y = 2 \times 1 + 8 = 10$

$x = 3$ のとき，$y = 2 \times 3 + 8 = 14$

これより，$(y \text{の増加量}) = 14 - 10 = 4$

よって，変化の割合は，

$\dfrac{4}{2} = \mathbf{2}$ ……答

x	…	1	…	3	…
y	…	10	…	14	…

(2) x の増加量は，$-4 - (-5) = 1$

y の増加量は，$\{2 \times (-4) + 8\} - \{2 \times (-5) + 8\} = 0 - (-2) = 2$

よって，変化の割合は，

$\dfrac{2}{1} = \mathbf{2}$ ……答

x	…	−5	…	−4	…
y	…	−2	…	0	…

注意

a から b まで増加したときの増加量は，$b - a$ である。$a - b$ ではない。

➡ 変化の割合の求め方

y の増加量を求める前に，それぞれの x の値に対する y の値を求める。

✓ 類題 3

解答 ➡ 別冊 p.26

1次関数 $y = -3x + 1$ で，x の値が次のように増加したときの変化の割合を，それぞれ求めなさい。

(1) 0から3まで

(2) −4から−1まで

例題 4 1次関数の変化の割合を調べる

LEVEL: 標準

1次関数 $y = -2x + 4$ について，次の問いに答えなさい。

(1) 右の表を完成させなさい。

(2) x の値が0から3まで増加したときの変化の割合を求めなさい。

(3) 表より，x の増加量が1のときの y の増加量は，どれだけあるといえそうですか。

x	0	1	2	3
y	4			

ここに着目! a から b までの増加量 ⇒ $b - a$ で計算する。

解き方 (1) $x = 1$ のとき，$y = -2 \times 1 + 4 = 2$

$x = 2$ のとき，$y = -2 \times 2 + 4 = 0$

$x = 3$ のとき，$y = -2 \times 3 + 4$

$\qquad\qquad\qquad = -2$

x	0	1	2	3
y	4	2	0	-2

表は右上のようになる。**右上の表** ……(答)

(2) 表より，

$(x の増加量) = 3 - 0 = 3$，

$(y の増加量) = -2 - 4 = -6$

よって，$(変化の割合) = \dfrac{-6}{3} = \boldsymbol{-2}$ ……(答)

(3) 表より，x が0から1，1から2，2から3に増加したときの y の増加量は，それぞれ，$2 - 4 = -2$，$0 - 2 = -2$，$-2 - 0 = -2$ であるから，x の増加量が1のときの y の増加量は，$\boldsymbol{-2}$ であるといえそうである。……(答)

注意

増加量は正の数とは限らない。

✓ **類題 4**

解答 → 別冊 p.27

1次関数 $y = 4x - 3$ について，次の問いに答えなさい。

(1) 右の表を完成させなさい。

(2) x の値が0から3まで増加したときの変化の割合を求めなさい。

(3) 表より，x の増加量が1のときの y の増加量は，どれだけであるといえそうですか。

x	0	1	2	3
y	-3			

UNIT 3 1 次関数の変化の割合 ①

目標 1 次関数の変化の割合について理解する。

要 点

- 1 次関数 $y=ax+b$ では，変化の割合は一定で，a に等しい。
- $(変化の割合)=\dfrac{(y \text{ の増加量})}{(x \text{ の増加量})}=a$

例題 **5** 1 次関数の変化の割合 LEVEL：基本

次の 1 次関数の変化の割合を求めなさい。

(1) $y=x-2$

(2) $y=2x+1$

(3) $y=-3x-1$

(4) $y=\dfrac{3}{4}x+3$

ここに着目！ 1 次関数 $y=ax+b$ では，（変化の割合）$=a$

解き方 (1) $y=1\times x-2$ であるから，1 次関数 $y=x-2$ の変化の割合は，
1 ……（答）

(2) 1 次関数 $y=2x+1$ の変化の割合は，**2** ……（答）

(3) 1 次関数 $y=-3x-1$ の変化の割合は，**-3** ……（答）

(4) 1 次関数 $y=\dfrac{3}{4}x+3$ の変化の割合は，$\dfrac{3}{4}$ ……（答）

● 変化の割合 a

たとえば，x の値が 2 から 5 まで増加したときの y の増加量から変化の割合を求めると，$y=ax+b$ の a の値に等しい。

✓ 類題 **5**

解答 → 別冊 p.27

次の 1 次関数の変化の割合を求めなさい。

(1) $y=5x-3$

(2) $y=-x+1$

(3) $y=-4x-3$

(4) $y=-\dfrac{2}{3}x+2$

6 x の値が増加するときの y の値の増減

LEVEL：基本

次の 1 次関数について，x の値が増加するとき，y の値は増加するのか減少するのかをいいなさい。

(1) $y = 2x + 2$

(2) $y = -4x - 3$

(3) $y = -\dfrac{1}{4}x + 1$

ここに着目！ x の値が増加するとき，$a > 0$ なら y の値は増加，$a < 0$ なら y の値は減少する。

解き方 (1) 1 次関数 $y = 2x + 2$ の変化の割合は，2

変化の割合は正である。

よって，x の値が増加するとき，y の値は**増加する。**

……………（答）

(2) 1 次関数 $y = -4x - 3$ の変化の割合は，-4

変化の割合は負である。

よって，x の値が増加するとき，y の値は**減少する。**

……………（答）

(3) 1 次関数 $y = -\dfrac{1}{4}x + 1$ の変化の割合は，$-\dfrac{1}{4}$

変化の割合は負である。

よって，x の値が増加するとき，y の値は**減少する。**

……………（答）

> **◯ 変化の割合と y の値の増減**
>
> 1 次関数 $y = ax + b$ の変化の割合 a は，x の値が 1 だけ増加するときの y の増加量を表す。
> そのため，a の値の正負で，x の値が増加するときの y の値の増減がわかる。

 類題 6

解答 → 別冊 p.27

次の 1 次関数について，x の値が増加するとき，y の値は増加するのか減少するのかをいいなさい。

(1) $y = 5x - 4$

(2) $y = -3x + 1$

(3) $y = \dfrac{1}{3}x - 2$

UNIT 4 1次関数の変化の割合②

目標 → x の増加量に対する y の増加量を求めることができる。

要点

- 1次関数 $y=ax+b$ では，（変化の割合）$=a=\dfrac{（y\ \text{の増加量}）}{（x\ \text{の増加量}）}$ より，

  （y の増加量）$=a\times$（x の増加量）

例題 7 x の増加量に対する y の増加量   LEVEL：標準

次の1次関数について，x の増加量が3のときの y の増加量を求めなさい。

(1) $y=2x-3$ (2) $y=-x+1$

 ここに着目！ （y の増加量）$=a\times$（x の増加量）

解き方 (1) 1次関数 $y=2x-3$ の変化の割合は2である。
よって，x の増加量が3のときの y の増加量は，
（y の増加量）$=2\times 3=\mathbf{6}$ ……（答）

(2) 1次関数 $y=-x+1$ の変化の割合は -1 である。
よって，x の増加量が3のときの y の増加量は，
（y の増加量）$=-1\times 3=\mathbf{-3}$ ……（答）

参考

$a=\dfrac{（y\ \text{の増加量}）}{（x\ \text{の増加量}）}$ より，

（y の増加量）
$=a\times$（x の増加量）となる。

✓ 類題 7

解答 → 別冊 p.27

次の問いに答えなさい。

(1) 1次関数 $y=3x-3$ について，x の増加量が次のようになるときの y の増加量を求めなさい。

① 5   ② -3

(2) 1次関数 $y=-4x+1$ について，x の増加量が次のようになるときの y の増加量を求めなさい。

① 2   ② -4

UNIT

反比例するときの変化の割合

目標 反比例するときの変化の割合について理解する。

要点

● y が x に反比例するとき，変化の割合は一定ではない。

例題 8 反比例するときの変化の割合　　　　LEVEL：標準

反比例 $y = \dfrac{12}{x}$ で，x の値が次のように変化したときの変化の割合を，それぞれ求めなさい。

(1)　2 から 4 まで　　　　　　(2)　−6 から −3 まで

ここに着目！ **反比例の場合でも，変化の割合の求め方は同じ。**

解き方 (1)　x の増加量は，$4 - 2 = 2$

y の増加量は，

$\dfrac{12}{4} - \dfrac{12}{2} = 3 - 6 = -3$

よって，変化の割合は，$\dfrac{-3}{2} = -\dfrac{3}{2}$ …………（答）

x	…	2	…	4	…
y	…	6	…	3	…

(2)　x の増加量は，$-3 - (-6) = 3$

y の増加量は，$\dfrac{12}{-3} - \dfrac{12}{-6} = -4 - (-2) = -2$

よって，変化の割合は，

$\dfrac{-2}{3} = -\dfrac{2}{3}$ …………（答）

x	…	−6	…	−3	…
y	…	−2	…	−4	…

注意

反比例 $y = \dfrac{12}{x}$ の比例定数は 12 だが，1 次関数のように変化の割合を 12 とすることはできない。

類題 8　　　　　　　　　　　　　　　　　　　　　解答 → 別冊 p.27

反比例 $y = -\dfrac{20}{x}$ で，x の値が次のように変化したときの変化の割合を，それぞれ求めなさい。

(1)　4 から 10 まで　　　　　　(2)　−5 から −2 まで

UNIT

1 | 1次関数のグラフ上の点

目標 1次関数のグラフ上の点について理解する。

要点

- $y = ax + b$ のグラフを，直線 $y = ax + b$ という。
- この直線は，$y = ax + b$ を成り立たせるような x, y の値の組 (x, y) を座標とする点の集まりである。

例題 **9** 1次関数のグラフ上の点の座標　　　　　　　LEVEL：基本

次のそれぞれの点は，1次関数 $y = 2x - 4$ のグラフ上の点である。ア～ウにあてはまる数を求めなさい。

　A(5, ア)　　　　　　B(-2, イ)　　　　　　C(ウ, 10)

ここに着目！ 1次関数のグラフ上の点 ⇒ x または y 座標の値を1次関数の式に代入し，もう一方の座標の値を求める。

解き方 A … $x = 5$ を $y = 2x - 4$ に代入すると，　$y = 2 \times 5 - 4 = 6$
　　　　　よって，ア… **6** ……（答）

　　　　B … $x = -2$ を $y = 2x - 4$ に代入すると，$y = 2 \times (-2) - 4 = -8$
　　　　　よって，イ… **-8** ……（答）

　　　　C … $y = 10$ を $y = 2x - 4$ に代入すると，$10 = 2x - 4$ より，
　　　　　　$-2x = -14$　$x = 7$
　　　　　よって，ウ… **7** ……（答）

● **直線の式**

1次関数の式 $y = ax + b$ を，直線の式ともいう。

✓ 類題 **9**　　　　　　　　　　　　　　　　　　　　解答 ➜ 別冊 p.27

次のそれぞれの点は，1次関数 $y = -3x + 1$ のグラフ上の点である。ア～ウにあてはまる数を求めなさい。

　A(2, ア)　　　　　　B(-2, イ)　　　　　　C(ウ, 10)

例題 **10** グラフ上の点となる条件 　　　　　　　　　LEVEL：標準

次の点が 1 次関数 $y=4x-3$ のグラフ上にあるかないかをいいなさい。

(1)　A(1，1)

(2)　B(2，2)

(3)　C(-1，-7)

(4)　D(-2，-12)

ここに着目！ x 座標の値を $y=4x-3$ に代入し，y 座標の値と等しくなるかを調べる。

解き方

(1)　$x=1$ を $y=4x-3$ に代入すると，

$y=4×1-3=1$

この値は点 A の y 座標の値と等しいから，点 A はグラフ上に**ある**。……(答)

(2)　$x=2$ を $y=4x-3$ に代入すると，

$y=4×2-3=5$

この値は点 B の y 座標の値と等しくないから，点 B はグラフ上に**ない**。……(答)

(3)　$x=-1$ を $y=4x-3$ に代入すると，

$y=4×(-1)-3=-7$

この値は点 C の y 座標の値と等しいから，点 C はグラフ上に**ある**。……(答)

(4)　$x=-2$ を $y=4x-3$ に代入すると，

$y=4×(-2)-3=-11$

この値は点 D の y 座標の値と等しくないから，点 D はグラフ上に**ない**。……(答)

◎ グラフ上の点

1 次関数 $y=4x-3$ のグラフ上の点を考えてみる。たとえば，$x=1$ のとき，$y=4×1-3=1$ だから，点 (1，1) はグラフ上にある。このように，x の値を 1 次関数の式に代入して y の値を求めると，このときの x，y の値の組 (x，y) を座標とする点は，このグラフ上の点である。

3 章

1 次関数

✓ **類題 10**　　　　　　　　　　　　　　　　　　　　　解答 ➡ 別冊 p.28

次の点が 1 次関数 $y=-3x+2$ のグラフ上にあるかないかをいいなさい。

(1)　A(1，1)

(2)　B(2，-4)

(3)　C(-1，5)

(4)　D(-3，-11)

UNIT

2 | 1次関数のグラフ①

（目標）▶ $y=ax+b$ と $y=ax$ のグラフの関係や切片について理解する。

要点

- 1次関数 $y=ax+b$ のグラフは，$y=ax$ のグラフを y 軸の正の方向に b だけ平行移動した直線である。
- **切片**… 1次関数 $y=ax+b$ の定数の部分 b は，1次関数のグラフと y 軸との交点 $(0,\ b)$ の y 座標である。この b のことを**切片**という。

 例題 **11** $y=ax$ のグラフと $y=ax+b$ のグラフ　　　　　　　　　　LEVEL：基本

次の2つの1次関数について，下の問いに答えなさい。

$$y=2x \quad \cdots ①, \quad y=2x+3 \quad \cdots ②$$

(1) ②について，x の値に対応する y の値を求めて，右の表の空欄をうめなさい。

(2) ②のグラフ上の各点は，①のグラフ上の各点を y 軸の正の方向にどれだけ平行移動したものになっているかをいいなさい。

x	-2	-1	0	1	2
$2x$	-4	-2	0	2	4
$2x+3$					

ここに着目！ $y=ax+b$ のグラフ ⇒ $y=ax$ を y 軸の正の方向に b だけ平行移動。

（解き方）(1) $x=-2$ のとき，

$$y=2\times(-2)+3=-1$$

同様にして y の値を求める。**右の表** ……（答）

x	-2	-1	0	1	2
$2x$	-4	-2	0	2	4
$2x+3$	-1	1	3	5	7

(2) (1)の表より，y 軸の正の方向に **3** だけ平行移動したものになっている。……（答）

⊙ 平行移動

y 軸の正の方向にどれだけ平行移動したかは，切片で確認する。

✓ **類題 11**　　　　　　　　　　　　　　　　　　　　解答 ➡ 別冊 p.28

$y=2x-3$ のグラフは，$y=2x$ のグラフを，y 軸の正の方向にどれだけ平行移動したものかをいいなさい。

12 1 次関数のグラフの切片 LEVEL：基本

次の 1 次関数のグラフの切片をいいなさい。

(1) $y = -x + 1$

(2) $y = 4x - 3$

(3) $y = \dfrac{1}{2}x$

(4) $y = -3x - \dfrac{1}{4}$

 $y = ax + b$ のグラフの切片 ⇒ b

(解き方)
(1) $y = -x + 1$ のグラフの切片は，**1** ……(答)

(2) $y = 4x - 3$ のグラフの切片は，**-3** ……(答)

(3) $y = \dfrac{1}{2}x$ のグラフの切片は，**0** ……(答)

(4) $y = -3x - \dfrac{1}{4}$ のグラフの切片は，$-\dfrac{1}{4}$ ……(答)

○ 切片

(2) $y = 4x + (-3)$

(3) $y = \dfrac{1}{2}x + 0$

と考える。

グラフの切片が
すぐいえるよう
になったかな？

✓ **類題 12**

解答 → 別冊 p.28

次の 1 次関数のグラフの切片をいいなさい。

(1) $y = 3x + 5$

(2) $y = x - 6$

(3) $y = -2x$

(4) $y = \dfrac{2}{5}x + \dfrac{1}{3}$

UNIT

3

1次関数のグラフ②

目標 ▶ 1次関数のグラフの傾きや1次関数の増減とグラフの関係について理解する。

要点

● **傾き**…1次関数 $y = ax + b$ で，a を1次関数のグラフの傾きという。
● **$y = ax + b$ のグラフは，$a > 0$ のとき右上がり，$a < 0$ のとき右下がりの直線となる。**

例題 **13** 1次関数のグラフの傾き
LEVEL：基本

次の1次関数のグラフの傾きをいいなさい。

(1)　$y = 4x + 3$

(2)　$y = -x + 2$

(3)　$y = \dfrac{1}{3}x$

(4)　$y = -\dfrac{1}{2}x - \dfrac{1}{4}$

ここに着目！ $y = ax + b$ のグラフの傾き ⇒ a

解き方 (1)　$y = 4x + 3$ のグラフの傾きは，**4** ……答

(2)　$y = -x + 2$ のグラフの傾きは，**-1** ……答

(3)　$y = \dfrac{1}{3}x$ のグラフの傾きは，**$\dfrac{1}{3}$** ……答

(4)　$y = -\dfrac{1}{2}x - \dfrac{1}{4}$ のグラフの傾きは，**$-\dfrac{1}{2}$** ……答

○ 傾き

(2) $y = (-1) \times x + 2$ と考える。

(1)

(2)

(3)

(4)

✓ 類題 **13**

解答 ➡ 別冊 p.28

次の1次関数のグラフの傾きをいいなさい。

(1)　$y = x + 6$

(2)　$y = -3x + 5$

(3)　$y = \dfrac{1}{5}x - \dfrac{1}{3}$

(4)　$y = -\dfrac{1}{4}x$

次の1次関数のグラフは，右上がり，右下がりのどちらになるかをいいなさい。

(1)　$y = 3x + 2$　　　　　　　　　　(2)　$y = -2x + 1$

(3)　$y = -\dfrac{1}{3}x + 1$

 ここに着目！ ▶ $a > 0$ ⇒ **右上がりの直線。**　　　　$a < 0$ ⇒ **右下がりの直線。**

（解き方）(1)　1次関数 $y = 3x + 2$ のグラフの傾きは，3

傾きは正である。

よって，グラフは**右上がり**となる。 ………（答）

(2)　1次関数 $y = -2x + 1$ のグラフの傾きは，-2

傾きは負である。

よって，グラフは**右下がり**となる。 ………（答）

(3)　1次関数 $y = -\dfrac{1}{3}x + 1$ のグラフの傾きは，$-\dfrac{1}{3}$

傾きは負である。

よって，グラフは**右下がり**となる。 ………（答）

（参考）
1次関数 $y = ax + b$ の変化の割合は，そのグラフの傾きになっている。

3 章 1次関数

(1) 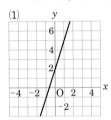　(2) 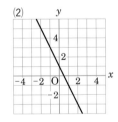　(3)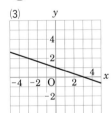

 a が正か負かに注目すればいいね。

✓ **類題 14**　　　　　　　　　　　　　　　　解答 → 別冊 p.28

次の1次関数のグラフは，右上がり，右下がりのどちらになるかをいいなさい。

(1)　$y = -x - 11$　　　　　　　　　(2)　$y = 4x - 5$

(3)　$y = -\dfrac{1}{2}x + 3$

UNIT 4 1次関数のグラフ③

目標 切片や傾きをもとに1次関数のグラフをかくことができる。

要点

● 1次関数 $y=ax+b$ のグラフは，切片 b や傾き a をもとにかく。

例題 **15** 傾きが整数の1次関数のグラフをかく　　LEVEL：標準

1次関数 $y=-x+2$ のグラフをかきなさい。

ここに着目！ 直線の傾きが a ⇒ 右に1進むと，上に a だけ進む。

解き方 図1のように，1次
関数 $y=-x+2$ のグ
ラフの切片は2なの
で，点 $(0,\ 2)$ を通る。
また，グラフの傾き
が -1 であるから，

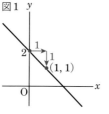

図1

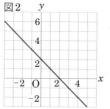

図2

● **正確なグラフ**

まず，y軸との交点 $(0,\ 2)$
をとる。もう1つの点は，
$(4,\ -2)$ や $(-3,\ 5)$ のよ
うに，y軸との交点からは
なれた点を求めて2点を
通る直線をひくと，正確な
グラフがかきやすい。

右へ1進むと下へ1だけ進む。これより，点 $(0,\ 2)$ から右へ
1，下へ1だけ進んだ点 $(1,\ 1)$ も，このグラフ上の点である。
よって，この2点を通る直線をひく。
右上の図2 ……… 答

✓ **類題 15**　　　　　　　　　　　　　　　　解答 → 別冊 p.28

1次関数 $y=2x-1$ のグラフをかきなさい。

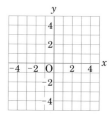

1 次関数 $y = \dfrac{1}{2}x + 1$ のグラフをかきなさい。

 直線の傾きが $\dfrac{n}{m}$ ⇒ 右に m 進むと，上に n だけ進む。

（解き方）図 1 のように，1 次関数 $y = \dfrac{1}{2}x + 1$ の
グラフの切片は 1 であるから，グラフ
は y 軸上の点 $(0，1)$ を通る。

また，グラフの傾きが $\dfrac{1}{2}$ であるから，
右へ 2 進むと上へ 1 だけ進む。

これより，点 $(0，1)$ から右へ 2，上へ 1
だけ進んだ点 $(2，2)$ も，このグラフ上
の点である。

よって，2 点 $(0，1)$，$(2，2)$ を通る直線
をひく。

右の図 2 ……（答）

図1

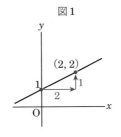

図2

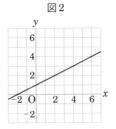

○ グラフの傾き

右へ 1，上へ $\dfrac{1}{2}$ とも読み
とることができるが，分数
なので正確なグラフをかき
にくい。
そこで，

$$a = \frac{（y の増加量）}{（x の増加量）} = \frac{1}{2}$$

の関係から，x が 2 増える
（右に 2 進む）と，y が 1 増
える（上に 1 進む）ことを
読みとる。

3
章

1
次
関
数

✓ **類題 16**

解答 ➡ 別冊 p.28

1 次関数 $y = -\dfrac{3}{2}x - 1$ のグラフをかきなさい。

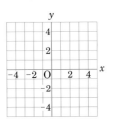

UNIT
5

1次関数のグラフ④

目標 ▶ 2点を定めて1次関数のグラフをかくことができる。

要点

● **1次関数のグラフは，グラフが通る2点を定めてかくことができる。**

例題 **17** 切片が分数の1次関数のグラフをかく
LEVEL : 応用

1次関数 $y = \dfrac{2}{3}x - \dfrac{1}{3}$ のグラフをかきなさい。

ここに着目！ グラフが通る点で，x座標，y座標がともに整数になる点を見つける。

解き方 $x = -1$ のとき，$y = \dfrac{2}{3} \times (-1) - \dfrac{1}{3} = -1$

$x = 2$ のとき，$y = \dfrac{2}{3} \times 2 - \dfrac{1}{3} = 1$

これより，$y = \dfrac{2}{3}x - \dfrac{1}{3}$ のグラフは，2

点 $(-1,\ -1)$, $(2,\ 1)$ を通る。

よって，2点 $(-1,\ -1)$, $(2,\ 1)$ を通る直線をひく。

右の図 ……… 答

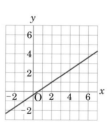

● **グラフが通る2点**

$y = \dfrac{2}{3}x - \dfrac{1}{3}$

　$= \dfrac{2x-1}{3}$

より，$2x-1$ が3の倍数となるように x 座標の値を決めると，y 座標の値は整数となる。

✓ **類題 17**
解答 ➡ 別冊 p.29

1次関数 $y = -\dfrac{3}{5}x + \dfrac{1}{5}$ のグラフをかきなさい。

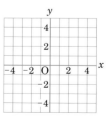

UNIT

1次関数のグラフと変域

目標 1次関数のグラフをもとに，変域を調べることができる。

要点

● **1次関数の x の変域に対応する y の変域は，グラフを利用して調べることができる。**

例題 **18** 1次関数のグラフと変域

LEVEL：応用

1次関数 $y = 2x - 2$ のグラフをかきなさい。また，x の変域が $2 \leqq x \leqq 5$ のときの y の変域を求めなさい。

ここに着目！ グラフをかく ⇒ x の変域に対応する y の変域を求める。

解き方 1次関数 $y = 2x - 2$ のグラフは，傾きが 2，切片が -2 の直線だから，図1のようになる。このグラフで $2 \leqq x \leqq 5$ の部分は，図2のグラフの実線の部分となる。

$x = 2$ のとき，
$y = 2 \times 2 - 2 = 2$
$x = 5$ のとき，$y = 2 \times 5 - 2 = 8$
よって，x の変域が $2 \leqq x \leqq 5$ のときの y の変域は，
$2 \leqq y \leqq 8$ ……答

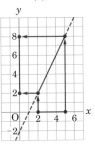

● **変域の両端**

x の変域は両端の $x = 2$，$x = 5$ をふくむから，グラフの対応する部分や y の変域も，両端をふくむ。
図の●はその点をふくむことを表す。ふくまないことは○で表す。

類題 **18**

解答 ➡ 別冊 p.29

1次関数 $y = -3x + 1$ のグラフをかきなさい。また，x の変域が $-1 < x < 2$ のときの y の変域を求めなさい。

<table>
<tr><td>UNIT
1</td><td># 1次関数の式の求め方①</td></tr>
</table>

目標 グラフや，傾きと通る1点の座標から，1次関数の式を求めることができる。

要点

● グラフが通る点の座標を $y=ax+b$ に代入して，a や b の値を求める。

例題 **19** グラフから傾きと切片を読みとる　　　LEVEL：標準

右の図の直線の式を求めなさい。

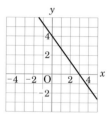

ここに着目！ 右へ m 進むと上へ n 進む ⇒ 傾き $a=\dfrac{n}{m}$

解き方 1次関数の式を $y=ax+b$ とおく。y 軸上の点 $(0,\ 4)$ を通るから，切片が4より，$b=4$　また，右へ3進むと下へ4進むから，

傾きは，$\dfrac{-4}{3}=-\dfrac{4}{3}$ より，　$a=-\dfrac{4}{3}$

よって，求める直線の式は，$\boldsymbol{y=-\dfrac{4}{3}x+4}$ ……… 答

➡ **切片**

直線と y 軸との交点の y 座標が切片。

✓ **類題 19**　　　　　　　　　　　　　　　　　解答 ➡ 別冊 p.29

右の図の直線(1)，(2)の式を求めなさい。

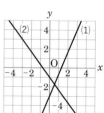

例題 20 グラフの傾きと通る1点の座標

 LEVEL：標準

次の条件をみたす1次関数の式を求めなさい。

(1) グラフの傾きが3で，点(3，4)を通る

(2) グラフの傾きが $-\dfrac{1}{2}$ で，点(2，3)を通る

 (1) グラフの傾きが3 ⇒ $y=3x+b$ として，$x=3$，$y=4$ を代入する。

（解き方）1次関数の式を $y=ax+b$ とおく。

(1) グラフの傾きが3 であるから，この1次関数の式は，

    $\underset{a=3}{\underline{\text{グラフの傾きが3}}}$

$$y=3x+b \quad \cdots①$$

となる。

グラフが点(3，4)を通るから，①に $x=3$，$y=4$ を代入すると，$4=3\times3+b$ より，$b=-5$

よって，$\boldsymbol{y=3x-5}$ ……（答）

(2) グラフの傾きが $-\dfrac{1}{2}$ であるから，この1次関数の式は，

$$y=-\frac{1}{2}x+b \quad \cdots②$$

となる。

グラフが点(2，3)を通るから，②に $x=2$，$y=3$ を代入すると，$3=-\dfrac{1}{2}\times2+b$ より，$b=4$

よって，$\boldsymbol{y=-\dfrac{1}{2}x+4}$ ……（答）

参考

(1)変化の割合が3で，
$x=3$ のとき $y=4$ となる
1次関数の式を求めること
と同じである。
（次のページ参照）

x と y の値を逆に代入してしまわないよう注意しよう！

✓ 類題 20

次の条件をみたす1次関数の式を求めなさい。

(1) グラフの傾きが2で，点(−3，−1)を通る

(2) グラフの傾きが−3で，点(2，2)を通る

解答 → 別冊 p.29

3章 1次関数

UNIT

2 1次関数の式の求め方②

目標 変化の割合やグラフに平行な直線をもとに1次関数の式を求めることができる。

要点

- わかっている値を $y=ax+b$ に代入して，わからない値を求める。
- 変化の割合がわかる場合… a の値がわかる。
- ある直線に平行な場合… a の値がわかる。

例題 21 変化の割合と1組の x, y の値

次の条件をみたす1次関数の式を求めなさい。
(1) 変化の割合が4で， $x=2$ のとき $y=7$
(2) 変化の割合が -2 で， $x=1$ のとき $y=2$

 ここに着目！ (1) 変化の割合が4 ⇒ $y=4x+b$ として， $x=2$, $y=7$ を代入する。

解き方 1次関数の式を $y=ax+b$ とおく。

(1) 変化の割合が4であるから，この1次関数の式は，
$y=4x+b$ …① となる。
$x=2$ のとき $y=7$ であるから，①に $x=2$, $y=7$ を代入すると，
$7=4\times2+b$ より， $b=-1$ よって， $\boldsymbol{y=4x-1}$ ……(答)

(2) 変化の割合が -2 であるから，この1次関数の式は，
$y=-2x+b$ …② となる。
$x=1$ のとき $y=2$ であるから，②に $x=1$, $y=2$ を代入すると，
$2=-2\times1+b$ より， $b=4$ よって， $\boldsymbol{y=-2x+4}$ ……(答)

◐ b の値

b の値がわからないので，$y=ax+b$ に a, x, y の値を代入して b の値を求める。

✓ 類題 21

解答 → 別冊 p.30

次の条件をみたす1次関数の式を求めなさい。
(1) 変化の割合が3で， $x=2$ のとき $y=-1$
(2) 変化の割合が $-\dfrac{3}{2}$ で， $x=4$ のとき $y=2$

グラフに平行な直線と通る 1 点の座標

LEVEL：標準

次の条件をみたす 1 次関数の式を求めなさい。

(1) グラフが直線 $y = 2x + 2$ に平行で，点 $(1,\ 0)$ を通る

(2) グラフが直線 $y = -4x + 3$ に平行で，点 $(3,\ -5)$ を通る

 ここに着目！ **2 つの直線が平行 ⇒ 傾きが等しい。**

解き方 1 次関数の式を $y = ax + b$ とおく。

(1) 直線 $y = 2x + 2$ の傾きは，2 である。

この直線とグラフが平行であるから，求める 1 次関数の式は，

$$y = 2x + b \quad \cdots ①$$

となる。

グラフが点 $(1,\ 0)$ を通るから，①に $x = 1$，$y = 0$ を代入すると，

$$0 = 2 \times 1 + b \quad b = -2$$

よって，**$y = 2x - 2$** ………**(答)**

(2) 直線 $y = -4x + 3$ の傾きは，-4 である。

この直線とグラフが平行であるから，求める 1 次関数の式は，

$$y = -4x + b \quad \cdots ②$$

となる。

グラフが点 $(3,\ -5)$ を通るから，②に $x = 3$，$y = -5$ を代入すると，

$$-5 = -4 \times 3 + b \quad b = 7$$

よって，**$y = -4x + 7$** ………**(答)**

注意

(1)点 $(1,\ 0)$ を点 $(0,\ 1)$ とまちがえて，切片を 1 としないように注意する。

✓ **類題 22**

解答 ➡ 別冊 p.30

次の条件をみたす 1 次関数の式を求めなさい。

(1) グラフが直線 $y = 3x - 2$ に平行で，点 $(3,\ 6)$ を通る

(2) グラフが直線 $y = -2x - 1$ に平行で，点 $(2,\ 0)$ を通る

3 章 1 次関数

UNIT

３ | １次関数の式の求め方③

目標 ➤ x, y の増加量やグラフの切片をもとに１次関数の式を求めることができる。

要点

● わかっている値を $y = ax + b$ に代入して，わからない値を求める。

例題 **23** x, y の増加量と１組の x, y の値
                                                    LEVEL：標準

次の条件をみたす１次関数の式を求めなさい。
(1) x の値が１だけ増加すると，y の値は３だけ増加し，$x = 3$ のとき $y = 10$
(2) x の値が２だけ増加すると，y の値は４だけ減少し，$x = 2$ のとき $y = -1$

ここに着目！ x の増加量と y の増加量からグラフの傾きを求める。

解き方 １次関数の式を $y = ax + b$ とおく。

(1) グラフの傾きが $\dfrac{3}{1} = 3$ であるから，この１次関数の式は，

$y = 3x + b$ …① となる。

$x = 3$ のとき $y = 10$ であるから，①に $x = 3$, $y = 10$ を代入すると，$10 = 3 \times 3 + b$ より，$b = 1$ よって，**$y = 3x + 1$** ……(答)

(2) グラフの傾きが $\dfrac{-4}{2} = -2$ であるから，この１次関数の式は，$y = -2x + b$ …② となる。

$x = 2$ のとき $y = -1$ であるから，②に $x = 2$, $y = -1$ を代入すると，$-1 = -2 \times 2 + b$ より，$b = 3$ よって，**$y = -2x + 3$** ……(答)

○ 傾きと変化の割合

(傾き) = (変化の割合)
$= \dfrac{(y \text{ の増加量})}{(x \text{ の増加量})}$

⚠ 注意

(2)グラフの傾きを $-\dfrac{4}{2}$ のままにしない。
必ず，約分できるかどうかを確認する。

✓ 類題 **23**
                                                    解答 ➤ 別冊 p.30

次の条件をみたす１次関数の式を求めなさい。
(1) x の値が２だけ増加すると，y の値は８だけ増加し，$x = 2$ のとき $y = 3$
(2) x の値が６だけ増加すると，y の値は２だけ減少し，$x = 3$ のとき $y = 1$

例題 **24** グラフの切片と通る 1 点の座標   LEVEL：標準

次の条件をみたす 1 次関数の式を求めなさい。
(1)　グラフの切片が 3 で，点 (1, 5) を通る
(2)　グラフの切片が −1 で，点 (2, −7) を通る

ここに
着目！ **(1)　グラフの切片が 3 ⇒ $y=ax+3$ として，$x=1$，$y=5$ を代入する。**

(解き方) 1 次関数の式を $y=ax+b$ とおく。

(1)　グラフの切片が 3 であるから，この 1 次関数の式は，
$$y=ax+3 \quad \cdots ①$$
となる。
グラフが点 (1, 5) を通るから，①に $x=1$，$y=5$ を代入すると，
$$5=a\times 1+3$$
$$a=2$$
よって，**$y=2x+3$** ……(答)

(2)　グラフの切片が −1 であるから，この 1 次関数の式は，
$$y=ax-1 \quad \cdots ②$$
となる。
グラフが点 (2, −7) を通るから，②に $x=2$，$y=-7$ を代入すると，
$$-7=a\times 2-1$$
$$2a=-6$$
$$a=-3$$
よって，**$y=-3x-1$** ……(答)

◆ a の値

a の値がわからないので，$y=ax+b$ に b, x, y の値を代入して a の値を求める。

切片の正負をまちがえないよう気をつけよう。

3 章 1次関数

✓ **類題 24**

解答 → 別冊 p.30

次の条件をみたす 1 次関数の式を求めなさい。
(1)　グラフの切片が 4 で，点 (3, 10) を通る
(2)　グラフの切片が 5 で，点 (2, −1) を通る

UNIT 4 | 1次関数の式の求め方④

目標 ▶ 2点の座標や2組の x, y の値から1次関数の式を求めることができる。

要点

● 最初にグラフの傾きを求める。
または,
● x, y の値の組を代入してできる a, b についての連立方程式を解く。

例題 25 | グラフが通る2点の座標   LEVEL：標準

グラフが2点 (2, 3), (4, 7) を通る1次関数の式を求めなさい。

ここに着目！ 2点を通る ⇒ 傾きを求める。x, y の値の組を代入してできる a, b についての連立方程式を解く。

解き方 1次関数の式を $y = ax + b$ とおく。
グラフが2点 (2, 3), (4, 7) を通るから, グラフの傾きは,

$$\frac{7-3}{4-2} = \frac{4}{2} = 2$$

これより, この1次関数の式は, $y = 2x + b$ …① となる。
グラフが点 (2, 3) を通るから, ①に $x = 2$, $y = 3$ を代入すると,
$3 = 2 \times 2 + b$ より, $b = -1$ よって, **$y = 2x - 1$** ……(答)
[別解] 求める1次関数の式を, $y = ax + b$ …② とおくと,
グラフが2点 (2, 3), (4, 7) を通るから, $x = 2$, $y = 3$ と

$x = 4$, $y = 7$ をそれぞれ②に代入すると, $\begin{cases} 3 = 2a + b & \text{…③} \\ 7 = 4a + b & \text{…④} \end{cases}$

④－③より, $4 = 2a$ $a = 2$ $a = 2$ を③に代入すると,
$3 = 2 \times 2 + b$ $b = -1$ よって, **$y = 2x - 1$** ……(答)

● 1次関数の式
2種類の方法で求めることができる。
どちらの方法で求めてもよい。

● 求める関数のグラフ

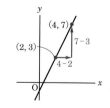

✓ 類題 25   解答 → 別冊 p.31

グラフが2点 (3, 1), (2, 2) を通る1次関数の式を求めなさい。

$x=2$ のとき $y=1$, $x=4$ のとき $y=-1$ となる 1 次関数の式を求めなさい。

 ここに着目！ **2 組の x, y の値 ⇒ 変化の割合を求める。x, y の値の組を代入してできる a, b についての連立方程式を解く。**

（解き方） 1 次関数の式を $y=ax+b$ とおく。

$x=2$ のとき $y=1$, $x=4$ のとき $y=-1$ となるから，この 1 次関数の変化の割合は，

$$\frac{-1-1}{4-2}=-1$$

これより，この 1 次関数の式は，

$y=-x+b$ …①

となる。

$x=2$ のとき $y=1$ であるから，①に $x=2$, $y=1$ を代入すると，

$1=-2+b$ より，$b=3$

よって，$\boldsymbol{y=-x+3}$ ………（答）

［別解］

求める 1 次関数の式を，

$y=ax+b$ …②

とおくと，$x=2$ のとき $y=1$, $x=4$ のとき $y=-1$ であるから，$x=2$, $y=1$ と $x=4$, $y=-1$ をそれぞれ②に代入すると，

$$\begin{cases} 1=2a+b & \cdots③ \\ -1=4a+b & \cdots④ \end{cases}$$

④－③より，$-2=2a$　$a=-1$

$a=-1$ を③に代入すると，$1=2\times(-1)+b$　$b=3$

よって，$\boldsymbol{y=-x+3}$ ………（答）

● **求める関数のグラフ**

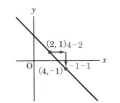

 注意

x	2	4
y	1	-1

x と y は対応している。x の増加量 $4-2$ に対応する y の増加量は $-1-1$ であり，$1-(-1)$ ではない。

✓ **類題 26**

解答 ➡ 別冊 p.31

$x=-1$ のとき $y=-7$, $x=1$ のとき $y=3$ となる 1 次関数の式を求めなさい。

UNIT
1

1 次関数と方程式 ①

（目標）▶ 方程式 $ax+by=c$ のグラフをかくことができる。

要 点

● 方程式 $ax+by=c$ を y について解くと $y=-\dfrac{a}{b}x+\dfrac{c}{b}$ となり，そのグラフは直線となる。

● このグラフは，グラフが通る 2 点の座標を求めてかくこともできる。

例題 **27**　$ax+by=c$ のグラフ（y について解く）　　LEVEL：標準

次の方程式のグラフをかきなさい。

(1)　$x-2y=-4$　　　　　(2)　$3x+2y-8=0$

ここに着目！　$y=\bigcirc$ の形になおし，1 次関数のグラフとみる。

（解き方）(1)　$x-2y=-4$ より，

$$-2y=-x-4$$

$$y=\frac{1}{2}x+2$$

右の図 ……（答）

(2)　$3x+2y-8=0$ より，

$$2y=-3x+8$$

$$y=-\frac{3}{2}x+4$$

右の図 ……（答）

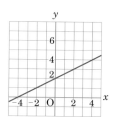

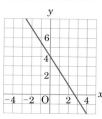

○ 傾きと切片

(1)傾き $\dfrac{1}{2}$，切片 2 の直線。

(2)傾き $-\dfrac{3}{2}$，切片 4 の直線。

✓ 類題 **27**　　　　　　　　　　　　　　　　　解答 ➙ 別冊 p.31

次の方程式のグラフをかきなさい。

(1)　$3x-4y-8=0$　　　　　(2)　$x+4y=12$

次の方程式のグラフを，グラフが通る2点を求めてかきなさい。

(1) $3x - 2y = 6$　　　　　　　　(2) $\dfrac{x}{3} + \dfrac{y}{6} = 1$

 ここに着目！ ▶ $x = 0$ や $y = 0$ などの値を代入して，グラフが通る2点の座標を求める。

解き方

(1)　$3x - 2y = 6$　…①

　　①に $x = 0$ を代入すると，$3 \times 0 - 2y = 6$ より，$-2y = 6$
　　$y = -3$

　　①に $y = 0$ を代入すると，$3x - 2 \times 0 = 6$ より，$3x = 6$
　　$x = 2$

　　①のグラフは2点 $(0,\ -3)$, $(2,\ 0)$ を通る直線である。

　　右下の図 ………答

(2)　$\dfrac{x}{3} + \dfrac{y}{6} = 1$　…②

　　②に $x = 0$ を代入すると，$\dfrac{0}{3} + \dfrac{y}{6} = 1$ より，$\dfrac{y}{6} = 1$
　　$y = 6$

　　②に $y = 0$ を代入すると，$\dfrac{x}{3} + \dfrac{0}{6} = 1$

　　より，$\dfrac{x}{3} = 1$　$x = 3$

　　②のグラフは2点 $(0,\ 6)$, $(3,\ 0)$
　　を通る直線である。
　　右の図 ………答

代入する値

(1) $x = 4$ や $y = 3$ などを代入してもよい。計算しやすい値を代入するとよい。

参考

$\dfrac{x}{a} + \dfrac{y}{b} = 1$ のグラフは，2点 $(a,\ 0)$, $(0,\ b)$ を通る直線である。

注意

1つの座標軸上に2つ以上のグラフをかく場合は，問題番号や関数の式をかくなど，どのグラフかわかるようにかく。

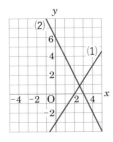

類題 28　　　　　　　　　　　　　　　　　　　解答 ➡ 別冊 p.31

次の方程式のグラフを，グラフが通る2点を求めてかきなさい。

(1) $4x + 5y = 20$　　　　　　　　(2) $\dfrac{x}{2} - \dfrac{y}{4} = -1$

UNIT

2 | # 1次関数と方程式②

> 目標 ▶ $a=0$ や $b=0$ のときの方程式 $ax+by=c$ のグラフをかくことができる。

要点

● **方程式 $ax+by=c$ のグラフは, $a=0$ や $b=0$ のときも直線になる。**

例題 **29** | **$ax+by=c$ のグラフ($a=0$ や $b=0$ のとき)** LEVEL：標準

次の方程式のグラフをかきなさい。

(1) $2y=6$ (2) $4x+8=0$

ここに着目！ ▶ **$ax+by=c$ のグラフは, $a=0$ のとき x 軸に平行な直線, $b=0$ のとき y 軸に平行な直線になる。**

解き方 (1) $2y=6$ は, $0×x+2y=6$ の形で表
されるから, x がどんな値でも,
$2y=6$, つまり, $y=3$ が成り立つ。
よって, $2y=6$ のグラフは, 点
$(0, 3)$ を通り, x 軸に平行な直線
になる。**右の図** （答）

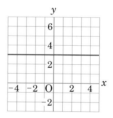

● **$y=3$ のグラフ**

点 $(-1, 3)$, $(0, 3)$,
$\left(\dfrac{1}{2}, 3\right)$, $(2, 3)$ など, y 座
標が 3 の点は, $y=3$ のグ
ラフ上にある。

(2) $4x+8=0$ は, $4x+0×y+8=0$ の
形で表されるから, y がどんな値
でも, $4x+8=0$,
つまり, $x=-2$ が成り立つ。
よって, $4x+8=0$ のグラフは,
点 $(-2, 0)$ を通り, y 軸に平行
な直線になる。**右の図** （答）

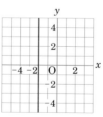

✓ **類題 29** 解答 ➡ 別冊 p.31

次の方程式のグラフをかきなさい。

(1) $2y-10=0$ (2) $5x=-25$

1次関数と方程式③

UNIT 3

目標 ▶ 連立方程式の解をグラフをかいて求めることができる。

要点

● 連立方程式 $\begin{cases} ax+by=c & \cdots① \\ a'x+b'y=c' & \cdots② \end{cases}$ の解は，2直線①，②の交点の座標となる。

例題 30 連立方程式の解とグラフの交点　　LEVEL：標準

連立方程式 $\begin{cases} x+y=5 & \cdots① \\ x-2y=-4 & \cdots② \end{cases}$ の解を，グラフをかいて求めなさい。

 ここに着目！ グラフの交点の座標を読みとる。

解き方 ①より，$y=-x+5$ だから，①のグラフは直線 $y=-x+5$ である。

②より，$-2y=-x-4$　$y=\dfrac{1}{2}x+2$

②のグラフは直線 $y=\dfrac{1}{2}x+2$ である。

①と②のグラフをかくと，右の図のようになる。

図から①と②の交点の座標は，(2，3)である。

よって，連立方程式の解は，

$x=2,\ y=3$ ………答

● ①，②のグラフ

①，②を $y=○$ の形になおし，グラフをかく。
①傾き -1，切片 5
②傾き $\dfrac{1}{2}$，切片 2

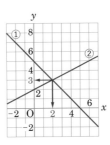

✓ 類題 30　　　　　解答 ➡ 別冊 p.32

連立方程式 $\begin{cases} y=-2x+3 \\ 2x-3y=15 \end{cases}$ の解を，グラフをかいて求めなさい。

3章 1次関数

UNIT 4 1次関数と方程式④

（目標）▶ 連立方程式を解いてグラフの交点の座標を求めることができる。

要点

● 2直線の交点の座標は，その2直線の式を連立方程式とした解となる。

例題 31 2直線の交点の座標

LEVEL：標準

右の図の2直線の交点の座標を求めなさい。

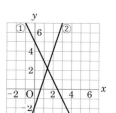

（ここに着目!）▶ 交点の座標が正確にわからない場合は，連立方程式を解いて求める。

（解き方）①…傾き −2，切片 5 だから，$y = -2x + 5$

②…傾き 3，切片 −2 だから，$y = 3x - 2$

①，②を連立方程式として解くと，$x = \dfrac{7}{5}$，$y = \dfrac{11}{5}$

よって，交点の座標は，$\left(\dfrac{7}{5}, \dfrac{11}{5} \right)$ ………（答）

◯ 傾き

①右方向に 1，下方向に 2 より，$\dfrac{-2}{1} = -2$

②右方向に 1，上方向に 3 より，$\dfrac{3}{1} = 3$

✓ 類題 31

解答 ➡ 別冊 p.32

右の図の2直線の交点の座標を求めなさい。

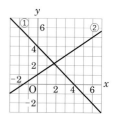

UNIT 5

1次関数と方程式⑤

目標 ─ 1点を通る3直線の問題を解くことができる。

要点

● 3直線が1点を通るとき，そのうち2本の直線の交点を，もう1本の直線が通っていることから考える。

例題 **32** | **1点を通る3直線** LEVEL：応用

3直線 $y = -2x + a$ …①，$x + y = 3$ …②，$3x - 2y = -1$ …③ が1点で交わるとき，a の値を求めなさい。

ここに着目！ ②と③の交点の座標を求め，その交点の座標の値を①に代入する。

解き方 ②より，$y = -x + 3$ …④

④を③に代入すると，

$$3x - 2(-x + 3) = -1$$
$$3x + 2x - 6 = -1$$
$$5x = 5$$
$$x = 1$$

$x = 1$ を④に代入すると，

$$y = -1 + 3 = 2$$

これより，②と③の交点の座標は (1, 2) である。

①も点 (1, 2) を通るから，$x = 1$，$y = 2$ を①に代入すると，

$$2 = -2 \times 1 + a$$

よって，**$a = 4$** 答

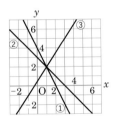

注意

最初に連立するのは，係数に文字がふくまれていない②と③である。

✓ **類題 32**

解答 → 別冊 p.32

3直線 $2x - y = 3$ …①，$3x - 4y = 7$ …②，$2x + ky = -3$ …③ が1点で交わるとき，k の値を求めなさい。

UNIT 1 1次関数とみなす

(目標) 具体的な2つの数量の関係を1次関数とみなして問題を解決できる。

要点

● 身のまわりの2つの数量の関係は，1次関数で表せる場合がある。

例題 33 ばねの長さと1次関数

LEVEL：標準

長さ5cmのばねにおもりをつるしたときのばねの長さを測ると，右の表のようになった。次の問いに答えなさい。

重さ(g)	0	10	20	50	80	100
長さ(cm)	5	5.6	6	7.5	8.9	10

(1) おもりの重さ x g とばねの長さ y cm のおよその関係を式に表しなさい。

(2) おもりの重さが40gのときのばねのおよその長さを予想しなさい。

(ここに着目!) （ばねの長さ）＝ a ×（おもりの重さ）＋（もとのばねの長さ）

(解き方) (1) x, y の値の組が表す点をとると，右のようになる。図より，これらの点は，傾き $\dfrac{1}{20}=0.05$，切片5の直線上にあるとみなせるから，式に表すと，

$y=0.05x+5$ ………(答)

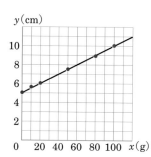

● 変化の割合

$\dfrac{5.6-5}{10-0}=0.06$,

$\dfrac{6-5.6}{20-10}=0.04$,

$\dfrac{7.5-6}{50-20}=0.05$,

…

より，いずれもおよそ0.05となっている。

(2) $x=40$ のとき，$y=0.05\times40+5=7$

よって，**およそ7cm** ………(答)

類題 33

解答 → 別冊 p.32

ばねにおもりをつるしたときのばねの長さを測ると，右の表のようになった。おもりの重さが30gのときのおよそのばねの長さを予想しなさい。

重さ(g)	0	5	10	15	20
長さ(cm)	10	12.1	14	15.9	18

水をガスバーナーで熱したとき，熱し始めてから1分後の水温は25℃であった。また，熱し始めてから3分後の水温は35℃であった。水温の変化は熱し始めてからの時間に比例するものとして，次の問いに答えなさい。

(1) 熱し始めてからx分後の水温をy℃とするとき，xとyの関係を式に表しなさい。

(2) 水温が70℃になるのは，熱し始めてから何分後かを求めなさい。

 ここに着目！ (水温)＝a×(熱した時間)＋(熱する前の水温)

(解き方) (1) 水温の変化は熱し始めてからの時間に比例するから，yは
xの1次関数になる。

$x=1$のとき$y=25$，$x=3$のとき$y=35$より，変化の割合は，
$$\frac{35-25}{3-1}=\frac{10}{2}=5$$

これより，求める1次関数の式を，$y=5x+b$ …① とする。

$x=1$のとき$y=25$であるから，①に$x=1$，$y=25$を代入すると，$25=5\times1+b$より，$b=20$

よって，**$y=5x+20$** ⋯⋯(答)

[別解]

1次関数の式を$y=ax+b$とすると，$x=1$のとき$y=25$，$x=3$のとき$y=35$だから，
$$\begin{cases} 25=a+b \\ 35=3a+b \end{cases}$$
この連立方程式を解いてもよい。

(2) $y=5x+20$に$y=70$を代入すると，$70=5x+20$より，
$5x=50$ $x=10$ よって，**10分後** ⋯⋯(答)

1次関数の式に表すことができたかな？

✓ **類題 34**   解答 → 別冊 p.32

水をガスバーナーで熱したとき，熱し始めてから3分後の水温は37℃であった。また，熱し始めてから7分後の水温は65℃であった。水温の変化は熱し始めてからの時間に比例するものとすると，水が沸騰(ふっとう)するのは熱し始めてから何分後かを求めなさい。

UNIT
2 | # グラフから読みとる

（目標）→ グラフから必要な情報を読みとることができる。

要 点

● 与えられた情報からグラフをかき，グラフから必要な情報を読みとる。

例題 **35** グラフをかいて読みとる

LEVEL：標準

Aさんは，15時に家を出発し，自転車で5kmはなれた駅まで行った。右のグラフは，そのときのようすを表したものである。Aさんが家を出発してから20分後に，自転車で駅から家に帰る姉とすれちがった。姉は駅を15時5分に出発した。姉は一定の速さで走っているとすると，姉が家に着いたのは15時何分ですか。

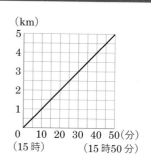

（ここに着目！）**姉のようすをグラフにかきこみ，姉が家に着いた時刻を読みとる。**

（解き方）姉のようすをグラフにかきこむと，右のようになる。
グラフから，姉が家に着いたのは，

15時30分 ……（答）

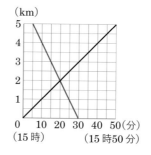

● **姉のグラフ**

(5分，5km)を表す点とAさんのグラフ上の20分を表す点を通る直線をかく。その直線で0kmとなるときの時刻を読みとる。

✓ 類題 **35**

解答 → 別冊 p.33

例題35で，Aさんが15時15分に家を出発すると，姉とすれちがうのは家から何kmはなれた場所ですか。

家から 5km はなれた駅へ，父は自動車で，兄は自転車で行
った。右のグラフは，そのときの時刻と家からの道のりを示
したものである。次の問いに答えなさい。

(1) 8 時 x 分における家からの道のりを y km として，x と y
の関係を，父，兄について，それぞれ式に表しなさい。

(2) 父が兄に追いついた時刻と，そのとき家から何 km はな
れた地点にいたかを求めなさい。

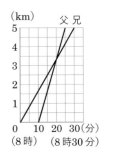

ここに着目！ **グラフから父，兄についての時刻と道のりを読みとる。**

解き方 (1) 父について，$y=ax+b$ とする。グラフより，$x=10$ のと
き $y=0$ なので，$0=10a+b$　…①　$x=25$ のとき $y=5$ な
ので，$5=25a+b$　…②　②－①より，$5=15a$　$a=\dfrac{1}{3}$

$a=\dfrac{1}{3}$ を①に代入すると，$0=10\times\dfrac{1}{3}+b$　$b=-\dfrac{10}{3}$

よって，父…$\boldsymbol{y=\dfrac{1}{3}x-\dfrac{10}{3}}$　————（答）

兄について，グラフより，原点を通っていることがわかる
ので，$y=cx$ とおく。$x=30$ のとき $y=5$ なので，$5=30c$

$c=\dfrac{5}{30}=\dfrac{1}{6}$　よって，兄…$\boldsymbol{y=\dfrac{1}{6}x}$　————（答）

(2) 父の式と兄の式から y を消去して，

$\dfrac{1}{3}x-\dfrac{10}{3}=\dfrac{1}{6}x$　$\dfrac{1}{6}x=\dfrac{10}{3}$

$x=20$　このとき，兄の式より，$y=\dfrac{1}{6}\times20=\dfrac{10}{3}$

よって，**8 時 20 分，家から $\dfrac{10}{3}$ km はなれた地点**　————（答）

◆ x と y の関係

グラフより，父については
y は x の1次関数であり，
兄については y は x に比例
している。

◆ 父の式

父については，

（変化の割合）$=\dfrac{5-0}{25-10}$

$=\dfrac{5}{15}$

$=\dfrac{1}{3}$　より，

$y=\dfrac{1}{3}x+b$

これに $x=10$，$y=0$ を代
入して b の値を求めても
よい。

✓ **類題 36**　　　　　　　　　　　　　　　　　　　　　　　解答 ➡ 別冊 p.33

例題 36 で，父が 8 時 5 分に出発するときの追いついた時刻と，そのとき家から何 km はな
れた地点にいたかを求めなさい。

UNIT
3 # 1次関数のグラフの利用①

（目標）▶ 直線で囲まれた部分の面積を求めることができる。

要点

● 必要な辺や線分の長さを，直線の交点の座標や切片などから読みとる。

例題 **37** ▏**直線で囲まれた部分の面積**　　　　　LEVEL：応用

直線 $y = -x + 5$ …① と y 軸との交点を A，
直線 $y = 2x - 7$ …② と y 軸との交点を B，
2 直線①，②の交点を P とするとき，△PAB の面積を求めなさい。

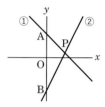

（ここに着目！）▶ **辺 AB を底辺とみるときの △PAB の高さ ⇒ 点 P の x 座標の絶対値。**

（解き方）直線①の切片は 5，直線②の切片は -7 だから，
$\quad$ AB $= 5 - (-7) = 12$
①，②から y を消去すると，$-x + 5 = 2x - 7$ より，
$\quad -3x = -12 \quad x = 4$
よって，辺 AB を底辺とみたときの △PAB の高さは 4 となる
から，△PAB の面積は，$\dfrac{1}{2} \times 12 \times 4 = \textbf{24}$ ……（答）

● **△PAB の底辺と高さ**

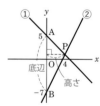

（✓）**類題 37**　　　　　　　　　　解答 ➡ 別冊 p.33

直線 $y = -2x - 6$ …① と y 軸との交点を A，
直線 $y = \dfrac{1}{2}x + 4$ …② と y 軸との交点を B，
2 直線①，②の交点を P とするとき，△PAB の面積を求めなさい。

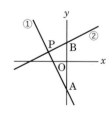

UNIT **4**

1次関数のグラフの利用②

目標 ▶ 与えられた条件からグラフの形を推測できる。

要 点

● **直線の傾きは，変化の割合を表す。グラフの各直線の傾きに着目する。**

例題 **38** 水量を表すグラフ

LEVEL：応用

右の図のような水そうに，水を一定の割合で入れる。水を入れ
始めてから x 分後の水の深さを y cm とするとき，x と y の関係
を表すグラフとして正しいものを㋐～㋒から選びなさい。

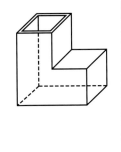

㋐

㋑

㋒

ここに
着目！ **水面の面積が小さいほど，水の深さの変化は大きい。**

解き方 水そうの断面積が下部は大きく，上部は小さい。同じ時間での
水の深さの変化は，はじめは小さく，その後大きくなるので，
正しいものは，**㋒** ……㊎答

● **グラフの形**
水は一定の割合で入るから，
グラフは直線を組み合わせ
たものになる。

類題 **38**

解答 → 別冊 p.33

右の図のような水そうに，水を一定の割合で入れる。水を入れ始め
てから x 分後の水の深さを y cm とするとき，x と y の関係を表すグ
ラフとして正しいものを㋐～㋒から選びなさい。

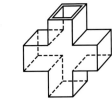

㋐

㋑

㋒

UNIT 5 | 1次関数と図形

> 目標 図形上を動く点についての問題を解くことができる。

要点

● 点が図形の周上を動くときの面積は，点がどの辺上にあるかで変わることに注意する。

例題 39 三角形の辺上を動く点と面積

LEVEL：応用

右の図のような $\angle B = 90°$ の直角三角形 ABC で，点 P は A を出発して，辺 AB 上を B まで毎秒 2cm の速さで動く。点 P が A を出発して x 秒後の $\triangle PBC$ の面積を $y\,\mathrm{cm}^2$ として，次の問いに答えなさい。

(1) y を x の式で表しなさい。

(2) x の変域を求めなさい。

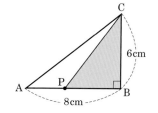

> ここに着目！ $\triangle PBC$ の高さを BC とみて，底辺 PB を x で表す。

解き方 (1) PB = AB − AP = $(8-2x)$ cm より，

$$y = \frac{1}{2} \times PB \times BC = \frac{1}{2} \times (8-2x) \times 6 = -6x + 24$$

よって，$\boldsymbol{y = -6x + 24}$ ──(答)

(2) $8 \div 2 = 4$（秒後）に，点 P は B に着く。

よって，x の変域は，$\boldsymbol{0 \leqq x \leqq 4}$ ──(答)

● 点 P が動いた道のり

x 秒後までに点 P が動いた道のりは，$2x$ cm。

✓ **類題 39**

解答 → 別冊 p.33

右の図のような $\angle B = 90°$ の直角三角形 ABC で，点 P は B を出発して，辺 BC 上を C まで毎秒 1cm の速さで動く。点 P が B を出発して x 秒後の $\triangle PAC$ の面積を $y\,\mathrm{cm}^2$ として，次の問いに答えなさい。

(1) y を x の式で表しなさい。

(2) 面積の変化のようすを表すグラフをかきなさい。

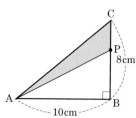

右の図の長方形 ABCD で，点 P は B を出発して，辺上を C，D を通って A まで，毎秒 2cm の速さで動く。点 P が動き始めてから x 秒後の △PAB の面積を $y$cm² として，点 P が辺 BC，CD，DA 上を動くときのそれぞれについて，y を x の式で表しなさい。

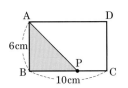

 ここに着目！ △PAB の底辺を AB とみて，それぞれの場合の高さを調べる。

解き方 底辺を AB とみる。点 P が辺 BC 上を動くとき，BP の長さ $2x$cm が高さとなる。

$$y = \frac{1}{2} \times AB \times BP = \frac{1}{2} \times 6 \times 2x = 6x$$

点 P が辺 CD 上を動くとき，高さは 10cm で一定。

$$y = \frac{1}{2} \times AB \times 10 = \frac{1}{2} \times 6 \times 10 = 30$$

点 P が辺 DA 上を動くとき，PA の長さが高さとなる。

$PA = (10 + 6 + 10) - 2x = (26 - 2x)$cm より，

$$y = \frac{1}{2} \times AB \times PA = \frac{1}{2} \times 6 \times (26 - 2x)$$
$$= -6x + 78$$

よって，**辺 BC 上を動くとき $y = 6x$，辺 CD 上を動くとき $y = 30$，辺 DA 上を動くとき $y = -6x + 78$** となる。⋯⋯ 答

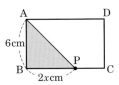
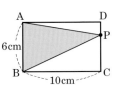
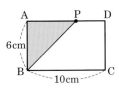

◉ 点 P が辺 DA 上にあるときの PA の長さ

点 P が辺 DA 上を動くとき，
PA = BC + CD + DA
− (点 P が動いた道のり)

参考
点 P が C，D，A に着くのは，それぞれ，
$10 \div 2 = 5$（秒後），
$(10 + 6) \div 2 = 8$（秒後），
$(10 + 6 + 10) \div 2 = 13$（秒後）
となる。

類題 40
解答 ➡ 別冊 p.34

右の図の正方形 ABCD で，点 P は B を出発して，辺上を C，D を通って A まで，毎秒 1cm の速さで動く。点 P が動き始めてから x 秒後の △PAB の面積を $y$cm² として，次の問いに答えなさい。

(1) 点 P が辺 BC，CD，DA 上を動くときのそれぞれについて，y を x の式で表しなさい。

(2) 面積の変化のようすを表すグラフをかきなさい。

定期テスト対策問題

解答 → 別冊 p.34

問 1 **1次関数の式で表される関係**

次の関係について，y を x の式で表しなさい。また，y が x の 1 次関数であるものを選びなさい。

(1) 周の長さが 10cm の長方形の縦の長さが $x$cm のときの横の長さ $y$cm

(2) 面積が 100cm² の長方形の縦の長さが $x$cm のときの横の長さ $y$cm

(3) 長さ 20cm のろうそくに火をつけると 1 分間で 4mm ずつ短くなるとき，火をつけてから x 分後のろうそくの長さ $y$cm

(4) 1 辺の長さが $x$cm の正方形の面積 $y$cm²

問 2 **1次関数と変化の割合**

次の問いに答えなさい。

(1) 1 次関数 $y = 4x - 1$ について，x の値が -3 から -1 まで増加したときの変化の割合を求めなさい。

(2) 1 次関数 $y = -2x + 5$ について，x の増加量が 3 のときの y の増加量を求めなさい。

問 3 **反比例の関係と変化の割合**

反比例 $y = -\dfrac{15}{x}$ で，x の値が次のように増加したときの変化の割合を，それぞれ求めなさい。

(1) 3 から 15 まで   (2) -5 から -1 まで

問 4 **1次関数のグラフの傾きと切片**

次の 1 次関数のグラフについて，下の問いに答えなさい。

① $y = -x + 2$ ② $y = \dfrac{3}{2}x - \dfrac{11}{2}$ ③ $y = -\dfrac{3}{4}x$

(1) それぞれのグラフの傾きと切片をいいなさい。

(2) 右上がりのグラフになるのはどれですか。

1次関数のグラフ

次の1次関数のグラフをかきなさい。

(1) $y = -3x + 2$ 　　　(2) $y = -\dfrac{3}{5}x - \dfrac{2}{5}$ 　　　(3) $y = 2x - 1$ $(-1 < x < 3)$

 1次関数の式の求め方

次の条件をみたす1次関数の式を求めなさい。

(1) グラフの傾きが-5で，切片が1
(2) グラフの傾きが4で，点$(2, 5)$を通る。
(3) 変化の割合が-2で，$x = 5$のとき，$y = -3$
(4) グラフが直線$y = 3x - 4$に平行で，点$(-2, 1)$を通る。
(5) グラフの切片が2で，点$(-3, 1)$を通る。
(6) $x = 1$のとき$y = -2$，$x = 3$のとき$y = 4$
(7) グラフが2点$(1, 2)$，$(3, -6)$を通る。

 $ax + by = c$ のグラフ

次の方程式のグラフをかきなさい。

(1) $3x + y = 4$ 　　　　　(2) $2x - 3y = 6$
(3) $x - 3 = -5$ 　　　　　(4) $4y - 12 = 0$

 3直線が1点で交わる条件

3直線 $2x - 5y = -10$，$y = -x + 9$，$ax - 6y = 1$ が1点で交わるとき，a の値を求めなさい。

 1次関数の利用（直線で囲まれた部分の面積）

右の図の2直線について，次の問いに答えなさい。

(1) ①，②の直線の式を求めなさい。
(2) 2直線の交点Pの座標を求めなさい。
(3) 直線①，②とy軸との交点をそれぞれA，Bとするとき，
　　△APBの面積を求めなさい。

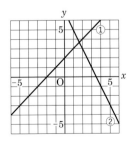

問 10 1次関数の利用(おもりの重さとばねの長さ)

ばねにおもりをつるしたときのばねの長さを
測ると,右の表のようになった。次の問いに
答えなさい。

重さ(g)	20	30	40	50	60
長さ(cm)	58	62	66	70	74

⑴ 重さが xg のおもりをつるしたときのばねの長さを $y$cm とするとき,x と y のおよその
   関係を式に表しなさい。

⑵ おもりをつるさないときのばねの長さを予想しなさい。

問 11 1次関数の利用(グラフから読みとる問題)

右のグラフは,A さんが P 地点から Q 地点までを往復
したときの,A さんが出発してからの時間(x 時間)と P
地点からの道のり($y$km)との関係を表している。次の
問いに答えなさい。

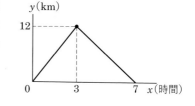

⑴ P 地点から Q 地点,Q 地点から P 地点について,
   x と y の関係をそれぞれ式に表しなさい。

⑵ B さんは A さんと同時に P 地点を出発して Q 地点まで時速 2km で歩いていたところ,
   途中で A さんとすれちがった。すれちがったのは,出発してから何時間何分後ですか。

問 12 1次関数の利用(長方形の辺上を動く点と面積)

右の図の長方形 ABCD で,点 P は A を出発して,辺上を B,C
を通って D まで,毎秒 1cm の速さで動く。点 P が動き始めて
から x 秒後の △APD の面積を $y$cm² として,次の問いに答えな
さい。

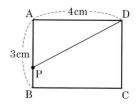

⑴ 点 P が,辺 AB,BC,CD 上にあるとき,x と y の関係をそ
   れぞれ式で表しなさい。

⑵ 点 P が A を出発してから D に着くまでの x と y の関係をグラフに表しなさい。

⑶ △APD の面積が 4cm² となるのは,点 P が A を出発してから何秒後ですか。

KUWASHII

MATHEMATICS

4章

平行と合同

中2
数学

UNIT 1 対頂角

目標 対頂角について理解する。

要点

- **対頂角**…2つの直線が交わってできる角のうち，向かい合っている2つの角。
- **対頂角の性質**…対頂角は等しい。
- 右の図で，$\angle a = \angle c$，$\angle b = \angle d$

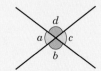

例題 1 **対頂角**　　　　　　　　　　　　　　　　LEVEL：基本

右の図で，$\angle x$，$\angle y$，$\angle z$ の大きさをそれぞれ求めなさい。

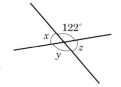

ここに着目！ 一直線の角は，180°。対頂角は等しい。

解き方 一直線の角は180°だから，$\angle x = 180° - 122° = 58°$

$\angle y$ は大きさが122°の角の対頂角だから，$\angle y = 122°$

$\angle z$ は $\angle x$ の対頂角だから，$\angle z = \angle x = 58°$

よって，$\angle x = 58°$，$\angle y = 122°$，$\angle z = 58°$ …… 答

[別解] $\angle z = 180° - 122° = 58°$ …… 答

対頂角を利用！

✓ 類題 1　　　　　　　　　　　　　　　　　　　解答 ➡ 別冊 p.36

右の図で，$\angle x$，$\angle y$，$\angle z$ の大きさをそれぞれ求めなさい。

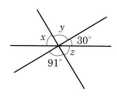

2 同位角

UNIT

目標 同位角について理解する。

要点

● 同位角…右の図のように，2直線 ℓ，m に1つの直線 n が交わってできる角のうち，$\angle a$ と $\angle e$ のような位置にある角。$\angle b$ と $\angle f$，$\angle c$ と $\angle g$，$\angle d$ と $\angle h$ も同位角。

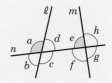

例題 2 同位角

LEVEL：基本

右の図で，$\angle s$ の同位角をいいなさい。

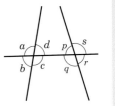

ここに着目！ 同位角 ⇒ 交わる2つの直線について同じ位置関係にある2つの角。

解き方 $\angle s$ の同位角は，$\angle d$ ……… 答

● 同位角
$\angle a$ と $\angle p$，$\angle b$ と $\angle q$，$\angle c$ と $\angle r$ も同位角。

✓ 類題 2

解答 ➡ 別冊 p.36

右の図で，$\angle r$ の同位角をいいなさい。

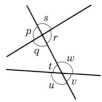

4 章 平行と合同

UNIT

3 | 錯角

目標 ▶ 錯角について理解する。

要 点

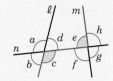

● 錯角…右の図のように，2直線 ℓ，m に1つの直線 n が交わってできる角のうち，∠c と ∠e のような位置にある角。∠d と ∠f も錯角。錯角はアルファベットの Z の形，または Z を反転した形をつくる2つの角になる。

例題 3 錯角

LEVEL：基本

右の図で，∠p の錯角をいいなさい。

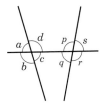

ここに着目！ ▶ 錯角は，アルファベットの Z の形，または Z を反転した形をつくる2つの角。

解き方 ∠p の錯角は，**∠c** ……… 答

⊙ 錯角
∠d と ∠q も錯角。

✓ 類題 3

解答 ➜ 別冊 p.36

右の図で，∠t の錯角をいいなさい。

UNIT
4

平行線の性質

目標 平行線の性質について理解する。

要点

- 2直線に1つの直線が交わるとき，2直線が平行ならば，同位角は等しい。右の図で，$\ell /\!/ m$ ならば，$\angle a = \angle c$
- 2直線に1つの直線が交わるとき，2直線が平行ならば，錯角は等しい。右の図で，$\ell /\!/ m$ ならば，$\angle b = \angle c$

例題 4 平行線の性質

LEVEL：標準

右の図で，$\ell /\!/ m$ のとき，$\angle x$，$\angle y$ の大きさをそれぞれ求めなさい。

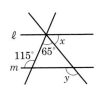

ここに着目！ 平行線の性質を使って，大きさの等しい2つの角を見つける。

解き方 平行線の錯角は等しいから，
$\angle x + 65° = 115°$　$\angle x = 50°$
平行線の同位角は等しいから，右の図のようになり，
$\angle y = 180° - \angle x = 180° - 50° = 130°$
よって，$\boldsymbol{\angle x = 50°}$，$\boldsymbol{\angle y = 130°}$ ……答

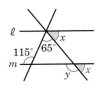

○ 一直線の角
一直線の角は，180°

類題 4

解答 → 別冊 p.36

右の図で，$\ell /\!/ m$ のとき，$\angle x$，$\angle y$ の大きさをそれぞれ求めなさい。

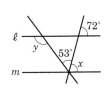

4
章
平行と合同

UNIT
5

平行線になるための条件

> 目標 平行線になるための条件について理解する。

要点

- 2直線に1つの直線が交わるとき，同位角が等しければ，その2直線は平行である。右の図で，$\angle a = \angle c$ ならば，$\ell /\!/ m$
- 2直線に1つの直線が交わるとき，錯角が等しければ，その2直線は平行である。右の図で，$\angle b = \angle c$ ならば，$\ell /\!/ m$

例題 **5** 平行線になるための条件　　　　　LEVEL：標準

右の図の5本の直線 a，b，c，d，e のうち，平行であるものを記号 $/\!/$ を使って示しなさい。

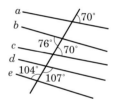

ここに着目！ **等しい大きさの同位角や錯角を見つける。**

解き方 同位角が等しいから，a と c は平行。
$180° - 76° = 104°$ より，錯角が等しいから，b と e は平行。
また，他に平行な直線はない。
よって，**$a /\!/ c$，$b /\!/ e$** ………答

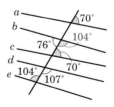

● 平行でない理由

b と c は錯角が異なる。
$180° - 107° = 73°$ より，b と d は錯角が異なり，c と d は同位角が異なる。

✓ 類題 **5**

解答 ➡ 別冊 p.36

右の図の5本の直線 a，b，c，d，e のうち，平行であるものを記号 $/\!/$ を使って示しなさい。

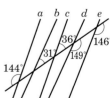

例題 6 平行線と同位角・錯角

LEVEL：標準

右の図の直線のうち，平行であるものを記号 // を使って示しなさい。また，$\angle x$ と $\angle y$ の大きさをそれぞれ求めなさい。

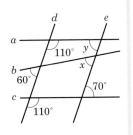

💬 **ここに着目！** 等しい大きさの同位角や錯角を見つけて平行な直線の組を示す。
平行線の性質を使って，大きさの等しい2つの角を見つける。

 同位角が等しいから，a と c は平行である。

$180° - 70° = 110°$ より，錯角が等しいから，d と e は平行である。

また，他に平行な直線はない。

よって，**$a // c,\ d // e$** …… 答

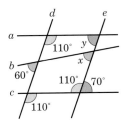

$d // e$ であり，平行線の同位角は等しいから，$\angle x = 60°$

$a // c$ であり，平行線の錯角は等しいから，$\angle y = 70°$

よって，**$\angle x = 60°,\ \angle y = 70°$** …… 答

➡ **$\angle x,\ \angle y$ の求め方**

・$\angle x \cdots d // e$

・$\angle y \cdots a // c$

4章 平行と合同

 類題 6

解答 ➡ 別冊 p.37

右の図の直線のうち，平行であるものを記号 // を使って示しなさい。また，$\angle x$ と $\angle y$ の大きさをそれぞれ求めなさい。

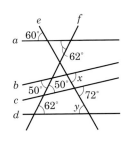

135

UNIT

6 | 平行線についての条件

目標 平行線の性質や平行線になるための条件を使って図形の性質の説明ができる。

要点

● 平行線の性質や平行線になるための条件を使うことで，図形の性質について説明することができる。

例題 7 | 平行線の性質を使った説明

LEVEL : 標準

右の図で，$\ell \parallel m$ とする。$\angle a + \angle c = 180°$ であることを，「$\angle b$」を使って説明しなさい。

ここに着目！ 180° になる ⇒ 一直線になる。

解き方 平行線の錯角は等しいから，

$\quad \angle b = \angle a$ …①

一直線の角は 180° であるから，

$\quad \angle b + \angle c = 180°$ …②

よって，①，②より，

$\quad \angle a + \angle c = 180°$

● 使う性質や条件

$\angle a$ と $\angle b$ が錯角であることと，$\angle b$ と $\angle c$ をあわせた角が一直線の角となることから，「平行線の錯角」と「一直線の角」を使って説明する。

✓ 類題 7

解答 → 別冊 p.37

例題 7 の図で，$\ell \parallel m$ とする。$\angle a + \angle c = 180°$ であることを，「$\angle d$」を使って説明しなさい。

8 平行線になるための条件を使った説明

右の図で，$\angle a + \angle c = 180°$ とする。$\ell /\!/ m$ であることを，「$\angle b$」を使って説明しなさい。

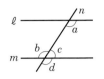

ここに着目！ **2 直線が平行になる ⇒ 同位角が等しい。 錯角が等しい。**

解き方

$\angle a + \angle c = 180°$ であるから，

　　$\angle a = 180° - \angle c$　…①

一直線の角は $180°$ であるから，

　　$\angle b = 180° - \angle c$　…②

①，②より，

　　$\angle a = \angle b$

よって，錯角が等しいから，

　　$\ell /\!/ m$

⬤ **使う性質や条件**

$\angle a$ と $\angle b$ が錯角であるから，「錯角が等しいならば，2 直線は平行」を使う。これを使うために，$\angle a = \angle b$ を示す必要がある。

$\angle a$ と $\angle b$ が錯角であることに注目できたかな？

4 章 平行と合同

✓ 類題 **8**

解答 ➡ 別冊 p.37

例題 8 の図で，$\angle a + \angle c = 180°$ とする。$\ell /\!/ m$ であることを，「$\angle d$」を使って説明しなさい。

UNIT **7** 平行線と角の二等分線

(目標) 平行線になるための条件を使って図形の性質の説明ができる。

要点

● 大きさが等しくなる角に着目して，平行線になることを説明する。

例題 9 平行線と角の二等分線

LEVEL: 応用

右の図のように，平行な2直線 AB，CD に，もう1つの直線 EF がそれぞれ点 P，Q で交わっている。∠APQ，∠DQP の二等分線をそれぞれ PX，QY とするとき，PX∥QY となることを説明しなさい。

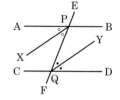

ここに着目！ 2直線 PX と QY が平行 ⇒ ∠XPQ＝∠YQP となることを説明する。

解き方 AB∥CD であり，平行線の錯角(さっかく)は等しいから，

$$∠APQ＝∠DQP \quad …①$$

PX，QY はそれぞれ ∠APQ，∠DQP の二等分線であるから，

$$∠XPQ＝\frac{1}{2}∠APQ \quad …②, \quad ∠YQP＝\frac{1}{2}∠DQP \quad …③$$

①，②，③より， ∠XPQ＝∠YQP

よって，錯角が等しいから，PX∥QY

> ● 角の二等分線
>
> 角の二等分線であることは，2通りの式で表せる。
> ① 1つの角は，もとの角の半分の大きさである。
>
> $$∠XPQ＝\frac{1}{2}∠APQ$$
>
> ② 2つに分けられた角の大きさは等しい。
>
> ∠XPA＝∠XPQ

✓ **類題 9**

解答 → 別冊 p.37

右の図のように，平行な2直線 AB，CD に，もう1つの直線 EF がそれぞれ P，Q で交わっている。∠EPB，∠PQD の二等分線をそれぞれ PX，QY とするとき，PX∥QY であることを説明しなさい。

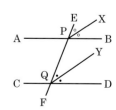

UNIT

8 補助線をひく

目標 補助線をひいて角の大きさを求めることができる。

要点

● 補助線をひくことで，図形の問題を解ける場合がある。

例題 **10** 補助線をひく

LEVEL：応用

右の図で，AB∥CD のとき，∠x の大きさを求めなさい。

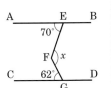

ここに着目！ 点 F を通り，AB，CD に平行な直線をひく ⇒ 平行線の性質を利用。

解き方 右の図のように，AB，CD に平行な直線 FH をひく。

AB∥FH であり，平行線の錯角は等しいから，∠EFH＝∠FEA＝70°

CD∥FH であり，平行線の錯角は等しいから，∠GFH＝∠FGC＝62°

よって，∠x＝∠EFH＋∠GFH＝70°＋62°＝**132°** ……（答）

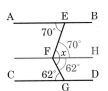

◐ 別解

GF を延長し，下の図の∠FIE，∠x を順に求めてもよい。

（次のページ参照）

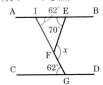

✓ 類題 **10**

解答 ➡ 別冊 p.37

右の図で，AB∥CD のとき，∠x の大きさを求めなさい。

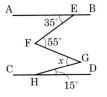

4 章 平行と合同

UNIT
1

三角形の内角・外角の性質

目標 ▶ 三角形の内角・外角の性質について理解する。

要点

● **内角**…右の図の ∠ABC，∠BCA のような三角形や多角形を
つくる角のこと。三角形の内角の和は 180° である。
● **外角**…右の図の ∠CAP のように，1 つの辺と，そのとなりの
辺の延長とがつくる角のこと。三角形の外角は，それと
となり合わない 2 つの内角の和に等しい。

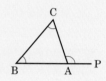

例題 **11** 三角形の内角の性質

LEVEL：基本

下の図で，∠x の大きさを求めなさい。

(1)

(2)

 ここに着目！ 180° から残り 2 つの内角の和をひく。

解き方 (1)　∠x＋50°＋90°＝180° より，
　　　　∠x＝180°－(90°＋50°)＝**40°** ……… (答)

(2)　∠x＋48°＋65°＝180° より，
　　　　∠x＝180°－(48°＋65°)＝**67°** ……… (答)

 参考

三角形の内角の和が 180°
になることを示すには，平
行線の性質を使うことにな
る。

✓ 類題 **11**

解答 ➡ 別冊 p.37

右の図で，∠x の大きさを求めなさい。

(1)

(2)

例題 12 三角形の外角の性質

下の図で，∠x の大きさを求めなさい。

(1)

(2)

ここに着目！ 外角と，それととなり合わない 2 つの内角に着目する。

（解き方）
(1) ∠$x = 82° + 38° = \mathbf{120°}$ ………（答）

(2) ∠$x + 54° = 115°$ より，

∠$x = 115° - 54° = \mathbf{61°}$ ………（答）

❖ 三角形の外角の性質

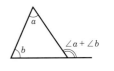

4章 平行と合同

✓ **類題 12**

解答 ➡ 別冊 p.37

下の図で，∠x の大きさを求めなさい。

(1)

(2)

COLUMN

コラム

多角形の内角・外角

外角は，1 つの頂点に対して 2 つずつあります。
また，三角形のときと同じように，多角形でも，内角や外角ということができます。
たとえば，右の図では，∠CDF，∠EDG を頂点 D における外角といい，∠CDE を五角形 ABCDE の内角といいます。
注意しておきたいのは，「多角形」という場合，へこんだ部分のある図形は考えない，ということです。

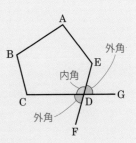

UNIT

2

三角形の種類

目標 鋭角と鈍角や三角形の内角の大きさによる分類について理解する。

要点

● **鋭角**…0° より大きく 90° より小さい角。
● **鈍角**…90° より大きく 180° より小さい角。
● 3 つの内角がすべて鋭角である三角形を**鋭角三角形**，1 つの内角が直角である三角形を**直角三角形**，1 つの内角が鈍角である三角形を**鈍角三角形**という。

例題 **13** 鋭角と鈍角   LEVEL：基本

次の角のうち，鋭角と鈍角をそれぞれいいなさい。

① 60°   ② 90°   ③ 105°
④ 150°   ⑤ 180°   ⑥ 7°

ここに着目！ 0° より大きく 90° より小さいかや，90° より大きく 180° より小さいかを調べる。

解き方 ① 60° は，0° より大きく 90° より小さい。
③ 105° は，90° より大きく 180° より小さい。
④ 150° は，90° より大きく 180° より小さい。
⑥ 7° は，0° より大きく 90° より小さい。
よって，
鋭角…①，⑥　鈍角…③，④ ……… 答

○ **直角**

90° は直角であり，鋭角と鈍角のどちらでもない。

✓ 類題 **13**   解答 → 別冊 p.37

次の角のうち，鋭角と鈍角をそれぞれいいなさい。

① 20°   ② 120°   ③ 200°
④ 0°   ⑤ 80°   ⑥ 130°

2つの内角の大きさが次のようになっている三角形は，鋭角三角形，直角三角形，鈍角三角形のうちのどれであるかをいいなさい。

⑴ 30°，70° ⑵ 20°，60° ⑶ 45°，45°

ここに着目！ 内角の大きさが最大のものについて，鋭角，直角，鈍角のどれであるかを調べる。

解き方 ⑴ 残りの内角の大きさは，
$$180° - (30° + 70°) = 80°$$
内角の大きさのうち最大のものは80°で，鋭角であるから，
鋭角三角形 ……（答）

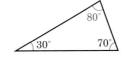

⑵ 残りの内角の大きさは，
$$180° - (20° + 60°) = 100°$$
内角の大きさのうち最大のものは100°で，鈍角であるから，**鈍角三角形** ……（答）

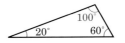

⑶ 残りの内角の大きさは，
$$180° - (45° + 45°) = 90°$$
内角の大きさのうち最大のものは90°で，直角であるから，
直角三角形 ……（答）

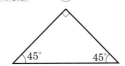

参考

三角形の内角のうち，大きさが最大でないものはかならず鋭角となることから，内角の大きさが最大のものについて調べればよい。

◎ **直角二等辺三角形**

⑶2つの角が等しく，二等辺三角形でもあるから，直角二等辺三角形ともいう。

4 章 平行と合同

✔ **類題 14**

解答 ➡ 別冊 p.38

2つの内角の大きさが次のようになっている三角形は，鋭角三角形，直角三角形，鈍角三角形のうちのどれであるかをいいなさい。

⑴ 43°，39° ⑵ 36°，58° ⑶ 64°，26°

3 多角形の内角の和

目標 ▶ 多角形の内角の和の計算ができる。

要点

● **多角形の内角の和**…n 角形の内角の和は，$180° \times (n-2)$ である。

例題 **15** 多角形の内角の和　　　　　　　　　　LEVEL：基本

次の問いに答えなさい。
(1)　五角形の内角の和を求めなさい。
(2)　正十二角形の 1 つの内角の大きさを求めなさい。

ここに着目！ ▶ n 角形の内角の和は，$180° \times (n-2)$

解き方 (1)　五角形なので，$5-2=3$（個）の三角形に分けることができる。
　　　　したがって，五角形の内角の和は，
　　　　　$180° \times 3 = \textbf{540°}$　……（答）

(2)　正十二角形の内角の和は，$180° \times (12-2) = 1800°$
　　　正十二角形の内角の大きさはすべて等しいから，1 つの内角の大きさは，$1800° \div 12 = \textbf{150°}$　……（答）

➡ **正多角形の内角の大きさ**

正多角形の内角の大きさはすべて等しい。

✓ 類題 **15**　　　　　　　　　　　　　　　　解答 ➡ 別冊 p.38

次の問いに答えなさい。
(1)　八角形の内角の和を求めなさい。
(2)　正六角形の 1 つの内角の大きさを求めなさい。

内角の和が次のような多角形は何角形であるかをいいなさい。

(1)　$900°$　　　　　　　　　　(2)　$1440°$

(3)　$2700°$

 ここに着目！ ▶ $180° \times (n-2) = (内角の和)$ から n の値を求める。

解き方　(1)　n 角形であるとすると，内角の和が $900°$ であるから，

$$180° \times (n-2) = 900°$$
$$n-2 = 5$$
$$n = 7$$

よって，**七角形**　……（答）

(2)　n 角形であるとすると，内角の和が $1440°$ であるから，

$$180° \times (n-2) = 1440°$$
$$n-2 = 8$$
$$n = 10$$

よって，**十角形**　……（答）

(3)　n 角形であるとすると，内角の和が $2700°$ であるから，

$$180° \times (n-2) = 2700°$$
$$n-2 = 15$$
$$n = 17$$

よって，**十七角形**　……（答）

○ **内角の和についての式**

n 角形であるとしてつくった内角の和についての式は，n についての1次方程式となるので，これを解く。

n についての式がつくれたかな？

✓ **類題 16**

解答 ➡ 別冊 p.38

内角の和が次のような多角形は何角形であるかをいいなさい。

(1)　$1260°$　　　　　　　　　(2)　$1620°$

(3)　$3600°$

4 章 平行と合同

UNIT

4 多角形の外角の和

目標 多角形の外角の和の計算ができる。

要点

● **多角形の外角の和**…多角形の外角の和は 360° である。
● 正 n 角形の 1 つの外角の大きさは, $360° \div n$

例題 **17** 正多角形の 1 つの外角の大きさ　　　　　　LEVEL：基本

次の問いに答えなさい。
(1) 次の正多角形の 1 つの外角の大きさを求めなさい。
　① 正十二角形　　　　　② 正二十角形
(2) 正三十角形の 1 つの内角の大きさを求めなさい。

ここに着目! 1 つの頂点において，（内角の大きさ）＝180°－（外角の大きさ）

解き方 (1) ①　$360° \div 12 = \mathbf{30°}$ …… 答
　　　　② $360° \div 20 = \mathbf{18°}$ …… 答
(2) 正三十角形の 1 つの外角の大きさは,
　　$360° \div 30 = 12°$
　　よって，正三十角形の 1 つの内角の
　　大きさは,
　　$180° - 12° = \mathbf{168°}$ …… 答

◆ 内角と外角
1 つの頂点に対する内角と外角について,
（内角の大きさ）
＋（外角の大きさ）＝180°

類題 **17**　　　　　　　　　　　　　　　解答 → 別冊 p.38

次の問いに答えなさい。
(1) 次の正多角形の 1 つの外角の大きさを求めなさい。
　① 正十角形　　　　　② 正三十六角形
(2) 正四十角形の 1 つの内角の大きさを求めなさい。

18 **1つの外角の大きさと正多角形**

LEVEL：標準

次の問いに答えなさい。

(1) 1つの外角の大きさが次のような正多角形は正何角形であるかをいいなさい。

① 72° ② 24°

(2) 1つの内角の大きさが160°である正多角形は正何角形であるかをいいなさい。

ここに着目！ 正 n 角形 ⇒ 360°÷（1つの外角の大きさ）＝n

1つの頂点において，（外角の大きさ）＝180°−（内角の大きさ）

解き方

(1) ① 正 n 角形であるとすると，1つの外角の大きさが72°であるから，360°÷n＝72° より，

n＝360°÷72°＝5

よって，**正五角形** ⸺（答）

② 正 n 角形であるとすると，1つの外角の大きさが24°であるから，360°÷n＝24° より，

n＝360°÷24°＝15

よって，**正十五角形** ⸺（答）

(2) 1つの内角の大きさが160°であるから，1つの外角の大きさは，

180°−160°＝20°

正 n 角形であるとすると，360°÷n＝20° より，

n＝360°÷20°＝18

よって，**正十八角形** ⸺（答）

◇ 別解

内角の和から，

$180° \times (n-2) = 160° \times n$

これを解いて，$n=18$ と求めてもよい。

✓ 類題 18

解答 ➡ 別冊 p.38

次の問いに答えなさい。

(1) 1つの外角の大きさが次のような正多角形は正何角形であるかをいいなさい。

① 60° ② 40°

(2) 1つの内角の大きさが135°である正多角形は正何角形であるかをいいなさい。

UNIT
5

多角形の角の計算

目標 ▶ 多角形の内角や外角についての計算ができる。

要点

● 多角形の角に関する問題では，内角・外角の和や 1 つの頂点において
（**内角**）＋（**外角**）＝**180°** であることを，問題によって使い分ける。

例題 **19** 多角形の内角の計算
LEVEL：標準

下の図で，∠x の大きさを求めなさい。

(1)

(2)

ここに
着目！ ▶ まず，多角形の内角の和 $180° \times (n-2)$ を求める。

解き方 (1)　四角形の内角の和は，$180° \times (4-2) = 360°$ であるから，

∠$x = 360° - (74° + 105° + 89°)$

$= 360° - 268° = $ **92°** ……… 答

(2)　五角形の内角の和は，$180° \times (5-2) = 540°$ であるから，

∠$x = 540° - (93° + 103° + 108° + 111°)$

$= 540° - 415° = $ **125°** ……… 答

● **n 角形の内角の和**

$180° \times (n-2)$

✓ 類題 **19**
解答 ➡ 別冊 p.38

下の図で，∠x の大きさを求めなさい。

(1)

(2)

(3)

下の図で，∠x の大きさを求めなさい。

(1)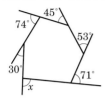

(2)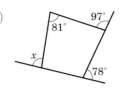

 ここに着目！ → **外角の和が 360° であることを使う。**

（解き方）(1)　外角の和は 360° であるから，

$$\angle x = 360° - (71° + 53° + 45° + 74° + 30°)$$
$$= 360° - 273° = \mathbf{87°} \quad \text{（答）}$$

(2)　内角の大きさが 81° の角の外角の
大きさは，180° - 81° = 99°

外角の和は 360° であるから，

$$\angle x = 360° - (78° + 97° + 99°)$$
$$= 360° - 274° = \mathbf{86°} \quad \text{（答）}$$

○ **多角形の外角の和**

多角形の外角の和は，360°

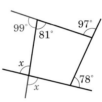

4 章　平行と合同

✓ **類題 20**

解答 → 別冊 p.39

下の図で，∠x の大きさを求めなさい。

(1)

(2)

(3)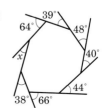

UNIT
6

長方形を折り返してできる角

目標 ▶ 長方形を折り返してできる角の問題を解くことができる。

要点

● 折り目の線を対称の軸とみる。

例題 **21** 長方形を折り返してできる角 　　　　　LEVEL：応用

長方形の紙を，右のように折った。∠x の大きさを求めなさい。

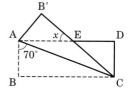

ここに着目！ ▶ **大きさが等しい角に着目する。**

解き方 △ABC において，

　　∠ACB = 180° − (∠BAC + ∠ABC)
　　　　　= 180° − (70° + 90°) = 20°

△ABC と △AB′C は折り目の線 AC に関して対称だから，

　　∠ACB′ = ∠ACB = 20°

よって，∠BCE = 40°　AD // BC から，∠x = **40°** ……（答）

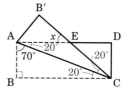

参考

∠CAE = 90° − 70° = 20°
∠AEB′ は △ACE の頂点 E における外角だから，
∠x = ∠ACE + ∠CAE
　　= 20° + 20° = 40°
としてもよい。

✓ 類題 **21**　　　　　　　　　　　　　　　解答 ➡ 別冊 p.39

長方形の紙を，右のように折った。∠x の大きさを求めなさい。

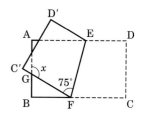

UNIT

7 複雑な図形の角の計算①

目標 へこんだ図形の角についての計算ができる。

要点

● 補助線をひくことで，図形の問題を解ける場合がある。

例題 **22** へこんだ図形の角の計算

LEVEL：応用

右の図形では，$\angle x = \angle A + \angle B + \angle C$ となる。そのわけを説明しなさい。

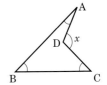

4 章 平行と合同

ここに着目！ 図形の性質を利用できるように補助線をひく。

解き方 点 D を通り，辺 BC に平行な直線 DF をひき，辺 AB との交点を E とする。

BC∥ED であり，平行線の同位角は等しいから，$\angle AED = \angle B$ …①

平行線の錯角は等しいから，$\angle CDF = \angle C$ …②

△AED における外角だから，$\angle ADF = \angle A + \angle AED$

①より，$\angle ADF = \angle A + \angle B$ …③

よって，②，③より，$\angle x = \angle ADF + \angle CDF = \angle A + \angle B + \angle C$

➡ 別の補助線のひき方の例

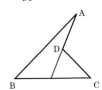

類題 **22**

解答 ➡ 別冊 p.39

右の図の $\angle x$ の大きさを求めなさい。

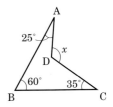

UNIT
8

複雑な図形の角の計算②

目標 いろいろな複雑な図形の角についての計算ができる。

要点

● 三角形の内角と外角の関係を利用して，複雑な図形の角の大きさを求める。

例題 **23** 複雑な図形の角についての計算   LEVEL：応用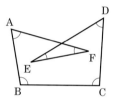

右の図形では，∠A＋∠B＋∠C＋∠D＋∠E＋∠F＝360° となる。そのわけを説明しなさい。

 ここに着目！三角形の内角と外角の関係を使えるように補助線をひく。

解き方 **AF** と **ED** の交点を **G** とする。
また，**AF** の延長と **CD** との交点を **H** とする。
∠DGH は △EFG における外角だから，∠DGH＝∠E＋∠F
∠AHC は △DGH における外角だから，
∠AHC＝∠D＋∠DGH＝∠D＋∠E＋∠F …①
四角形 ABCH の内角の和は，180°×(4−2)＝360° より，
∠A＋∠B＋∠C＋∠AHC＝360°
よって，①より，∠A＋∠B＋∠C＋∠D＋∠E＋∠F＝360°

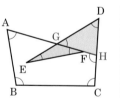

● **説明の流れ**

補助線をひき，三角形の内角と外角の関係と四角形の内角の和を使って計算する。

✓ **類題 23**   解答 → 別冊 p.39

例題 23 の図で，∠A＝60°，∠B＝90°，∠C＝110°，∠E＝20°，∠F＝30° のとき，∠D の大きさを求めなさい。

例題 **24** 星形の先端の角の和

右の図形では，∠A＋∠B＋∠C＋∠D＋∠E＝180°となる。
そのわけを説明しなさい。

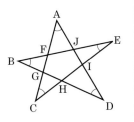

 三角形の内角と外角の関係を使って，5つの角を1つの三角形に集める。

解き方 ∠AJF は △BDJ における外角だから，

  ∠AJF＝∠B＋∠D

∠AFJ は △CEF における外角だから，

  ∠AFJ＝∠C＋∠E

△AFJ において，

∠A＋∠AJF＋∠AFJ＝180°だから，

  ∠A＋(∠B＋∠D)＋(∠C＋∠E)＝180°

よって，

  ∠A＋∠B＋∠C＋∠D＋∠E＝180°

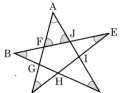

⟳ **角の和が180°**

「角の和が180°」を示すには，三角形の内角の和が180°であることを用いる。

三角形の内角と外角の関係を活用！

✓ 類題 **24**

解答 ➡ 別冊 p.39

右の図の ∠x の大きさを求めなさい。

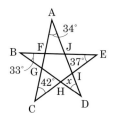

UNIT 1 合同な図形

> (目標) 合同な図形について理解する。

要点

● **合同**…平面上の 2 つの図形において，一方を移動しても う一方の図形に重ね合わせることができるとき，こ の 2 つの図形は**合同**であるという。四角形 ABCD と 四角形 EFGH が合同であることを，記号≡を使って， **四角形 ABCD≡四角形 EFGH** と表す。

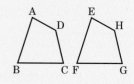

例題 25 合同な図形の性質 　　　　　　LEVEL：基本

右の四角形 ABCD と EFGH は合同である。次の問いに答えなさい。
(1) 辺 AD の長さを求めなさい。
(2) ∠G の大きさを求めなさい。

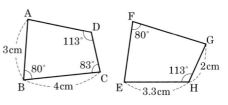

>
> 着目！ 合同な図形では，対応する線分や角は等しい。

(解き方) 頂点は，A と E，B と F，C と G，D と H が対応している。

(1) AD＝EH＝**3.3cm** ……… (答)

(2) ∠G＝∠C＝**83°** ……… (答)

> ! (注意)
>
> 対応する頂点を確認する。

✓ 類題 25 　　　　　　　　　　　　　　　　解答 ➡ 別冊 p.40

右の四角形 ABCD と PQRS は合同である。対応する 辺や角をそれぞれすべていいなさい。

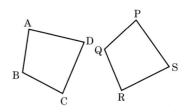

次の図で，△ABC と合同な三角形を見つけ，△ABC と合同であることを，記号 ≡ を使って表しなさい。

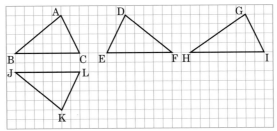

 ここに着目！ 対応している頂点の順に書く。

（解き方）△DFE は △ABC に重ね合わせることができる。

△GHI は △ABC に重ね合わせることができない。

△KJL は △ABC に重ね合わせることができる。

よって，

$$△ABC ≡ △DFE, \quad △ABC ≡ △KJL \quad \text{……（答）}$$

 注意

合同な図形は対応している頂点の順に書く。△ABC に対応するのは，△DFE。△DEF ではない。

裏返したもの，すなわち，対称移動したものも合同である。

（チェック）類題 26

解答 ➡ 別冊 p.40

次の図で，合同な三角形の組を見つけ，合同であることを，記号 ≡ を使って表しなさい。

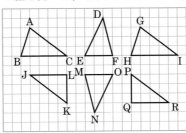

三角形の合同条件 ①

UNIT 2

目標 三角形の合同条件を使って合同な三角形を見つけることができる。

要点

● 三角形の合同条件… 3 組の辺がそれぞれ等しい。

2 組の辺とその間の角がそれぞれ等しい。

1 組の辺とその両端(りょうたん)の角がそれぞれ等しい。

例題 **27** 合同な三角形の組に分ける　　　　　　　LEVEL：標準

右の図で，合同な三角形の組を見つけ，番号の組で答えなさい。また，そのときに使った合同条件をいいなさい。

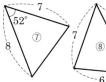

ここに着目！ 三角形の合同条件に着目し，わかっていない角を求める。

解き方 ③，⑤，⑥の残りの角は，それぞれ，60°，50°，50°

②と⑧… 3 組の辺がそれぞれ等しい。 …………（答）

①と⑥… 2 組の辺とその間の角がそれぞれ等しい。 …（答）

③と⑤… 1 組の辺とその両端の角がそれぞれ等しい。 …（答）

● 残りの角

三角形の合同条件を使うために，③，⑤，⑥の残りの角を求める。

✓ 類題 **27**　　　　　　　　　　　　　　　解答 → 別冊 p.40

右の図で，合同な三角形の組を見つけ，番号の組で答えなさい。また，そのときに使った合同条件をいいなさい。

例題 28　合同な三角形の組を見つける

次のそれぞれの図形で，合同な三角形の組を見つけ，記号≡を使って表しなさい。また，そのときに使った合同条件をいいなさい。ただし，それぞれの図で，同じ印をつけた辺や角は等しいとする。

(1) 　　(2) 　　(3)

 等しい辺，等しい角に着目し，適切な合同条件を選ぶ。

解き方　(1)　AE＝DE，CE＝BE，∠AEC＝∠DEB（対頂角）より，

　　　　　　△ACE≡△DBE

　　　　　　2組の辺とその間の角がそれぞれ等しい。 …………(答)

　　　　(2)　AE＝BE，∠CAE＝∠DBE，∠AEC＝∠BED（対頂角）より，

　　　　　　△ACE≡△BDE

　　　　　　1組の辺とその両端の角がそれぞれ等しい。 …………(答)

　　　　(3)　AB＝AC，BD＝CD，ADは共通より，

　　　　　　△ABD≡△ACD

　　　　　　3組の辺がそれぞれ等しい。 …………(答)

注意

印はついていないが，対頂角であることから，
(1)∠AEC＝∠DEB
(2)∠AEC＝∠BED
また，(3)の辺ADは共通な辺となっている。

✓ 類題 28

解答 → 別冊 p.40

次のそれぞれの図形で，合同な三角形の組を見つけ，記号≡を使って表しなさい。また，そのときに使った合同条件をいいなさい。ただし，それぞれの図で，同じ印をつけた辺や角は等しいとする。また，(2)，(3)は ∠ADB＝90° とする。

(1) 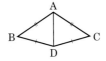　　(2) 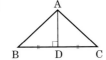　　(3)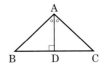

3 三角形の合同条件②

> 目標 ▶ 三角形の合同条件を選ぶことができる。合同条件をみたしているかがわかる。

要点

- 図形をよく見て，三角形の合同条件のどれを使うのかを判断する。
- 与えられた条件が三角形の合同条件となっているかを見きわめる。

例題 **29** 三角形の合同条件を選ぶ
LEVEL：標準

右の図で，△ABC と △ADE は合同になる。このことをいうのに使う三角形の合同条件をいいなさい。

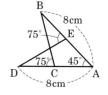

ここに着目! 三角形の外角の性質より，∠B＝∠D となる点に着目する。

解き方 △ABC で，AB＝8cm，∠A＝45°
三角形の外角の性質から，∠B＝75°－45°＝30°
同様に，△ADE で，
　AD＝8cm，∠A＝45°，∠D＝75°－45°＝30°
よって，AB＝AD，∠A は共通，∠B＝∠D より，△ABC と △ADE が合同であることをいうのに使う合同条件は，
1 組の辺とその両端の角がそれぞれ等しい。 ——（答）

⊃ 方針

AB＝AD，∠A は共通より，∠B＝∠D か AC＝AE のどちらかがいえれば，△ABC≡△ADE を示せるが，AC，AE は求められないので，∠B，∠D を求めて∠B＝∠D をいう。

✓ **類題 29**
解答 ➡ 別冊 p.40

右の図で，△ABC と △ADE は合同になる。このことをいうのに使う三角形の合同条件をいいなさい。

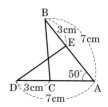

三角形の合同条件

次の三角形は，かならず合同になるといえるかどうかをいいなさい。

(1) 2つの内角が $50°$ と $70°$ の三角形

(2) 1辺の長さが $3\,\mathrm{cm}$ の正三角形

(3) 等しい辺の長さが $5\,\mathrm{cm}$ の二等辺三角形

 三角形の合同条件にあてはまるかを調べる。

(解き方)

(1) 3つの角はそれぞれ等しいが，辺の長さが等しいとはいえない。
よって，かならず合同になるとは**いえない**。 ………㈜

(2) 3組の辺がそれぞれ等しくなる。
よって，かならず合同になる**といえる。**………㈜

(3) 2組の辺はそれぞれ等しいが，その間の角が等しいとはいえない。
よって，かならず合同になるとは**いえない**。 ………㈜

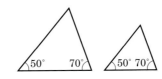
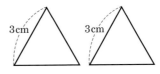
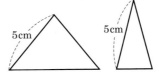

➡ 三角形の合同と辺

(1) 2つの三角形が合同であることをいうためには，少なくとも1組の辺が等しくなければならない。

三角形の合同条件はとても重要！

✓ 類題 **30**

解答 ➡ 別冊 p.40

次の2つの △ABC と △DEF は，必ず合同になるといえるかどうかをいいなさい。

(1) $AB = DE = 4\,\mathrm{cm}$, $AC = DF = 3\,\mathrm{cm}$, $\angle B = \angle E = 40°$

(2) $\angle A = \angle D = 30°$, $\angle B = \angle E = 40°$, $\angle C = \angle F = 110°$

(3) $AB = DE = 4\,\mathrm{cm}$, $\angle B = \angle E = 40°$, $\angle C = \angle F = 70°$

UNIT
1

仮定と結論

（目標）仮定と結論について理解する。

（要点）
● **仮定と結論**…「p ならば q」のような形でいい表すとき，p の部分を仮定，q の部分を結論という。

例題 **31** **仮定と結論**　　　　　　　　　　　　　　　LEVEL：基本

次のことがらについて，仮定と結論をいいなさい。
(1) △ABC において，∠C＝90° ならば AB＞BC，AB＞AC である。
(2) △ABC≡△DEF ならば ∠A＝∠D である。
(3) 偶数は 2 の倍数である。

（ここに着目！）「ならば」の前が仮定，「ならば」の後が結論。
（仮定）ならば（結論）

（解き方）(1)　仮定…∠C＝90°
　　　　　　結論… AB＞BC，AB＞AC　（答）
　　　　(2)　仮定…△ABC≡△DEF
　　　　　　結論…∠A＝∠D　（答）
　　　　(3)　「偶数であるならば 2 の倍数である。」ということだから，
　　　　　　仮定…偶数である
　　　　　　結論… 2 の倍数である　（答）

（参考）
(3)文章を 1 度書きなおしているが，書きなおさずに直接考えてもよい。

✓ **類題 31**　　　　　　　　　　　　　　　　　　　　解答 ➡ 別冊 p.40

次のことがらについて，仮定と結論をいいなさい。
(1) $x=0$ ならば $xy=0$ である。
(2) △ABC において，∠A＝90° ならば ∠B，∠C はともに鋭角である。
(3) 9 の倍数は 3 の倍数である。

UNIT 2 三角形の内角・外角の性質の証明

目標 三角形の内角・外角の性質を証明できる。

要点

● 証明…すでに正しいとわかっていることを根拠として仮定から結論を導くこと。

例題 32 三角形の内角の性質の証明

LEVEL：標準

三角形の内角の和は 180° であることを証明しなさい。

 ここに着目！ 三角形の外角の性質を使う。

解き方 三角形の外角は，それととなり合わない 2 つの内角の和に等しいから，

$$\angle A + \angle B + \angle C = \angle ACD + \angle C$$
$$= \angle BCD$$

一直線の角は 180° だから，

$$\angle BCD = 180°$$

よって，$\angle A + \angle B + \angle C = 180°$

したがって，三角形の内角の和は 180° である。

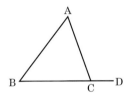

 参考

頂点 C を通る辺 AB に平行な直線をひく。
平行線の同位角と錯角は等しいから，
$$\angle A + \angle B = \angle ACD$$
は証明できる。

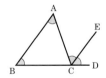

類題 32

解答 ➡ 別冊 p.41

三角形の外角の和は 360° であることを証明しなさい。

4章 平行と合同

UNIT

3 三角形の合同条件の利用①

> 目標 ▶ 三角形の合同条件を利用して証明できる。

要点

● 三角形の合同条件を利用することで，2直線が平行になることや四角形の対角線の長さが等しいことを証明する。

例題 33 交わる2本の線分が辺となる2つの三角形 LEVEL：標準

右の図で，点 O は線分 EF，GH の交点であり，AB∥CD である。

点 O が線分 GH の中点のとき，点 O は線分 EF の中点であることを証明しなさい。

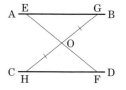

ここに着目！ **EO，FO を辺とする △EOG と △FOH が合同であることを示す。**

解き方 △EOG と △FOH において，仮定から，**GO＝HO** …①

対頂角は等しいから，**∠EOG＝∠FOH** …②

平行線の錯角は等しいから，**∠EGO＝∠FHO** …③

①，②，③より，1組の辺とその両端の角がそれぞれ等しいから，

△EOG≡△FOH

合同な図形の対応する辺は等しいから，**EO＝FO**

したがって，点 O は線分 EF の中点である。

● 仮定と結論

仮定… GO＝HO

AB∥CD

結論…点 O は線分 EF の

中点である

⇒ EO＝FO を示す。

類題 33

解答 ➡ 別冊 p.41

右の図で，線分 AB，CD はそれぞれの中点 O で交わっている。

このとき，AD∥BC となることを証明しなさい。

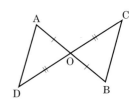

右の図の四角形 ABCD で，AB＝DC，AC＝DB である。
このとき，∠ABD＝∠DCA であることを証明しなさい。

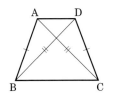

 ∠ABD，∠DCA を角とする △ABD と △DCA が合同であることを示す。

（解き方）△ABD と △DCA において，仮定から，

　　　AB＝DC　…①

　　　DB＝AC　…②

また，AD は共通　…③

①，②，③より，3 組の辺がそれぞれ等しいから，

　　△ABD≡△DCA

合同な図形の対応する角は等しいから，

　　∠ABD＝∠DCA

● 仮定と結論

仮定… AB＝DC
　　　DB＝AC
結論…∠ABD＝∠DCA

（✓）類題 34

解答 → 別冊 p.41

右の図の四角形 ABCD で，∠ABC＝∠DCB，AB＝DC である。
このとき，対角線 AC と DB の長さは等しいことを証明しなさい。

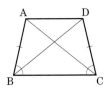

三角形の合同条件の利用②

UNIT 4

> 目標 — 三角形の合同条件を利用して証明できる。

要点

● 三角形の合同条件を利用することで，2つの三角形の合同を証明する。

例題 35 1辺を共有する2つの三角形

LEVEL：標準

右の図で，AC＝DB，∠ACB＝∠DBC ならば，
∠BAC＝∠CDB であることを証明しなさい。

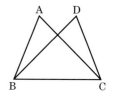

ここに着目！ ∠BACをもつ △ABC と ∠CDBをもつ △DCB が合同であることを示す。

解き方 △ABC と △DCB において，仮定から，

AC＝DB　…①

∠ACB＝∠DBC　…②

また，

BC は共通　…③

①，②，③より，2組の辺とその間の角がそれぞれ等しいから，

△ABC≡△DCB

合同な図形の対応する角は等しいから，

∠BAC＝∠CDB

● 仮定と結論

仮定… AC＝DB
　　　　∠ACB＝∠DBC
結論…∠BAC＝∠CDB

✓ 類題 35

解答 ➜ 別冊 p.41

例題 35 の図で，∠ABC＝∠DCB，∠BAC＝∠CDB ならば，AB＝DC であることを証明しなさい。

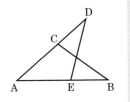

右の図で，BA＝DA，∠B＝∠D ならば，BC＝DE である
ことを証明しなさい。

ここに着目！ BC，DE を辺とする △ABC と △ADE が合同であることを示す。

（解き方）△ABC と △ADE において，仮定から，

  BA＝DA …①

  ∠B＝∠D …②

また，

  ∠A は共通 …③

①，②，③より，1 組の辺とその両端（りょうたん）の角がそれぞれ等しいか
ら，

  △ABC ≡ △ADE

合同な図形の対応する辺は等しいから，

  BC＝DE

◆ 仮定と結論

仮定… BA＝DA
   ∠B＝∠D
結論… BC＝DE

三角形の合同が証明できたかな？

✓ **類題 36**

解答 → 別冊 p.42

例題 36 の図で，AC＝AE，∠B＝∠D ならば，BA＝DA であることを証明しなさい。

UNIT

5 線分の垂直二等分線，作図の証明

目標 線分の垂直二等分線の性質や作図の証明ができる。

要点

● 三角形の合同条件を利用して，線分の垂直二等分線の性質や基本的な作図の方法が正しいことを証明する。

例題 **37** 線分の垂直二等分線 LEVEL：標準

線分の垂直二等分線上の点は，その線分の両端（りょうたん）から等距離（とうきょり）にある。このことを証明しなさい。

ここに着目！ 線分 AB の垂直二等分線を ℓ，ℓ と AB との交点を M，ℓ 上の任意の点を P とし，△PAM≡△PBM を示す。

解き方 線分 AB の垂直二等分線を ℓ，ℓ と線分 AB との交点を M，M と異なる ℓ 上の任意の点を P とする。
△PAM と △PBM において，ℓ が線分 AB の垂直二等分線であるという仮定から，AM＝BM …①，
∠PMA＝∠PMB＝90° …② また，PM は共通 …③
①，②，③より，2 組の辺とその間の角がそれぞれ等しいから，
　△PAM≡△PBM
合同な図形の対応する辺は等しいから，PA＝PB よって，
線分の垂直二等分線上の点は，その線分の両端から等距離にある。

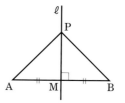

● 仮定と結論

仮定…点が線分の垂直二等分線上にある
結論…点が線分の両端から等距離にある
解き方のように点などを設定すると，
仮定… AM＝BM
　　　∠PMA＝∠PMB
　　　　　　＝90°
結論… PA＝PB
となる。

✓ 類題 **37** 解答 ➡ 別冊 p.42

線分の両端から等距離にある点は，その線分の垂直二等分線上にある。このことを証明しなさい。

∠AOB の二等分線は，次のように作図することができる。

1　角の頂点 O を中心とする円をかき，角の2辺との交点
　　を C，D とする。

2　C，D を中心として等しい半径の円をかき，その交点
　　を P とする。

3　半直線 OP をひく。

このとき，半直線 OP は ∠AOB の二等分線であることを証明しなさい。

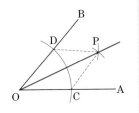

 ここに着目!　∠COP，∠DOP を角とする △COP と △DOP が合同であることを示す。

4章 平行と合同

解き方　P と C，P と D を結ぶ。

　　△COP と △DOP において，仮定から，

　　　OC＝OD　…①，CP＝DP　…②

　　また，OP は共通　…③

　　①，②，③より，3組の辺がそれぞれ等しいから，

　　　△COP≡△DOP

　　合同な図形の対応する角は等しいから，

　　　∠COP＝∠DOP

　　よって，半直線 OP は ∠AOB の二等分線である。

◎ 仮定と結論

OC＝OD，CP＝DP となる
ように点 C，D，P をとっ
ているから，
仮定… OC＝OD
　　　　CP＝DP
結論…∠COP＝∠DOP

✓ 類題 38

解答 → 別冊 p.42

直線 ℓ 上にない点 P を通り直線 ℓ に平行な直線は，次のよ
うに作図することができる。

1　ℓ 上に2点 A，B をとる。

2　点 P を中心とする半径 AB の円と，点 A を中心とする
　　半径 BP の円をかき，この2つの円の交点を C とする。

3　直線 CP をひく。

このとき，直線 CP は ℓ に平行であることを証明しなさい。

定期テスト対策問題

解答 ➡ 別冊 p.42

問 1 対頂角

右の図で，∠x，∠y の大きさをそれぞれ求めなさい。

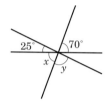

問 2 平行線と角

下の図で，ℓ ∥ m のとき，∠x，∠y の大きさをそれぞれ求めなさい。

(1)
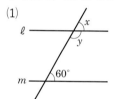

(2)
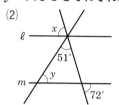

(3)
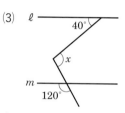

問 3 三角形の内角と外角

下の図で，∠x の大きさを求めなさい。

(1)
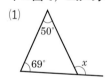

(2)
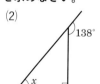

(3)
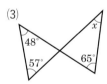

(4)

問 4 三角形の分類

2 つの内角の大きさが次のようになっている三角形は，鋭角三角形，直角三角形，鈍角三角形のどれであるかをいいなさい。

(1) 72°，18°

(2) 45°，54°

(3) 28°，41°

5 多角形の内角と外角

次の問いに答えなさい。

(1) 七角形の内角の和を求めなさい。

(2) 正十角形の 1 つの内角の大きさを求めなさい。

(3) 内角の和が 2520° である多角形は何角形であるかをいいなさい。

(4) 1 つの外角の大きさが 30° である正多角形は正何角形であるかをいいなさい。

6 いろいろな図形の角

下の図で，∠x の大きさを求めなさい。ただし，(4)は正三角形 ABC を折ったものです。

(1)
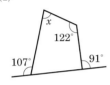

(2)

(3)

(4) DE は折り目
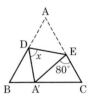

7 三角形の合同

下の図で合同な三角形はどれですか。また，そのときに使った合同条件をいいなさい。

(1)

(2)

(3)

(4)

(5)
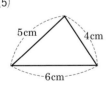

(6)

(7)

(8)

4
章

平行と合同

問 8 三角形の合同条件

右の図で，**AB＝CB，BE＝BD** である。合同な三角形を見つけ，記号≡を使って表しなさい。また，そのときに使った合同条件をいいなさい。

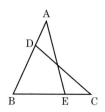

問 9 仮定と結論

次のことがらの仮定と結論をいいなさい。

(1) △ABC≡△DEF ならば，AB＝DE である。

(2) x が 6 の倍数ならば，x は 3 の倍数である。

(3) $\ell /\!/ m$，$\ell /\!/ n$ ならば，$m /\!/ n$ である。

問 10 証明のすすめ方

右の図で，**AC＝DB，∠ACB＝∠DBC** のとき，**AB＝DC** である。これについて，次の　ア　～　カ　にあてはまる語句または式を答えなさい。同じ記号の空欄には同じものがはいるものとする。

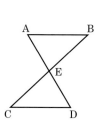

〔仮定〕AC＝DB，∠ACB＝∠DBC

〔結論〕　ア　＝　イ

〔証明〕△ABC と △DCB において，仮定から，

AC＝　ウ　…①，　∠ACB＝∠　エ　…②

　オ　は共通　…③

①，②，③より，　カ　がそれぞれ等しいから，

△ABC≡△DCB

合同な図形の対応する辺は等しいから，

　ア　＝　イ

問 11 三角形の合同の証明

右の図で，**AB∥CD，AB＝CD** ならば，**AE＝DE** である。このとき，次の問いに答えなさい。

(1) 仮定と結論をいいなさい。

(2) このことを証明しなさい。

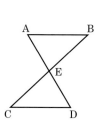

KUWASHII
MATHEMATICS

5章

三角形と四角形

中2数学

UNIT
1

二等辺三角形の性質の証明

目標 ▶ 定義について理解する。二等辺三角形の性質を証明できる。

要点

● **定義**…使うことばの意味をはっきりと述べたもの。
● **二等辺三角形の定義**… 2 つの辺の長さが等しい三角形。
● **二等辺三角形の頂角・底辺・底角**…二等辺三角形で，長さの等
  しい 2 つの辺の間の角を**頂角**，頂角に対する辺を**底辺**，底
  辺の両端の角を**底角**という。

頂角
底角
底辺

例題 **1** **定義**　　　　　　　　　　　　　　　LEVEL：基本

次の用語の定義をいいなさい。
(1) 線分　　　　　　　　(2) 鈍角
(3) 弦

ここに
着目！ ▶ **用語の意味をきちんと覚える。**

解き方 (1) **直線のうち，直線上のある点からある点までの部分** ⋯⋯ 答
(2) **90° より大きく 180° より小さい角** ⋯⋯ 答
(3) **円周上の 2 点を結ぶ線分** ⋯⋯ 答

用語の定義を
いえるように
しておこう！

✓ **類題 1**　　　　　　　　　　　　　　　　　　　解答 ➡ 別冊 p.44

次の用語の定義をいいなさい。
(1) 角
(2) 正多角形

LEVEL：標準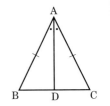

AB＝AC である二等辺三角形の頂角 A の二等分線と辺 BC との
交点を D とするとき，次の性質がいえることを証明しなさい。

⑴ 2 つの底角は等しい。

⑵ 頂角の二等分線は，底辺を垂直に 2 等分する。

 △ABD≡△ACD を示す。

解き方 ⑴ △ABD と △ACD において，

仮定から，AB＝AC …①，∠BAD＝∠CAD …②

また，AD は共通 …③

①，②，③より，2 組の辺とその間の角がそれぞれ等しい
から，

△ABD≡△ACD …④

合同な図形の対応する角は等しいから，∠B＝∠C

よって，2 つの底角は等しい。

⑵ ⑴の④より，

合同な図形の対応する角は等しいから，∠ADB＝∠ADC

一直線の角は 180° であるから，∠BDC＝180°

∠BDC＝∠ADB＋∠ADC であるから，

$$\angle ADB = \angle ADC = \frac{1}{2}\angle BDC = 90° \quad …⑤$$

また，⑴の④より，合同な図形の対応する辺は等しいから，

BD＝CD …⑥

よって，⑤，⑥より，頂角の二等分線は，底辺を垂直に 2
等分する。

◆ 仮定と結論

仮定…AB＝AC
∠BAD＝∠CAD

結論…⑴∠B＝∠C
⑵∠ADB＝∠ADC
＝90°
BD＝CD

5
章

三角形と四角形

✓ **類題 2**

解答 → 別冊 p.44

AB＝AC である二等辺三角形 ABC の底辺 BC の中点を M とし，A と M を結ぶ。このと
き，次の性質がいえることを証明しなさい。

⑴ ∠B＝∠C ⑵ AM⊥BC

UNIT **2** | # 二等辺三角形の性質の利用①

....

目標 二等辺三角形の底角の性質を理解する。

要点

● 定理…証明されたことがらのうち，大切なもの。

● **二等辺三角形の底角の性質**…二等辺三角形の底角は等しい。

例題 **3** | 二等辺三角形の底角　　　　　　　　　　　　LEVEL：標準

下のそれぞれの図で，同じ印をつけた辺は等しいとして，∠x の大きさを求めなさい。

(1) 　　(2) 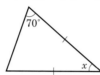　　(3)

ここに着目！ **二等辺三角形の底角が等しいことと，三角形の性質を使って求める。**

解き方

(1)　∠$x = (180° - 80°) ÷ 2 = 100° ÷ 2 = $ **50°** ……答

(2)　∠$x = 180° - 70° × 2 = 180° - 140° = $ **40°** ……答

(3)　図の二等辺三角形の底角の大きさは，

$$180° - 115° = 65°$$

三角形の外角の性質より，

∠$x = 115° - 65° = $ **50°** ……答

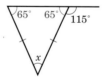

○ **(3)別解**

図の二等辺三角形の底角の大きさは，

$$180° - 115° = 65°$$

よって，

$$∠x = 180° - 65° × 2$$
$$= 180° - 130° = 50°$$

✓ **類題 3**　　　　　　　　　　　　　　　　　　　解答 ➡ 別冊 p.44

下のそれぞれの図で，同じ印をつけた辺は等しいとして，∠x の大きさを求めなさい。

(1) 　　(2) 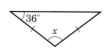　　(3)

例題 4　二等辺三角形の底角の性質の利用

LEVEL：標準

右の図のような △ABC があり，点 M は辺 AB の中点である。
MA＝MC のとき，∠ACB＝90° である。このことを証明しな
さい。

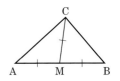

ここに着目！ ∠ACB＝∠A＋∠B となることから，∠A＋∠B＝90° を示す。

解き方 △MAC は MA＝MC の二等辺三角形であり，その底角は等し
いから，∠ACM＝∠A　…①
△MBC は MB＝MC の二等辺三角形であり，その底角は等し
いから，∠BCM＝∠B　…②
∠ACB＝∠ACM＋∠BCM であるから，①，②より，
　∠ACB＝∠A＋∠B　…③
三角形の内角の和は 180° であるから，△ABC において，
　∠A＋∠B＋∠ACB＝180°
③より，
2∠ACB＝180°
よって，∠ACB＝90°

> **○ 別解**
> ③のあとは，三角形の外角
> の性質と①，②より，
> ∠AMC＝∠B＋∠BCM
> 　　　＝2∠B
> ∠BMC＝∠A＋∠ACM
> 　　　＝2∠A
> ∠AMB＝∠AMC＋∠BMC
> 　　　＝2∠B＋2∠A
> ∠AMB＝180° より，
> ∠A＋∠B＝90°
> ③より，∠ACB＝90° とし
> てもよい。

✓ **類題 4**

解答 → 別冊 p.44

AB＝AC である二等辺三角形 ABC がある。右の図のように，辺 AB
の延長を AD とし，∠DAC の二等分線を AE とすると，AE∥BC で
ある。このことを証明しなさい。

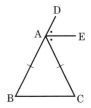

5
章

三角形と四角形

UNIT 3 二等辺三角形の性質の利用②

> 目標 二等辺三角形の頂角の二等分線の性質について理解する。

要点

- 二等辺三角形の頂角の二等分線の性質…二等辺三角形の頂角の二等分線は，底辺を垂直に2等分する。

例題 5 二等辺三角形の頂角の二等分線の性質 LEVEL：標準

右の図のように，円 O の弦 AB 上に点 M をとる。このとき，∠AOM＝∠BOM ならば，線分 OM は弦 AB を垂直に2等分することを証明しなさい。

> ここに着目！ △OAB が OA＝OB の二等辺三角形であることを利用する。

解き方 線分 OA と OB は円 O の半径であるから，OA＝OB
これより，△OAB は，OA＝OB の二等辺三角形であり，頂角が ∠AOB，底辺が AB となる。
∠AOM＝∠BOM より，OM は，二等辺三角形 OAB の頂角 ∠AOB の二等分線となる。
よって，二等辺三角形の頂角の二等分線は底辺を垂直に2等分するから，線分 OM は弦 AB を垂直に2等分する。

○ 円の定義
1つの点から等しい距離にある点が集まった図形
⇒ OA＝OB

類題 5

解答 → 別冊 p.44

右の図で，CA＝CB，DA＝DB とするとき，次のことを証明しなさい。
(1) ∠ACD＝∠BCD
(2) 線分 CD が線分 AB の垂直二等分線である

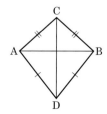

UNIT

4 二等辺三角形になるための条件

目標 ▶ 二等辺三角形になるための条件について理解する。

要点

● 二等辺三角形になるための条件… $\begin{cases} 2 \text{つの辺が等しい(定義)。} \\ 2 \text{つの角が等しい(定理)。} \end{cases}$

例題 **6** 二等辺三角形になるための条件 　　　LEVEL：標準

AB＝AC の二等辺三角形 ABC において，底角の二等分線の交点を D とする。このとき，△DBC は二等辺三角形になることを証明しなさい。

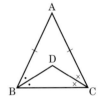

 ここに着目！ ∠DBC＝∠DCB を示す。

解き方 △ABC は AB＝AC の二等辺三角形より，底角は等しいから，

　　∠B＝∠C …①

線分 BD，CD はそれぞれ ∠B，∠C の二等分線であるから，

　　$∠DBC＝\dfrac{1}{2}∠B,\ ∠DCB＝\dfrac{1}{2}∠C$ …②

①，②より，∠DBC＝∠DCB となり，2 つの角が等しい三角形は二等辺三角形であるから，△DBC は二等辺三角形になる。

● 二等辺三角形の底角

二等辺三角形の 2 つの底角は等しい。
すなわち，AB＝AC の二等辺三角形 ABC では，
∠B＝∠C

類題 6

解答 ➡ 別冊 p.45

△ABC の ∠B，∠C の二等分線の交点を O とする。点 O を通り辺 BC に平行な直線と辺 AB，AC との交点をそれぞれ D，E とする。このとき，△DBO，△ECO はともに二等辺三角形になることを証明しなさい。

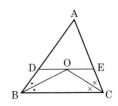

5 章

三角形と四角形

正三角形の性質

UNIT 5

目標 ▶ 正三角形の性質について理解する。

要点

● **正三角形の定義**… 3 つの辺が等しい三角形。
● **正三角形の性質**… 3 つの角が等しく，すべて 60°。
● **正三角形になるための条件**… $\begin{cases} 3 \text{ つの辺が等しい（定義）。} \\ 3 \text{ つの角が等しい（定理）。} \end{cases}$

例題 7 正三角形の性質

LEVEL：標準

正三角形の 3 つの角は等しく，すべて 60° である。このことを証明しなさい。

ここに着目！ ▶ 二等辺三角形の底角の性質を 2 回使う。

解き方 正三角形 ABC において，

AB＝AC より，∠B＝∠C …①

BA＝BC より，∠A＝∠C …②

①，②より，∠A＝∠B＝∠C …③

また，三角形の内角の和は 180° であるから，

∠A＋∠B＋∠C＝180°

③より，

∠A＋∠A＋∠A＝180°

3∠A＝180°

∠A＝60° …④

よって，③，④より，∠A＝∠B＝∠C＝60° となるから，正三角形の 3 つの角は等しく，すべて 60° である。

● **正三角形の定義**

3 つの辺が等しい。
⇒ AB＝BC＝CA

● **二等辺三角形の底角**

二等辺三角形の底角は等しい。
⇒ AB＝AC の二等辺三角形 ABC では，∠B＝∠C

✓ 類題 7

解答 ➔ 別冊 p.45

頂角が 60° の二等辺三角形は，正三角形である。このことを証明しなさい。

例題 **8** 正三角形になるための条件 LEVEL：標準

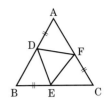

正三角形 ABC の辺 AB，BC，CA 上に，それぞれ点 D，E，F を AD＝BE＝CF となるようにとる。このとき，△DEF は正三角形になることを証明しなさい。

ここに着目！

DF＝ED＝FE を示す
⇒ △ADF≡△BED，△BED≡△CFE を示す。

(解き方) △ADF と △BED において，

仮定から，
　　AD＝BE＝CF　…①

△ABC は正三角形であるから，
　　AB＝CA　…②
　　∠A＝∠B　…③

AF＝CA−CF，BD＝AB−AD であり，①，②より，
　　AF＝BD　…④

①，③，④より，2 組の辺とその間の角がそれぞれ等しいから，
　　△ADF≡△BED

合同な図形の対応する辺は等しいから，DF＝ED　…⑤

同様にして，△BED≡△CFE より，ED＝FE　…⑥

よって，⑤，⑥より，DF＝ED＝FE となり，3 つの辺が等しいから，△DEF は正三角形になる。

3 つの辺が等しいことを利用！

○ **同様に**

「同様にして〜」というのは，同様な手順で証明できるという意味である。

✓ 類題 **8**

解答 → 別冊 p.45

正三角形 ABC の辺 BC，CA，AB 上に，それぞれ点 D，E，F を BD＝CE＝AF となるようにとる。線分 CF と AD，線分 AD と BE，線分 BE と CF の交点をそれぞれ P，Q，R とすると，△PQR は正三角形になることを証明しなさい。

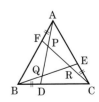

UNIT

6 | 定理の逆，反例

目標 ▶ 定理の逆や反例について理解する。

要点

- 逆…2つのことがらが，仮定と結論を入れかえた関係にあるとき，一方を他方の逆という。
- 反例…仮定にあてはまるもののうち，結論が成り立たない場合の例。

例題 **9** | **定理の逆**　　　　　　　　　　　　　　　　LEVEL：基本

次のことがらの逆をいいなさい。

(1) 右の図で，∠a＝∠b ならば，ℓ∥m である。

(2) 2つの角が等しい三角形は二等辺三角形である。

(3) x＜－2 ならば，x＜1 である。

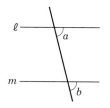

 「p ならば，q」の逆 ⇒「q ならば，p」

解き方 (1) **ℓ∥m ならば，∠a＝∠b である。** ……… 答

(2) **二等辺三角形は2つの角が等しい三角形である。** ……… 答

(3) **x＜1 ならば，x＜－2 である。** ……… 答

 参考

もとのことがらはいずれも正しいが，逆は，(1)，(2)は正しく，(3)は，x＝0 などの成り立たない例があり，正しくない。

✓ 類題 **9**　　　　　　　　　　　　　　　　　　　解答 ➡ 別冊 p.45

次のことがらの逆をいいなさい。

(1) △ABC において，頂点 A における外角の大きさが 70° ならば，∠B＋∠C＝70° である。

(2) a＝b ならば，ma＝mb である。

(3) x＞0，y＞0 ならば，xy＞0 である。

10 反例

LEVEL：標準

次のことがらの逆をいいなさい。また，それが正しいかどうかをいいなさい。さらに，正しくない場合には反例を示しなさい。

(1) x，y が整数のとき，x，y がともに奇数ならば，xy は奇数である。

(2) 2つの三角形が合同ならば，対応する角の大きさは等しい。

(3) 正三角形ならば二等辺三角形である。

 反例 ⇒ 成り立たない例を1つ示す。

（解き方）(1) 逆…**x，y が整数のとき，xy が奇数ならば x，y はともに奇数である。** ……（答）

x，y が整数のとき，xy が奇数となるのは x，y がともに奇数のときだけであるから，**正しい。** ……（答）

(2) 逆…**2つの三角形の対応する角の大きさが等しいならば，これら2つの三角形は合同である。** ……（答）

対応する角の大きさが等しくても，対応する辺の長さが等しいとは限らないから，**正しくない。** ……（答）

反例…**1辺の長さが1cm の正三角形と1辺の長さが2cm の正三角形** ……（答）

(3) 逆…**二等辺三角形ならば，正三角形である。** ……（答）

二等辺三角形であっても，1つの辺がほかの2つの辺と等しくないものは正三角形でないから，**正しくない。** ……（答）

反例…**2つの辺の長さが2cm，もう1つの辺の長さが1cm の二等辺三角形** ……（答）

 2つの整数の積

（奇数）×（奇数）＝（奇数）
（奇数）×（偶数）＝（偶数）
（偶数）×（奇数）＝（偶数）
（偶数）×（偶数）＝（偶数）
より，2つの整数の積が奇数となるのは，2つとも奇数のときだけ。

参考

(2)，(3)の答えの反例はほかにもいろいろある。反例を示す場合，何か1つだけを示せばよい。

✓ **類題 10**

解答 → 別冊 p.45

次のことがらの逆をいいなさい。また，それが正しいかどうかをいいなさい。さらに，正しくない場合には反例を示しなさい。

(1) x，y が整数のとき，x，y がともに奇数ならば，$x+y$ は偶数である。

(2) 2つの三角形が合同ならば，対応する辺の長さはすべて等しい。

(3) 二等辺三角形の2つの角は等しい。

5
章

三角形と四角形

UNIT

7 直角三角形の合同条件

〔目標〕▶直角三角形の合同条件について理解する。

要点

● 斜辺…直角三角形の直角に対する辺。

● **直角三角形の合同条件**…{ 斜辺と1つの鋭角がそれぞれ等しい。
斜辺と他の1辺がそれぞれ等しい。

斜辺

〔例題〕**11** **直角三角形の合同条件の証明** LEVEL：標準

2つの直角三角形の斜辺と他の1辺がそれぞれ等しいとき，2つの直角三角形は合同であることを証明しなさい。

〔ここに着目!〕▶2つの直角三角形の辺を重ねて1つの二等辺三角形をつくる。

〔解き方〕△ABCと△DEFを次のように仮定する。

∠C＝∠F＝90°　…①，AB＝DE　…②，AC＝DF　…③

③より，ACとDFを重ねることができ，

①より，B，C(F)，Eは一直線上にある。

図形ABEはAB＝AEの二等辺三角形となり，

二等辺三角形の底角は等しいから，∠B＝∠E　…④

①，④より，△ABCと△DEFは2組の角がそれぞれ等しいから，もう1組の角も等しくなり，∠A＝∠D　…⑤

②，③，⑤より，2組の辺とその間の角がそれぞれ等しいから，

△ABC≡△DEF　よって，2つの直角三角形の斜辺と他の1辺がそれぞれ等しいとき，2つの直角三角形は合同である。

〔参考〕

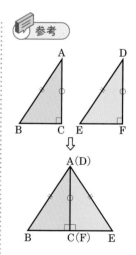

✓ **類題 11** 解答 ➜ 別冊 p.46

2つの直角三角形の斜辺と1つの鋭角がそれぞれ等しいとき，2つの直角三角形は合同であることを証明しなさい。

下の図で，合同な三角形はどれとどれですか。また，そのときに使った合同条件をい
いなさい。

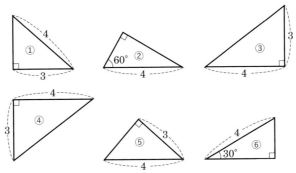

👀
ここに
着目！ ▶ **求めることのできる角は先に調べ，あてはまる合同条件を答える。**

解き方 ②の残りの角は 30°，⑥の残りの角は 60° である。

①と⑤…**直角三角形で斜辺と他の 1 辺がそれぞれ等しい。**
　　　　　　　　　　　　　　　　　　　　　　　　　　（答）

②と⑥…**直角三角形で斜辺と 1 つの鋭角がそれぞれ等しい。**
　　　　　　　　　　　　　　　　　　　　　　　　　　（答）

③と④…**2 組の辺とその間の角がそれぞれ等しい。**（答）

➡ 直角三角形の合同

直角三角形の合同を証明す
るためにも，三角形の合同
条件を使うことができる。
たとえば②と⑥は，1 組の
辺とその両端の角がそれぞ
れ等しいという，三角形の
合同条件を使うこともでき
る。

✅ **類題 12**　　　　　　　　　　　　　　　　　　　　解答 ➡ 別冊 p.46

下の図で，合同な三角形はどれとどれですか。また，そのときに使った合同条件をいい
なさい。

UNIT

8

直角三角形の合同条件の利用

目標 ▶ 直角三角形の合同条件を利用して証明することができる。

要点

● 直角三角形の合同条件を利用することで，図形の性質を証明することができる。

例題 **13** 直角三角形の合同条件の利用 LEVEL：標準

二等辺三角形 ABC の底辺 BC の中点を M とし，点 M から 2 辺 AB，AC にそれぞれ垂線 MD，ME をひく。このとき，MD＝ME であることを証明しなさい。

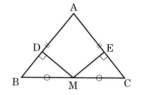

ここに着目！ ▶ 直角三角形の合同条件を使って △DBM≡△ECM を示す。

解き方 △DBM と △ECM において，

仮定から，

$\angle MDB = \angle MEC = 90°$ …①，$BM = CM$ …②

△ABC は底辺が BC の二等辺三角形であるから，

$\angle B = \angle C$ …③

①，②，③より，直角三角形で斜辺と 1 つの鋭角がそれぞれ等しいから，△DBM≡△ECM

合同な図形の対応する辺は等しいから，MD＝ME

● **直角三角形の合同条件**

直角三角形の合同条件を使うためには，証明の中で，1 つの角が 90° であることを述べておく必要がある。

✓ 類題 **13** 解答 ➡ 別冊 p.46

△ABC の辺 BC の中点を M とし，点 B，C から直線 AM へそれぞれ垂線 BD，CE をひく。このとき，BD＝CE であることを証明しなさい。

例題 **14** 角の二等分線

LEVEL：応用

角の二等分線上の任意の1点は，その角をつくる2辺から等距離にある。このことを証明しなさい。

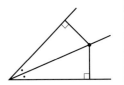

 ∠XOY の二等分線上の点 P と，P から半直線 OX，OY それぞれにひいた垂線 PQ，PR を設定し，△POQ≡△POR を示す。

（解き方）右の図のように，∠XOY の二等分線上の任意の点を P とし，P から半直線 OX，OY にそれぞれ垂線 PQ，PR をひく。
△POQ と △POR において，仮定から，

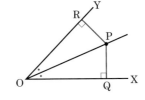

∠POQ＝∠POR …①，∠PQO＝∠PRO＝90° …②
また，PO は共通 …③
①，②，③より，直角三角形で斜辺と1つの鋭角がそれぞれ等しいから，

△POQ≡△POR
合同な図形の対応する辺は等しいから，

PQ＝PR
したがって，角の二等分線上の任意の1点は，その角をつくる2辺から等距離にある。

仮定と結論

仮定…∠POQ＝∠POR
∠PQO＝∠PRO
＝90°
結論… PQ＝PR
結論を導くために，
△POQ≡△POR を示す。

直角三角形の合同条件を利用できたかな？

5
章
三角形と四角形

✓ 類題 **14**

解答 → 別冊 p.46

角の内部にあって，その角をつくる2辺から等距離にある点は，その角の二等分線上にある。このことを証明しなさい。

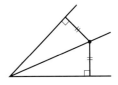

UNIT
1

平行四辺形の性質①

（目標）平行四辺形の性質について理解する。

要点

- **対辺と対角**…四角形の向かい合う辺を対辺，向かい合う角を対角という。
- **平行四辺形の定義**…2組の対辺がそれぞれ平行な四角形。
- **平行四辺形の性質**…
  - 2組の対辺はそれぞれ等しい。
  - 2組の対角はそれぞれ等しい。
  - 対角線はそれぞれの中点で交わる。

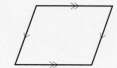

例題 **15** 平行四辺形の性質の証明　　　　　　　LEVEL：標準

平行四辺形について，2組の対辺はそれぞれ等しいことを証明しなさい。

ここに着目！→平行四辺形 ABCD の対角線 AC をひき，△ABC≡△CDA を示す。

（解き方）平行四辺形 ABCD の対角線 AC を
ひく。△ABC と △CDA において，
　AC は共通　…①
平行線の錯角は等しいから，
　AB∥DC より，
　　∠BAC＝∠DCA　…②
　AD∥BC より，∠BCA＝∠DAC　…③
①，②，③より，1組の辺とその両端の角がそれぞれ等しいから，△ABC≡△CDA
合同な図形の対応する辺は等しいから，AB＝CD，BC＝DA
よって，平行四辺形について，2組の対辺はそれぞれ等しい。

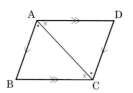

◯ **仮定**

平行四辺形の定義より，2組の対辺がそれぞれ平行であるから，錯角が等しいことが使える。
仮定… AB∥DC
　　　 AD∥BC

✓ **類題 15**　　　　　　　　　　　　　　　　　　　解答 → 別冊 p.47

平行四辺形について，対角線はそれぞれの中点で交わることを証明しなさい。

下の図の □ABCD で，∠a，∠b の大きさ，x，y の値をそれぞれ求めなさい。また，そのときに使った平行四辺形の性質をいいなさい。

(1)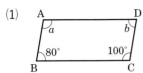

(2)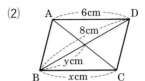

 適切な平行四辺形の性質を用いて，∠a，∠b の大きさや x，y の値を求める。

解き方 (1) 平行四辺形の対角はそれぞれ等しいから，

∠a＝∠C＝100°，∠b＝∠B＝80°

∠a＝100°…平行四辺形の対角はそれぞれ等しい ……（答）

∠b＝80°…平行四辺形の対角はそれぞれ等しい ……（答）

(2) 平行四辺形の対辺はそれぞれ等しいから，x＝AD＝6（cm）

平行四辺形の対角線はそれぞれの中点で交わるから，

y＝BD÷2＝8÷2＝4（cm）

x＝6…平行四辺形の対辺はそれぞれ等しい ……（答）

y＝4…平行四辺形の対角線はそれぞれの中点で交わる

……（答）

参考

平行四辺形 ABCD を記号 □ を使って □ABCD と書くことがある。

類題 16

解答 ➡ 別冊 p.47

下の図の □ABCD で，∠a，∠b の大きさ，x，y の値をそれぞれ求めなさい。また，そのときに使った平行四辺形の性質をいいなさい。

(1)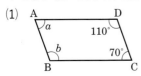

(2)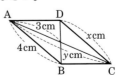

2 平行四辺形の性質②

> 目標 平行四辺形の性質を使って，図形のいろいろな性質を証明できる。

要点

● 平行四辺形の性質を使うことで，図形についてのいろいろな性質を証明できる。

例題 17 平行四辺形の対辺と対角の性質と証明　　　　　　LEVEL: 標準

□ABCD の辺 AB，DC の中点をそれぞれ M，N とするとき，MD＝NB であることを証明しなさい。

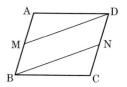

ここに
着目！ △AMD≡△CNB を示す。

解き方 △AMD と △CNB において，平行四辺形の対辺はそれぞれ等しいから，

　AD＝CB …①，AB＝CD …②

平行四辺形の対角はそれぞれ等しいから，∠A＝∠C …③

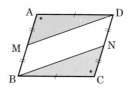

$AM = \dfrac{1}{2}AB$，$CN = \dfrac{1}{2}CD$ であり，②より，AM＝CN …④

①，③，④より，2組の辺とその間の角がそれぞれ等しいから，

　△AMD≡△CNB　対応する辺は等しいから，MD＝NB

● 平行四辺形の対辺

平行四辺形の対辺はそれぞれ等しい。

● 平行四辺形の対角

平行四辺形の対角はそれぞれ等しい。

✓ 類題 17　　　　　　　　　　　　　　　　　　　　解答 ➡ 別冊 p.47

□ABCD の頂点 B，D から対角線 AC にそれぞれ垂線 BE，DF をひくと，BE＝DF であることを証明しなさい。

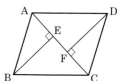

例題 **18** 平行四辺形の対角線の性質と証明   LEVEL: 標準

▱ABCD の対角線の交点を O とし，点 O を通る直線が辺 AB，CD と交わる点をそれぞれ P，Q とすると，点 O は線分 PQ の中点である。このことを証明しなさい。

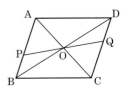

ここに着目！ △AOP≡△COQ を示す。

解き方 △AOP と △COQ において，
平行四辺形の対角線はそれぞれの中点で交わるから，

　　OA＝OC　…①

対頂角は等しいから，

　　∠AOP＝∠COQ　…②

AB∥CD より，平行線の錯角はそれぞれ等しいから，

　　∠OAP＝∠OCQ　…③

①，②，③より，1組の辺とその両端の角がそれぞれ等しいから，

　　△AOP≡△COQ

合同な図形の対応する辺は等しいから，OP＝OQ

よって，O は線分 PQ の中点である。

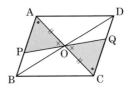

● 平行四辺形の対角線

平行四辺形の対角線はそれぞれの中点で交わる。

平行四辺形の性質を使おう。

5 章 三角形と四角形

類題 **18**

解答 → 別冊 p.47

線分 BD を対角線とする 2 つの平行四辺形 ABCD，EBFD がある。このとき，線分 AC，EF，BD は 1 点で交わることを証明しなさい。

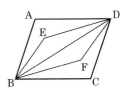

UNIT 3 平行四辺形になるための条件①

> （目標）平行四辺形になるための条件を証明できる。

要点

● 平行四辺形になるための条件…
- 2組の対辺がそれぞれ平行である（定義）。
- 2組の対辺がそれぞれ等しい。
- 2組の対角がそれぞれ等しい。
- 対角線がそれぞれの中点で交わる。
- 1組の対辺が平行でその長さが等しい。

例題 19 2組の対辺の条件の証明

 LEVEL：標準

2組の対辺がそれぞれ等しい四角形は平行四辺形になることを証明しなさい。

 ここに着目！ **AB＝CD，BC＝DA の四角形 ABCD において，△ABC≡△CDA を示す。**

（解き方）AB＝CD，BC＝DA の四角形
ABCD で点 A と C を結ぶ。
△ABC と △CDA で，仮定から，
　AB＝CD　…①，BC＝DA　…②
また，AC は共通　…③
①，②，③より，3組の辺がそれぞれ等しいから，
　△ABC≡△CDA
合同な図形の対応する角は等しいから，∠BAC＝∠DCA
錯角（さっかく）が等しいから，AB∥DC　…④
同様に ∠ACB＝∠CAD より，AD∥BC　…⑤
よって，④，⑤より，2組の対辺がそれぞれ平行であるから，
2組の対辺がそれぞれ等しい四角形は平行四辺形になる。

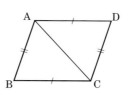

◆ 証明の方針

AB∥DC，AD∥BC を示すために，
△ABC≡△CDA を示し，
錯角が等しくなることをいう。

 参考

同様な手順で証明できるとき，「同様に〜」としてよい。

✓ 類題 19

解答 → 別冊 p.47

1組の対辺が平行でその長さが等しい四角形は平行四辺形になることを証明しなさい。

> 2組の対角がそれぞれ等しい四角形は平行四辺形になることを証明しなさい。

ここに着目！ 同位角が等しくなることから，**AB∥DC** と **AD∥BC** を示す。

解き方 ∠A＝∠C，∠B＝∠D の四角形において，

四角形の内角の和は 360° であるから，
$$∠A＋∠B＋∠C＋∠D＝360°　…①$$
仮定から，
$$∠A＝∠C，∠B＝∠D　…②$$
①，②より，
$$∠A＋∠B＋∠A＋∠B＝360°$$
$$2(∠A＋∠B)＝360°$$
$$∠A＋∠B＝180°$$
$$∠B＝180°－∠A　…③$$
ここで，∠A の外角 ∠DAE をつくると，
$$∠DAE＝180°－∠A　…④$$
③，④より，
$$∠B＝∠DAE$$
同位角が等しいから，**AD∥BC** …⑤
同様にして，**AB∥DC** …⑥
よって，⑤，⑥より，2組の対辺がそれぞれ平行であるから，
2組の対角がそれぞれ等しい四角形は平行四辺形になる。

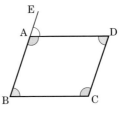

💡 証明の方針

∠A の外角 ∠DAE と ∠B が等しくなることを示す。
∠DAE＝180°－∠A より，
仮定と四角形の内角の和が 360° であることから，
∠B＝180°－∠A を示す。

5章

三角形と四角形

✓ **類題 20**

解答 → 別冊 p.48

対角線がそれぞれの中点で交わる四角形は平行四辺形になることを証明しなさい。

UNIT

平行四辺形になるための条件②

 平行四辺形になるための条件を理解する。

要点

● 平行四辺形になるための条件を使うことで，図形のいろいろな性質を証明することができる。

例題 **21** 平行四辺形になるための条件 LEVEL：基本

次の四角形 ABCD で，いつでも平行四辺形になるものをいいなさい。

⑦ AB＝BC，CD＝DA   ⑦ AB＝DC，AD∥BC

⑦ AB＝DC，AD＝BC

 平行四辺形になるための条件をみたすか，それとも反例があるかを調べる。

解き方 ⑦，⑦は次の図のような反例があるから，いつでも平行四辺形にはなるとはいえない。

⑦の反例   ⑦の反例

◆ 反例

いつでも平行四辺形になるとはいえないことを示すには，平行四辺形にならない例を1つあげる。

⑦は，2組の対辺がそれぞれ等しいから，いつでも平行四辺形になるといえる。よって，⑦ ……答

✓ 類題 **21**   解答 → 別冊 p.48

次の四角形 ABCD で，いつでも平行四辺形になるものをいいなさい。

⑦ ∠A＝100°，∠B＝80°，AB＝4cm，BC＝4cm

⑦ ∠A＝70°，∠B＝110°，∠C＝70°，∠D＝110°

⑦ AB＝5cm，BC＝6cm，CD＝5cm，DA＝6cm

▱ABCD の辺 AD，BC の中点をそれぞれ M，N とし，線分 AN と BM の交点を P，線分 DN と CM の交点を Q とする。このとき，四角形 MPNQ は平行四辺形になることを証明しなさい。

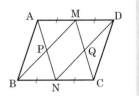

ここに着目！ **PN∥MQ，MP∥QN を示すために，四角形 ANCM，MBND が平行四辺形になることを示す。**

解き方   四角形 ANCM において，
仮定から，**AM∥NC** …①
M，N はそれぞれ辺 AD，BC の中点であるから，

$$AM=\frac{1}{2}AD,\quad NC=\frac{1}{2}BC \quad …②$$

平行四辺形の対辺はそれぞれ等しいから，

AD=BC …③

②，③より，**AM=NC** …④

①，④より，1 組の対辺が平行でその長さが等しいから，四角形 ANCM は平行四辺形になる。

これより，**PN∥MQ** …⑤

同様にして，四角形 MBND も平行四辺形になるから，

MP∥QN …⑥

よって，⑤，⑥より，2 組の対辺がそれぞれ平行であるから，四角形 MPNQ は平行四辺形になる。

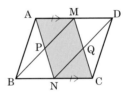

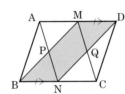

● 2 つの平行四辺形

四角形 ANCM，MBND は 1 組の対辺が平行でその長さが等しいから，ともに平行四辺形になる。この 2 つの平行四辺形を重ねてできる四角形 MPNQ は 2 組の対辺がそれぞれ平行になる。

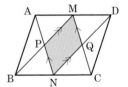

✓ 類題 **22**   解答 → 別冊 p.48

AB＜AD である ▱ABCD の対角 ∠A，∠C の二等分線が BC，AD と交わる点をそれぞれ E，F とするとき，四角形 AECF は平行四辺形になることを証明しなさい。

平行四辺形になるための条件③

UNIT **5**

目標 平行四辺形になるための条件を使って図形の性質の証明ができる。

要点
● 平行四辺形になるための条件から，図形のいろいろな性質を証明することができる。

例題 **23** 対角線の条件を使った証明　　　　　　LEVEL：標準

▱ABCD の対角線 BD 上に BP＝DQ となるように点 P，Q をとる。このとき，四角形 APCQ は平行四辺形になることを証明しなさい。

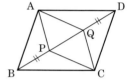

ここに
着目！ ▱**ABCD の対角線の交点を O とし，OA＝OC，OP＝OQ を示す。**

解き方 **▱ABCD の対角線の交点を O とすると，平行四辺形の対角線は，それぞれの中点で交わるから，**

OA＝OC …①，OB＝OD …②
仮定から，BP＝DQ …③ であり，
OP＝OB－BP，OQ＝OD－DQ と②，③より，
OP＝OQ …④
よって，①，④より，対角線がそれぞれの中点で交わるから，四角形 APCQ は平行四辺形になる。

● 証明の方針

AC，BD が ▱ABCD の対角線であることを利用して，対角線がそれぞれの中点で交わるという条件を使えばよい。

類題 **23**
解答 ➡ 別冊 p.48

▱ABCD の対角線 AC の中点 O を通る 2 直線と各辺との交点を，右の図のように定める。このとき，四角形 PRQS は平行四辺形になることを証明しなさい。

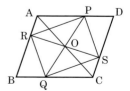

▱ABCD の辺 AB 上の点 P を通り，辺 BC に平行な直線をひき，辺 DC との交点を Q とする。このとき，AP＝DQ であることを証明しなさい。

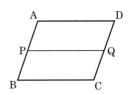

ここに着目!　**AP∥DQ，AD∥PQ となることから，四角形 APQD が平行四辺形になることを示す。**

解き方　仮定から，

　　　AP∥DQ　…①

　　　AD∥BC　…②

また，

　　　PQ∥BC　…③

②，③より，

　　　AD∥PQ　…④

①，④より，2 組の対辺がそれぞれ平行であるから，四角形 APQD は平行四辺形になる。

よって，AP＝DQ

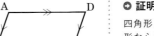

○ 証明の方針

四角形 APQD が平行四辺形ならば AP＝DQ となるため，四角形 APQD が平行四辺形になることを示す。

○ 3 直線 ℓ，m，n

ℓ∥m，m∥n ならば，ℓ∥n である。

平行四辺形になるための条件をうまく利用できたかな？

解答 ➡ 別冊 p.49

✓ 類題 **24**

▱ABCD の辺 AB 上の点 E を通り，対角線 AC と平行な直線と辺 BC，DA の延長，DC の延長との交点を，それぞれ F，G，H とする。このとき，GE＝FH であることを証明しなさい。

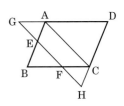

UNIT

6 | 特別な平行四辺形①

> 目標 ▶ 特別な平行四辺形について理解する。

要点

- **長方形の定義**… 4 つの角がすべて等しい四角形。
- **ひし形の定義**… 4 つの辺がすべて等しい四角形。
- **正方形の定義**… 4 つの角がすべて等しく，4 つの辺がすべて等しい四角形。

例題 25 特別な四角形が平行四辺形であることの証明 LEVEL：基本

次のことを証明しなさい。
(1) 長方形は平行四辺形である　　　(2) 正方形は平行四辺形である

 ここに着目！ ▶ 長方形や正方形の定義から，平行四辺形となる条件を導く。

解き方 (1) 長方形の定義から，長方形の 4 つの角はすべて等しい。これより，長方形は 2 組の対角がそれぞれ等しい。
2 組の対角がそれぞれ等しい四角形は平行四辺形であるから，長方形は平行四辺形である。

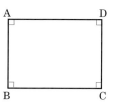

(2) 正方形の定義から，正方形の 4 つの角はすべて等しい。これより，正方形は 2 組の対角がそれぞれ等しい。
2 組の対角がそれぞれ等しい四角形は平行四辺形であるから，正方形は平行四辺形である。

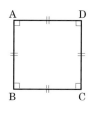

⊙ (2)別解

正方形の 4 つの辺はすべて等しい。これより，正方形は 2 組の対辺がそれぞれ等しい。
2 組の対辺がそれぞれ等しい四角形は平行四辺形であるから，正方形は平行四辺形である。

✓ **類題 25**　　　　　　　　　　　　　解答 ➡ 別冊 p.49

ひし形は平行四辺形であることを証明しなさい。

UNIT 7 特別な平行四辺形②

目標 → 特別な四角形の対角線の性質について理解する。

要点

- **長方形の対角線**…長さが等しい。
- **ひし形の対角線**…垂直に交わる。
- **正方形の対角線**…長さが等しく垂直に交わる。

例題 26 四角形と対角線

LEVEL：標準

長方形の対角線の長さは等しいことを証明しなさい。

ここに着目！ **長方形 ABCD において対角線 AC，BD をひき，△ABC≡△DCB を示す。**

 解き方 長方形 ABCD において，対角線 AC，BD をひく。

△ABC と △DCB において，

仮定から，

 AB＝DC …①

 ∠ABC＝∠DCB …②

また，

 BC は共通 …③

①，②，③より，2 組の辺とその間の角がそれぞれ等しいから，

 △ABC≡△DCB

合同な図形の対応する辺は等しいから，AC＝DB

よって，長方形の対角線の長さは等しい。

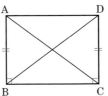

● 証明の方針

対角線 AC，BD を辺にもつ △ABC と △DCB が合同であることを示す。

✓ 類題 **26**

解答 → 別冊 p.49

ひし形の対角線は垂直に交わることを証明しなさい。

---

5 章 三角形と四角形

UNIT

8

特別な平行四辺形③

目標 特別な平行四辺形になるための条件について理解する。

要点

● 平行四辺形に辺や角，対角線についての条件が加わることで，特別な平行四辺形となる。

例題 **27** 特別な四角形と反例

次のことがらの逆をいいなさい。また，それが正しいかどうかをいいなさい。
(1) 長方形の対角線の長さは等しい。
(2) ひし形の対角線は垂直に交わる。

ここに着目！ 正しくないことを示すには，反例をあげる。

解き方 (1) 逆…**対角線の長さが等しい四角形は長方形である。** ……答
右の図のような台形は，対角線の長さが等しいが，長方形ではないから，**正しくない。** ……答

(2) 逆…**対角線が垂直に交わる四角形はひし形である。** ……答
右の図のような四角形は，対角線が垂直に交わっているが，ひし形ではないから，**正しくない。** ……答

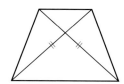

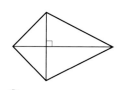

● 逆
p ならば q の逆は，q ならば p

✓ 類題 **27**

解答 ➡ 別冊 p.49

次のことがらの逆をいいなさい。また，それが正しいかどうかをいいなさい。
正方形の対角線は長さが等しく，垂直に交わる。

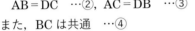

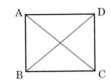

▱ABCD が長方形になるための条件としてあてはまるものを，⑦～㋤の中からすべて選びなさい。

⑦　AB＝BC

⑦　AC＝DB

④　∠A＝∠B

㋤　AC⊥BD

ここに着目！ ▱**ABCD が長方形**
⇒ **∠A＝∠B＝∠C＝∠D（定義），対角線の長さが等しい。**

(解き方) ▱ABCD において，∠A＝∠C，∠B＝∠D …①

④　∠A＝∠B とすると，①より，
　　∠A＝∠B＝∠C＝∠D
　すべての角が等しいから，▱ABCD
　は長方形である。

⑦　AC＝DB とすると，△ABC と
　△DCB において，
　仮定から，
　　AB＝DC …②，AC＝DB …③
　また，BC は共通 …④
　②，③，④より，3 組の辺がそれぞれ等しいから，
　　△ABC≡△DCB
　合同な図形の対応する角は等しいから，∠B＝∠C
　したがって，①より，∠A＝∠B＝∠C＝∠D
　すべての角が等しいから，▱ABCD は長方形である。

よって，④，⑦ ……(答)

● あてはまる条件

長方形の定義はすべての角が等しい四角形であることから，
∠A＝∠B＝∠C＝∠D となるような条件を選ぶ。

対角線の長さが等しいときにも，∠A＝∠B＝∠C＝∠D がいえるね。

5 章

三角形と四角形

(✓) **類題 <u>28</u>**

解答 ➡ 別冊 p.50

▱ABCD がひし形になるための条件としてあてはまるものを，次の⑦～㋤の中からすべて選びなさい。

⑦　AB＝BC

⑦　AC＝DB

④　∠A＝∠B

㋤　AC⊥BD

UNIT 9 特別な平行四辺形④

> 目標 長方形になることやひし形になることを証明できる。

要点

- 長方形になる条件，ひし形になる条件を使うことで，四角形が長方形やひし形であることを証明できる。

例題 29 長方形になることの証明

LEVEL：応用

右の図で，線分 QA，SB，SC，QD はそれぞれ □ABCD の ∠A，∠B，∠C，∠D の二等分線である。線分 QA と SB の交点を P，線分 SC と QD の交点を R とするとき，四角形 PQRS は長方形になることを証明しなさい。

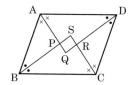

ここに着目！ ∠P＝∠Q＝∠R＝∠S を示す。

解き方 ∠PAB＝∠a，∠PBA＝∠b とすると，
∠A＝∠C，∠B＝∠D と条件から，
右の図のようになる。

∠A＋∠B＋∠C＋∠D＝360° より，
　2∠a＋2∠b＋2∠a＋2∠b＝360°　∠a＋∠b＝90°
△APB において，∠APB＝180°－(∠a＋∠b)＝180°－90°＝90°
同様にして，∠DQA＝90°，∠DRC＝90°，∠CSB＝90°
対頂角は等しいから，
　∠SPQ＝∠APB＝90°，∠QRS＝∠DRC＝90°
よって，∠P＝∠Q＝∠R＝∠S＝90° より，すべての角が等しいから，四角形 PQRS は長方形になる。

● 証明の方針

∠PAB，∠PBA と同じ大きさの角が何個もあるから，∠PAB＝∠a，∠PBA＝∠b とすると考えやすい。
∠a＋∠b＝90° となることから，
∠P＝∠Q＝∠R＝∠S＝90°
を示す。

✓ 類題 29

解答 → 別冊 p.50

ひし形の各辺の中点を順に結んでできる四角形は，長方形になることを証明しなさい。

同じ幅のテープを，右の図のように重ねたとき，重なった部分はひし形になることを証明しなさい。

ここに着目！ 重なった部分を四角形 ABCD として，AB＝BC＝CD＝DA を示す。

解き方 右の図のように点 A，B，C，D をとり，D から直線 AB，BC にひいた垂線をそれぞれ DE，DF とする。

△ADE と △CDF において，
仮定から，

$\quad$ DE＝DF $\quad$…① ，$\quad$∠DEA＝∠DFC＝90° $\quad$…②

また，

$\quad$∠ADE＝∠CDE－∠CDA $\quad$…③
$\quad$∠CDF＝∠ADF－∠CDA $\quad$…④

∠CDE＝∠ADF＝90° であるから，③，④より，

$\quad$∠ADE＝∠CDF $\quad$…⑤

①，②，⑤より，1組の辺とその両端の角がそれぞれ等しいから，△ADE≡△CDF $\quad$これより，AD＝CD $\quad$…⑥

また，AB∥DC，AD∥BC より，四角形 ABCD は平行四辺形であるから，AB＝DC $\quad$…⑦，AD＝BC $\quad$…⑧

よって，⑥，⑦，⑧より，AB＝BC＝CD＝DA となり，すべての辺が等しいから，同じ幅のテープの重なった部分はひし形になる。

証明の方針

重なった部分は平行四辺形となることから，すべての辺が等しくなることを示す。

5章

三角形と四角形

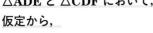

長方形の各辺の中点を順に結んでできる四角形は，ひし形であることを証明しなさい。

解答 ➡ 別冊 p.51

UNIT 10 平行線と面積①

目標 ▶ 平行線と距離についての証明ができる。

要点

● 平行な2直線間の距離は等しい。　　● 2直線間の距離が等しければ平行である。

例題 31　平行線と距離

LEVEL：基本

直線 ℓ について，同じ側にある2点 A，B から ℓ にひいた
垂線をそれぞれ AA′，BB′ とする。このとき，AB∥ℓ ならば，
AA′＝BB′ であることを証明しなさい。

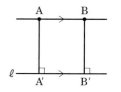

ここに着目！▶ 四角形 AA′B′B が平行四辺形になることを証明する。

解き方　四角形 AA′B′B において，仮定から，
　　　AB∥A′B′　…①
　　　AA′⊥ℓ，BB′⊥ℓ　…②
②より，同位角が等しいから，
　　　AA′∥BB′　…③
①，③より，2組の対辺が平行であるから，四角形 AA′B′B は
平行四辺形になる。よって，平行四辺形の対辺は等しいから，
AB∥ℓ ならば，AA′＝BB′ である。

参考

▱AA′B′B において，
∠A′＝90°，∠B′＝90° であ
ることから，▱AA′B′B は
長方形になる。

類題 31

解答 ➡ 別冊 p.51

直線 ℓ について，同じ側にある2点 A，B から ℓ にひいた垂
線をそれぞれ AA′，BB′ とする。このとき，AA′＝BB′ ならば，
AB∥ℓ であることを証明しなさい。

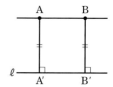

LEVEL：標準

底辺 AB を共有する △PAB と △QAB の頂点 P，Q が AB について同じ側にあるとき，PQ∥AB ならば，△PAB＝△QAB であることを証明しなさい。

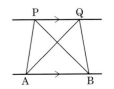

ここに着目！ **高さが等しくなることを示す。**

解き方 底辺を **AB** とするときの △PAB，
△QAB の高さは，それぞれ，**P** から
AB にひいた垂線の長さ，**Q** から **AB** に
ひいた垂線の長さである。

PQ∥AB より，**P** から **AB** にひいた垂線
の長さと **Q** から **AB** にひいた垂線の長さは等しい。
これより，△PAB と △QAB の高さは等しい。
また，底辺 **AB** を共有するから，△PAB と △QAB の底辺は
等しい。
三角形の面積は，$\frac{1}{2}$×（底辺）×（高さ）で表されるから，底辺
と高さがそれぞれ等しい 2 つの三角形は，面積が等しい。
△PAB と △QAB は底辺と高さがそれぞれ等しいから，
　△PAB＝△QAB
よって，**PQ∥AB** ならば，△PAB＝△QAB である。

参考

△PAB のように，図形を表す記号で，図形の面積を表すこともある。
つまり，△PAB＝△QAB は，△PAB の面積と △QAB の面積が等しいことを表している。

5
章

三角形と四角形

類題 **32**

解答 → 別冊 p.51

底辺 AB を共有する △PAB と △QAB の頂点 P，Q が AB について同じ側にあるとき，△PAB＝△QAB ならば，PQ∥AB であることを証明しなさい。

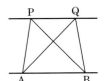

UNIT 11 | 平行線と面積②

> 目標 ▶ 平行線の性質を利用して，三角形の面積についての問題を解くことができる。

要点

- **底辺を共有する三角形**…一直線上の2点A，Bと，その直線に対して同じ側にある2点P，Qについて，
  - PQ∥AB ならば △PAB＝△QAB
  - △PAB＝△QAB ならば PQ∥AB

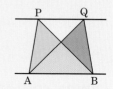

例題 33 | 面積の等しい三角形

LEVEL：標準 ◆◆◆

右の図で，四角形 ABCD は平行四辺形で，M は辺 CD の中点である。このとき，図の中で，△BCM と面積が等しくなる三角形をすべていいなさい。

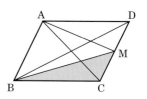

ここに着目！ ▶ 底辺に平行な直線に着目する。

解き方 辺 CM を共有し，AB∥DC であるから，△ACM＝△BCM
CM＝MD で，点 B を共有するから，△BMD＝△BCM
辺 MD を共有し，AB∥DC であるから，△AMD＝△BMD
よって，**△ACM，△BMD，△AMD** ……(答)

> 注意
>
> CM＝MD より，
> △BMD，△AMD も面積が
> 等しい点に注意する。

✓ 類題 33

解答 ➡ 別冊 p.51

右の図で，四角形 ABCD は平行四辺形で，EF∥AC である。このとき，点 E が辺 AB 上の点 A，B とは異なるどの位置にあったとしても，つねに △DFC と面積が等くなる三角形をすべていいなさい。

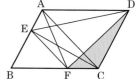

三角形の面積

右の図の □ABCD の面積は 100cm² である。このとき，色のついた部分の面積を求めなさい。

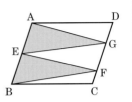

ここに着目！ 平行線の性質を利用して，△AEG，△EBF と面積の等しい三角形を見つける。

解き方 辺 AE を共有し，AB∥DC であるから，

$$\triangle AED = \triangle AEG \quad \cdots ①$$

辺 EB を共有し，AB∥DC であるから，

$$\triangle EBD = \triangle EBF \quad \cdots ②$$

△AED＋△EBD＝△ABD であるから，①，②より，

$$\triangle AEG + \triangle EBF = \triangle ABD$$

$\triangle ABD = \dfrac{1}{2}$ □ABCD であるから，求める面積は，

$$\triangle AEG + \triangle EBF = \frac{1}{2} \square ABCD$$

$$= \frac{1}{2} \times 100 = \mathbf{50(cm^2)} \quad \text{······（答）}$$

➔ **方針**

△AEG，△EBF の辺 AE，EB はともに AB 上にあり，AB∥DC であることから，底辺を AE，EB とみて高さの等しい三角形を考える。

5
章

三角形と四角形

✓ **類題 34**

解答 ➔ 別冊 p.52

右の図の四角形 ABCD は平行四辺形で，EF∥AC，$FC = \dfrac{1}{3}BC$ とする。△AED＝15cm² のとき，□ABCD の面積を求めなさい。

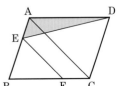

UNIT 12 | 平行線と面積③

目標 > 平行線の性質を使って面積が等しいことを証明できる。

要点

● 平行線の性質を使うことで，異なる形の図形の面積が等しいことを証明できる。

例題 35 三角形の内部にできる図形の面積

LEVEL：標準

△ABC で，辺 BC に平行な直線をひき，辺 AB，AC との交点をそれぞれ D，E とする。このとき，△ABE＝△ACD であることを証明しなさい。

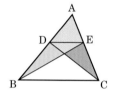

ここに着目！ ▶ **DE∥BC に着目し，△DBE＝△DCE を示す。**

解き方 > △DBE と △DCE において，辺 DE を共有し，**DE∥BC より，**

$$△DBE＝△DCE \quad …①$$

また，

$$△ABE＝△ADE＋△DBE \quad …②$$
$$△ACD＝△ADE＋△DCE \quad …③$$

よって，①，②，③より，

$$△ABE＝△ACD$$

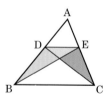

● 証明の方針

DE∥BC を利用する。
△ABE と △ACD はともに △ADE をふくむから，△DBE＝△DCE を示せばよい。

類題 35

解答 ➡ 別冊 p.52

△ABC で，辺 BC に平行な直線をひき，辺 AB，AC との交点をそれぞれ D，E とする。線分 BE と CD の交点を O とするとき，△DBO＝△ECO であることを証明しなさい。

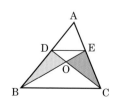

□ABCD の対角線 BD に平行な直線が辺 BC，CD と交わる点をそれぞれ P，Q とする。このとき，△ABP＝△ADQ であることを証明しなさい。

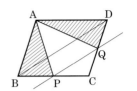

 AD∥BP，BD∥PQ，AB∥DQ より，面積の等しい三角形を見つけていく。

(解き方) 線分 PD をひくと，AD∥BP より，
  △ABP＝△DBP …①
線分 BQ をひくと，BD∥PQ より，
  △DBP＝△DBQ …②
AB∥DQ より，
  △DBQ＝△DAQ …③
よって，①，②，③より，
  △ABP＝△ADQ

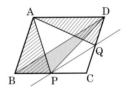

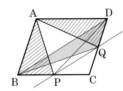

◯ 証明の方針

仮定から，BD∥PQ であり，四角形 ABCD が平行四辺形であることから，AD∥BP，AB∥DQ である。共通な底辺と，それに対して平行な直線上にある頂点は何かを考える。

どの平行線に着目するかを明確にしよう！

(✓) **類題 36**

解答 → 別冊 p.52

□ABCD の内部に任意の点 P をとる。このとき，
△PAB＋△PCD＝$\frac{1}{2}$□ABCD であることを証明しなさい。

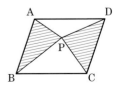

UNIT 13 | 平行線と面積④

> 目標 ▶ 平行線の性質を使って面積が等しい図形をかくことができる。

要点

- 平行線の性質を使うことで，**面積が等しい図形や面積を2等分する直線をかくこと**ができる。

例題 37 面積が等しくなるように変形する

LEVEL：応用 ⬛⬛⬛

右の四角形 ABCD で，辺 BC の延長上に点 E をとって，四角形 ABCD と面積が等しい △ABE をつくる。どのような点を E とすればよいかをいいなさい。

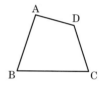

> **ここに着目！** △ABE と面積が等しくなるように変形して考える。

解き方 点 E が条件をみたすとき，

△ABE = 四角形 ABCD

ここで，△ABE = △ABC + △ACE，

四角形 ABCD = △ABC + △ACD より，

△ACE = △ACD

△ACE と △ACD は辺 AC が共通であるから，AC // DE

よって，**点 D を通り対角線 AC に平行な直線と辺 BC の延長との交点を E とすればよい。** ……⊛

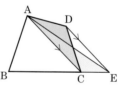

○ 方針

点 E が条件をみたすとき，△ACE = △ACD となることから，AC // DE の条件を導く。

✓ 類題 37

解答 ➡ 別冊 p.52

右の図のような折れ線 PQR でア，イ 2つの部分に分けられた土地 ABCD がある。それぞれの土地の面積を変えずに，点 P を通る直線で境界線をひきなおしたい。どのような直線をひけばよいかをいいなさい。

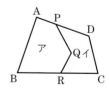

例題 38 面積を 2 等分する直線 LEVEL：応用

右の図の △ABC で，点 M は辺 BC の中点，点 P は辺 AB 上の点である。直線 PQ をひいて，△ABC の面積を 2 等分するには，どのような点を Q とすればよいかをいいなさい。

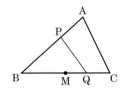

 △PBQ と面積が等しい三角形を考える。

【解き方】点 Q が条件をみたすとき，

$$\triangle PBQ = \frac{1}{2}\triangle ABC \quad \cdots①$$

また，$\triangle ABM = \frac{1}{2}\triangle ABC \quad \cdots②$

①，②より，$\triangle PBQ = \triangle ABM$

ここで，$\triangle PBQ = \triangle QPM + \triangle PBM$，

$\triangle ABM = \triangle APM + \triangle PBM$ より，

$\triangle QPM = \triangle APM$

$\triangle QPM$ と $\triangle APM$ は辺 PM が共通であるから，PM∥AQ

よって，**点 A を通り線分 PM に平行な直線と辺 BC との交点**を Q とすればよい。……㈅

◐ 方針

点 Q が条件をみたすとき，

$\triangle PBQ = \frac{1}{2}\triangle ABC$

より，$\triangle QPM = \triangle APM$ となることから，

PM∥AQ の条件を導く。

5 章

三角形と四角形

✓ **類題 38**

解答 → 別冊 p.52

右の図の △ABC で，点 M は辺 BC の中点，点 P は △AMC の内部の点である。線分 PM，PQ をひいて，△ABC の面積を 2 等分するには，どのような点を Q とすればよいかをいいなさい。

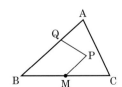

定期テスト対策問題

解答 ➜ 別冊 p.53

問 1 二等辺三角形の角

下の図で，同じ印をつけた辺の長さ，角の大きさが等しいとき，∠x の大きさを求めなさい。

(1)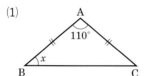

(2)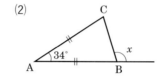

(3)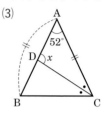

問 2 二等辺三角形の性質を利用した証明

右の図のように，AB＝AC である二等辺三角形 ABC がある。点 D，E をそれぞれ辺 AB，AC 上に DB＝EC となるようにとると，BE＝CD となることを次のように証明した。 □ をうめなさい。

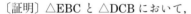

〔証明〕 △EBC と △DCB において，

仮定から，EC＝ ア …①

二等辺三角形の底角だから，∠ECB＝∠ イ …②

共通な辺だから，BC＝CB …③

①，②，③より， ウ がそれぞれ等しいから，△EBC≡△DCB

合同な図形の対応する辺は等しいから，BE＝CD

問 3 二等辺三角形の底角

頂角 ∠A が 36° である二等辺三角形 ABC がある。∠B の二等分線が AC と交わる点を D とするとき，次の問いに答えなさい。

(1) ∠ABD の大きさを求めなさい。

(2) ∠BDC の大きさを求めなさい。

(3) △BDC が二等辺三角形であることを証明しなさい。

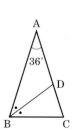

問 4 正三角形の性質を利用した証明

右の図のように，正三角形 ABC の辺 BC の延長上に，点 D をとる。
次に点 C を通る AB に平行な直線をひき，その線上に BD＝CE と
なるような点 E をとる。

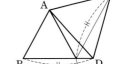

(1) AD＝AE であることを証明しなさい。

(2) △ADE は正三角形になることを証明しなさい。

問 5 定理の逆

次のことがらの逆をいいなさい。また，それが正しいかどうかをいいなさい。正しくない場
合は反例を示しなさい。

(1) a，b が偶数ならば，$a+b$ は偶数である。

(2) △ABC≡△DEF ならば，∠A＝∠D である。

(3) 合同な三角形の対応する辺は等しい。

問 6 合同な直角三角形

下の図で合同な三角形を見つけ，記号≡を使って表しなさい。また，そのときに使った合同
条件をいいなさい。

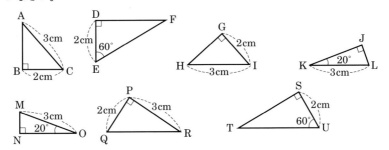

問 7 直角三角形の合同を利用した証明

右の図で，2 つの四角形 ABCD，AEFG が合同な正方形であると
き，DH＝EH であることを証明しなさい。

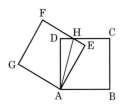

問 8 平行四辺形の性質

右の図で，四角形 ABCD は平行四辺形である。次の問いに答えなさい。

(1) 辺 BC の長さを求めなさい。

(2) 対角線 BD の長さを求めなさい。

(3) ∠ODC の大きさを求めなさい。

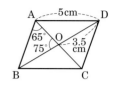

問 9 平行四辺形の対辺の性質を利用した証明

▱ABCD で，∠CAD の二等分線が辺 BC の延長と交わる点を E とする。このとき，CA＝CE であることを証明しなさい。

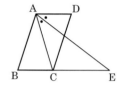

問 10 平行四辺形の対角線の性質を利用した証明

▱ABCD で，対角線 AC 上に，AP＝CQ となるように点 P，Q をとる。このとき，四角形 PBQD は平行四辺形になることを証明しなさい。

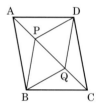

問 11 ひし形になることの証明

△ABC の ∠A の二等分線が，辺 BC と交わる点を D とする。点 D から辺 AC，AB に平行な直線をひき，辺 AB，AC との交点をそれぞれ E，F とする。このとき，四角形 AEDF はひし形になることを証明しなさい。

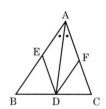

問 12 平行線と三角形の面積

右の図で，四角形 ABCD は平行四辺形で，PQ∥BD である。次の問いに答えなさい。

(1) △BPQ と面積の等しい三角形をいいなさい。

(2) △BPD の面積と △AQD の面積が等しいことを証明しなさい。

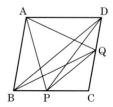

KUWASHII

MATHEMATICS

中 2 数学

6 章

確率

UNIT

1

確率の意味

目標 ▶ 同様に確からしいことの意味，確率の意味を理解する。

要点

- **同様に確からしい**…どの場合が起こることも同じ程度に期待できるとき，どの結果が起こることも**同様に確からしい**という。
- **確率(かくりつ)**…あることがらの起こりやすさの程度を数で表したもの。

例題 **1** 同様に確からしい

LEVEL: 基本

次のことがらは同様に確からしいといえるかをいいなさい。
(1) 1枚の硬貨(こうか)を投げるとき，表が出ることと裏が出ること
(2) 右の図のようなさいころを投げるとき，1の目が出ることと2の目が出ること

 ここに着目! ▶ **どの場合も同じ程度で起こるかを考える。**

解き方 (1) 表が出ることも裏が出ることも同じ程度に起こると考えられるから，同様に確からしいと**いえる。** …… 答

(2) 各面の大きさは異なり，1の目が出ることと2の目が出ることは同じ程度には起こらないと考えられるから，同様に確からしいと**いえない。** …… 答

○ **目の出やすさ**
2の目や3の目より1の目が出やすいと考えられる。

✓ **類題 1**

解答 ➡ 別冊 p.55

次のことがらは同様に確からしいといえるかをいいなさい。
(1) 1個の画びょうを投げるとき，画びょうの針が上を向くことと下を向くこと
(2) 正しくつくられたさいころを投げるとき，2の目が出ることと5の目が出ること
(3) 同じ形をした赤球1個，青球1個，白球1個が入っている箱から球を1個取り出すとき，赤球を取り出すことと青球を取り出すこと

1つのさいころを投げるとき，1の目が出る確率は $\frac{1}{6}$ である。このことを正しく説明

しているものは⑦～⑨のどれであるかをいいなさい。

⑦　さいころを6回投げると，1の目は必ず1回出る。

④　さいころを60回投げるとき，1の目は10回ぐらい出る。

⑨　さいころを600回投げるとき，1の目はちょうど100回出る。

 **確率は，起こりやすさの程度を表す数であって，基本的に，必ず起こる
ものを表す数ではない。**

(解き方)「1の目の出る確率が $\frac{1}{6}$」とは，全体の回数に対する1の目が

出る回数が $\frac{1}{6}$ ぐらいであることを表していて，6回中必ず1

回1の目が出ることや，全体の回数のちょうど $\frac{1}{6}$ の回数だけ

1の目が出ることを表すものではない。

そのため，⑦，⑨は正しい説明ではなく，④が正しい説明である。

よって，④ ……(答)

> **注意**
>
> 確率であつかうことがらは，基本的に不確かなものである。確率から「あることがらが必ず起こる」と考えることはできないことが多い。

6
章
確
率

✓ **類題 2**

解答 → 別冊 p.55

あるくじを1回ひくとき，あたりをひく確率は $\frac{1}{5}$ である。このことを正しく説明している

ものは⑦～⑨のどれであるかをいいなさい。

⑦　ひいたくじをもどすとき，4回続けてはずれをひくと，次は必ずあたりが出る。

④　ひいたくじをもどすとき，あたりをひいた次の回にあたりをひく確率は，$\frac{1}{5}$ より小

さい。

⑨　ひいたくじをもどすとき，1000回くじをひいたときのあたりの出る回数は約200回

である。

UNIT

2 確率の基本

(目標) 確率の基本を理解する。

要点

● どの場合が起こることも同様に確からしいとき，

$$（ことがら A の起こる確率）=\frac{（ことがら A の起こる場合の数）}{（起こりうるすべての場合の数）}$$

例題 **3** 確率の基本
LEVEL：基本

ジョーカーを除く 52 枚のトランプをよくきってから 1 枚ひくとき，次の問いに答え
なさい。

(1) 起こりうるすべての場合の数を求めなさい。

(2) ひいたカードがキング（K）である場合の数を求めなさい。

(3) ひいたカードがキングである確率を求めなさい。

ここに着目！ まず，すべての場合の数とキングである場合の数を調べる。

(解き方) (1) 52 枚のトランプから 1 枚ひくから，**52 通り**。⋯⋯⋯(答)

(2) 52 枚のトランプにはキングが 4 枚あり，そこから 1 枚ひ
くから，**4 通り**。⋯⋯⋯(答)

(3) 52 枚のトランプから 1 枚ひくとき，どの場合が起こるこ
とも同様に確からしいから，求める確率は，

$$\frac{4}{52}=\frac{1}{13}$$ ⋯⋯⋯(答)

● 求める確率
約分して答える。

✓ 類題 **3**
解答 ➡ 別冊 p.55

赤球 4 個，白球 6 個が入っている箱から球を 1 個取り出すとき，次の問いに答えなさい。

(1) 起こりうるすべての場合の数を求めなさい。

(2) 取り出した球が赤球である場合の数を求めなさい。

(3) 取り出した球が赤球である確率を求めなさい。

必ず起こるとき，決して起こらないとき

目標▶必ず起こるとき，決して起こらないときの確率を理解する。

要 点

● 必ず起こるとき…確率は 1　決して起こらないとき…確率は 0

例題 **4** 必ず起こるとき，決して起こらないとき　　LEVEL：基本

ジョーカーを除く 52 枚のトランプをよくきってから 1 枚ひくとき，次の確率を求めなさい。
(1)　ひいたカードがスペードである確率
(2)　ひいたカードがハートまたはダイヤまたはクラブまたはスペードである確率
(3)　ひいたカードがジョーカーである確率

ここに
着目！▶基本に沿って，それぞれのことがらが起こる場合の数を求める。

解き方 (1)　52 枚のトランプからスペードを 1 枚ひく場合は，13 通り。

よって，$\dfrac{13}{52}=\dfrac{1}{4}$ ……答

(2)　52 枚のトランプからハートまたはダイヤまたはクラブまたはスペードを 1 枚ひく場合は，52 通り。

よって，$\dfrac{52}{52}=1$ ……答

(3)　52 枚のトランプからジョーカーをひく場合は，0 通り。

よって，$\dfrac{0}{52}=0$ ……答

● **52 枚のトランプ**

ジョーカーを除いた 52 枚のトランプは，ハート，ダイヤ，クラブ，スペードのいずれかで，ジョーカーはない。

6 章 確率

類題 **4**　　　　　解答 ➡ 別冊 p.55

赤球 4 個，白球 2 個が入っている箱から球を 1 個取り出すとき，次の確率を求めなさい。
(1)　赤球を取り出す確率　　(2)　赤球または白球を取り出す確率
(3)　青球を取り出す確率

UNIT

4

いろいろな確率①

目標 2枚の硬貨を投げるときやじゃんけんの確率を求めることができる。

要点

● 確率の問題では，まず，同様に確からしいことがらかどうかを確認する。

例題 **5** 2枚の硬貨

LEVEL：標準

2枚の硬貨(こうか)を同時に投げるとき，1枚が表で1枚が裏になる確率を求めなさい。

 ここに着目！ 2枚の硬貨を区別する。

解き方 2枚の硬貨を区別してA，Bとする。

Aが表，Bが裏であることを(表，裏)と表すと，起こりうるすべての場合は，

  (表，表)，(表，裏)，(裏，表)，(裏，裏)

の4通りで，どの場合が起こることも同様に確からしい。

この中で，1枚が表で1枚が裏になるのは，

  (表，裏)，(裏，表)

の2通りある。

よって，求める確率は，

$\dfrac{2}{4} = \dfrac{\mathbf{1}}{\mathbf{2}}$ ……… 答

注意

「表が2枚」，「表が1枚，裏が1枚」，「裏が2枚」の3通りより，$\dfrac{1}{3}$，としてはいけない。それぞれ，(表，表)の1通り，(表，裏)，(裏，表)の2通り，(裏，裏)の1通りとなり，同様に確からしいとはいえない。

✓ 類題 **5**

解答 ➡ 別冊 p.55

赤球2個，白球2個が入っている箱がある。この箱から2個の球を同時に取り出すとき，赤球を1個，白球を1個取り出す確率を求めなさい。

A，Bの2人がじゃんけんを1回するとき，次の確率を求めなさい。ただし，A，Bがグー，チョキ，パーのどれを出すことも同様に確からしいとする。

(1) Aが勝つ確率 　　　　　　(2) あいこになる確率

 ここに着目！ ▶ **樹形図をかく。**

解き方 グー，チョキ，パーを，それぞれグ，チ，パと表して樹形図をかくと，右のようになる。

樹形図より，起こりうるすべての場合は9通りあり，どの場合が起こることも同様に確からしい。

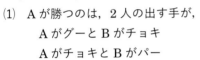

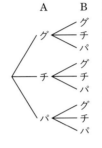

樹形図で，もれなくかき出そう。

(1) Aが勝つのは，2人の出す手が，

　　AがグーとBがチョキ
　　AがチョキとBがパー
　　AがパーとBがグー

の3通り。

よって，$\dfrac{3}{9} = \dfrac{1}{3}$ ……答

(2) あいこになるのは，2人の出す手が，

　　AとBがグー，AとBがチョキ，AとBがパー

の3通り。

よって，$\dfrac{3}{9} = \dfrac{1}{3}$ ……答

6章
確率

✓ **類題 6**

解答 → 別冊 p.56

AとBの2つの袋（ふくろ）があり，それぞれの袋には1，2，3の数を1つずつ記入した3枚のカードが入っている。A，Bの袋から1枚ずつカードを取り出す。A，Bの袋から取り出したカードに記入された数をそれぞれ a，b とするとき，次の確率を求めなさい。

(1) $a < b$ となる確率 　　　　　　(2) $a = b$ となる確率

UNIT 5 いろいろな確率②

目標 ▶ 2人を順に選ぶ問題，2人の組を選ぶ問題を解くことができる。

要点

● **区別して選ぶ，区別しないで選ぶ問題**
　2人を順に選ぶ…役割を区別する　2人の組を選ぶ…役割を区別しない

例題 7 係を1人ずつ選ぶ

 LEVEL：標準

A，B，C，Dの4人の中から，くじびきで班長1人，副班長1人を選ぶとき，次の問いに答えなさい。
⑴　選び方は全部で何通りかを求めなさい。
⑵　Aが班長，Bが副班長に選ばれる確率を求めなさい。

ここに着目！ **2人の役割を区別する。**

解き方 ⑴　樹形図より，選び方は全部で，**12通り。**…… 答

⑵　Aが班長，Bが副班長となる選び方は，樹形図より，1通り。
すべての選び方のどの場合が起こることも同様に確からしいから，求める確率は，

$$\dfrac{1}{12}$$ …… 答

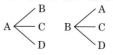

班長　副班長　班長　副班長

A ＜ B / C / D　　B ＜ A / C / D

C ＜ A / B / D　　D ＜ A / B / C

● ⑴別解
班長の選び方は，4通り。
副班長は，班長に選ばれなかった3人の中から1人を選ぶから，3通り。
班長の選び方4通りそれぞれに対して副班長の選び方は3通りずつあるから，全部で，4×3＝12（通り）

✓ 類題 7

解答 ➡ 別冊 p.56

A，B，C，D，Eの5人の中から，くじびきで班長1人，副班長1人を選ぶとき，次の問いに答えなさい。
⑴　選び方は全部で何通りかを求めなさい。
⑵　Aが班長，Bが副班長に選ばれる確率を求めなさい。

A，B，C，D の 4 人の中から，くじびきで 2 人の当番を選ぶとき，次の問いに答えなさい。

(1) 選び方は全部で何通りかを求めなさい。

(2) A と B の 2 人が当番に選ばれる確率を求めなさい。

 ここに着目！ **2 人の役割を区別しないので，樹形図は，1 度かいた組はかかない。**

解き方 (1) 一度かいた組をかかないように注意して樹形図をかくと，右のようになる。

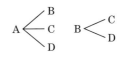

樹形図より，2 人の組の選び方は全部で，**6 通り**。⋯⋯⋯ (答)

[別解]

2 人の役割を区別したとすると，すべての選び方は，

$4 \times 3 = 12$（通り）

このとき，{A，B} の組を (A，B)，(B，A) のように 2 回数えており，他の組も 2 回ずつ数えているので $12 \div 2 = 6$（通り）

(2) A と B の 2 人が当番に選ばれるのは，

{A，B}

の 1 組であるから，1 通り。

すべての選び方のどの場合が起こることも同様に確からしいから，求める確率は，

$\dfrac{1}{6}$ ⋯⋯⋯ (答)

2 人の役割を区別するかしないかで，確率が異なることに注意！

✓ 類題 8

解答 → 別冊 p.56

A，B，C，D，E の 5 人の中から，くじびきで 2 人の当番を選ぶとき，次の問いに答えなさい。

(1) 選び方は全部で何通りかを求めなさい。

(2) A と B の 2 人が当番に選ばれる確率を求めなさい。

6 章 確率

UNIT

⑥ いろいろな確率③

(目標) 整数をつくる問題，特定の色の球が並ぶ問題を解くことができる。

要点

● 数え上げて解く問題
樹形図をかくなどのくふうをして，数え間違いのないようにする。

例題 **⑨** 整数をつくる

LEVEL：標準

1，2，3，4 の数を 1 つずつ記入した 4 枚のカードがある。このカードをよくきって
から 1 枚ずつ 2 回続けてひき，1 枚目に記入された数を十の位の数，2 枚目に記入さ
れた数を一の位の数として，2 けたの整数をつくるとき，できる整数が 3 の倍数にな
る確率を求めなさい。

2 けたの 3 の倍数 ⇒ 一の位の数と十の位の数の和が 3 の倍数。

(解き方) できる整数は，右の樹形図より，全部
で 12 通りあり，どの場合が起こるこ
とも同様に確からしい。
3 の倍数になるのは，一の位の数と十
の位の数の和が 3 の倍数のときで，
12，21，24，42 の 4 通り。よって，
$\dfrac{4}{12} = \dfrac{1}{3}$ ……(答)

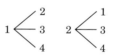

● 別解

できる整数は，全部で，
4×3＝12（通り）として求
めてもよい。

✓ **類題 ⑨**

解答 ➜ 別冊 p.56

2，3，4，5 の数を 1 つずつ記入した 4 枚のカードがある。このカードをよくきってから
1 枚ずつ 2 回続けてひき，1 枚目に記入された数を十の位の数，2 枚目に記入された数を
一の位の数として，2 けたの整数をつくるとき，次の確率を求めなさい。

(1) できる整数が 5 の倍数になる確率　　(2) できる整数が 45 以上になる確率

例題 10 特定の色の球が並ぶ

LEVEL：標準

袋の中に，赤球，青球，白球が1個ずつ入っている。この袋の中から球を1個ずつ3回続けて取り出し，取り出した順に1列に並べる。このとき，赤球と白球がとなり合って並ぶ確率を求めなさい。

ここに着目！ 赤球と白球をひとかたまりとみる。

解き方 すべての並べ方は，右の樹形図より，6通りあり，どの場合が起こることも同様に確からしい。

ここで，赤球と白球をひとかたまりとみて，これをAとする。

$$赤 \begin{cases} 青—白 \\ 白—青 \end{cases} \quad 青 \begin{cases} 赤—白 \\ 白—赤 \end{cases}$$

$$白 \begin{cases} 赤—青 \\ 青—赤 \end{cases}$$

注意

樹形図から赤球と白球がとなり合う場合を数えてもよいが，数え間違いのないように注意する。

Aと青球の並べ方は，

　A—青球，青球—A　の2通りである。

この2通りの並べ方それぞれについて，Aの中の赤球と白球の並べ方は，

　赤球—白球，白球—赤球

の2通りずつある。

これより，赤球と白球がとなり合う並べ方は，

　$2 \times 2 = 4$（通り）

よって，求める確率は，$\dfrac{4}{6} = \dfrac{2}{3}$ ……… 答

[別解] 1個目は，3個の中から1個を選ぶから，3通り。

2個目は，残った2個から1個を選ぶから，2通り。

3個目は，残った1個を置いて，1通り。

これより，すべての並べ方は，$3 \times 2 \times 1 = 6$（通り）として求めてもよい。

➡ 赤球と白球がとなり合う並べ方

赤球—白球—青球，
白球—赤球—青球，
青球—赤球—白球，
青球—白球—赤球
の4通りである。

6章 確率

類題 10

解答 ➡ 別冊 p.56

袋の中に，赤球，青球，白球，黄球が1個ずつ入っている。この袋の中から球を1個ずつ4回続けて取り出し，取り出した順に1列に並べる。このとき，赤球と白球がとなり合って並ぶ確率を求めなさい。

UNIT
7

いろいろな確率④

（目標）特定の1人が係に選ばれる問題，選ばれない問題を解くことができる。

要点

● 特定の1人が選ばれる，選ばれない問題
何を求めたらよいのか，何を数えたらよいのかを意識する。

例題 **11** 特定の1人が係に選ばれる

A，B，C，Dの4人の中から，くじびきで2人の当番を選ぶとき，Aが当番に選ばれる確率を求めなさい。

（ここに着目!）**Aが当番に選ばれるときの2人の組は，実際に数えるか，A以外の3人からもう1人の当番の選び方を考える。**

（解き方）2人の組の選び方は，右の樹形図より，
全部で6通りあり，どの場合が起こる
ことも同様に確からしい。
Aが当番に選ばれるときの2人の組は，
　{A，B}，{A，C}，{A，D}
より，Aが当番に選ばれるのは，3通り。
よって，求める確率は，

$$\frac{3}{6}=\frac{1}{2} \quad \text{（答）}$$

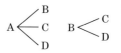

● **別解**

2人を順に選ぶ選び方は，
2人の組の選び方の総数を
2回ずつ数えたものになる
から，2人の組の選び方は，
全部で，
4×3÷2＝6（通り）
Aが当番に選ばれるとき，
もう1人の当番を残りの3
人の中から選ぶから，3通り。

よって，$\dfrac{3}{6}=\dfrac{1}{2}$

✓ **類題 11**

解答 ➡ 別冊 p.57

A，B，C，D，Eの5人の中から，くじびきで2人の当番を選ぶとき，Aが当番に選ばれる確率を求めなさい。

> A，B，C，D の 4 人の中から，くじびきで 2 人の当番を選ぶとき，A が当番に選ば
> れない確率を求めなさい。

A 以外の 3 人の中から 2 人を選ぶ。

(解き方) 2 人の組の選び方は，右の樹形図より，
全部で 6 通りあり，どの場合が起こる
ことも同様に確からしい。
A が当番に選ばれないとき，A 以外の
B，C，D の 3 人の中から 2 人の当番
を選ぶことになる。

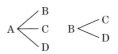

A 以外の 3 人から 2 人を選ぶときの 2 人の組は，
　{B，C}，{B，D}，{C，D}
より，A が当番に選ばれないのは，3 通り。
よって，求める確率は，

$$\frac{3}{6} = \frac{1}{2}$$ ……(答)

[別解]
2 人の組の選び方は，全部で，$4 \times 3 \div 2 = 6$（通り）
A が当番に選ばれないとき，残り 3 人から 2 人の当番を選ぶ
ことになる。
このとき，B，C，D の 3 人の中から当番ではない 1 人を選ぶ
と考えて，3 通り。
よって，$\frac{3}{6} = \frac{1}{2}$ ……(答)

数えもれに
注意しよう。

6

章

確率

✓ 類題 **12**   解答 → 別冊 p.57

> A，B，C，D，E の 5 人の中から，くじびきで 2 人の当番を選ぶとき，A が当番に選ば
> れない確率を求めなさい。

いろいろな確率⑤

（目標）あることがらが起こらない確率，少なくとも 1 回起こる確率を求められる。

要点

● 起こらない，少なくとも 1 回起こる問題

ことがら A の起こらない確率… 1−（A が起こる確率）

少なくとも 1 回は A が起こる確率… 1−（A が 1 回も起こらない確率）

例題 13 あることがらが起こらない

LEVEL：標準

A と B の 2 つのさいころを同時に投げるとき，次の確率を求めなさい。

(1) 出た目の数の和が 3 になる確率　　　(2) 出た目の数の和が 3 にならない確率

（ここに着目！）(2)は(1)の結果を利用する。

（解き方）A の目の出方と B の目の出方はそれぞれ 6 通りずつあるから，すべての目の出方は，$6 \times 6 = 36$（通り）あり，どの場合が起こることも同様に確からしい。

(1) 出た目の数の和が 3 になるのは，

（A の出た目，B の出た目）=（1，2），（2，1）

の 2 通り。

よって，求める確率は，$\dfrac{2}{36} = \dfrac{1}{18}$ ……（答）

(2) (1)より，求める確率は，$1 - \dfrac{1}{18} = \dfrac{17}{18}$ ……（答）

○ ともに起こる場合の数

ことがら A の起こる場合が m 通りあり，そのそれぞれについて，ことがら B の起こる場合が n 通りずつあるとき，A と B がともに起こる場合の数は，$m \times n$ 通り。

（✓）**類題 13**

解答 → 別冊 p.57

A と B の 2 つのさいころを同時に投げるとき，次の確率を求めなさい。

(1) 出た目の数の積が 3 以下になる確率

(2) 出た目の数の積が 4 以上になる確率

14 少なくとも1回起こる

3枚の硬貨を投げるとき，次の確率を求めなさい。

(1) 3枚とも裏になる確率　　　(2) 少なくとも1枚は表になる確率

 (2)は(1)の結果を利用する。

（解き方）3枚の硬貨の表裏の出方はそれぞれ表と裏の2通りずつあるから，すべての表裏の出方は，$2 \times 2 \times 2 = 8$（通り）あり，どの場合が起こることも同様に確からしい。

(1) 3枚とも裏になる出方は，（裏，裏，裏）の1通り。

よって，求める確率は，$\dfrac{1}{8}$ ……（答）

(2) (1)より，$1 - \dfrac{1}{8} = \dfrac{7}{8}$ ……（答）

◯ 数え上げる場合

すべての表裏の出方は，
（表，表，表），（表，表，裏），
（表，裏，表），（表，裏，裏），
（裏，表，表），（裏，表，裏），
（裏，裏，表），（裏，裏，裏）
の8通り。

✓ **類題 14**

解答 → 別冊 p.57

さいころを3回投げるとき，次の確率を求めなさい。

(1) 3回とも1の目が出ない確率　　　(2) 少なくとも1回は1の目が出る確率

COLUMN

（コラム）　　　　　くふうして作業量を減らす

例題13で，数え上げて求めると，次のようになります。
「AとBの出た目とその和について表をつくると，右のようになる。表より，AとBのすべての目の出方は36通りあり，どの場合も同様に確からしい。

(1) 出た目の数の和が3になるのは，表より，2通りで，

$\dfrac{2}{36} = \dfrac{1}{18}$

(2) 出た目の数の和が3にならないのは，表より，34通りで，$\dfrac{34}{36} = \dfrac{17}{18}$」

B\A	1	2	3	4	5	6
1	2	3	4	5	6	7
2	3	4	5	6	7	8
3	4	5	6	7	8	9
4	5	6	7	8	9	10
5	6	7	8	9	10	11
6	7	8	9	10	11	12

求めることはできますが，表をつくったり，34個の数を数え上げたりするのは大変です。

UNIT

⑨ いろいろな確率⑥

（目標）2 個の球の組を取り出す問題や硬貨の合計金額の問題を解くことができる。

要点

● **数え上げるときは，数え間違いのないように注意する。**

例題 15 2 個の球の組を取り出す

LEVEL: 応用

赤球 4 個と青球 3 個が入っている袋（ふくろ）から，2 個の球を取り出すとき，2 個とも同じ色である確率を求めなさい。

（ここに着目！）2 個とも赤球の場合と 2 個とも青球の場合の 2 つの場合がある。

（解き方）赤球 4 個を R_1，R_2，R_3，R_4，青球 3 個を B_1，B_2，B_3 とすると，樹形図は右のようになる。

樹形図より，すべての取り出し方は 21 通りあり，どの場合が起こることも同様に確からしい。

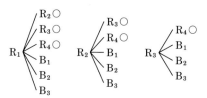

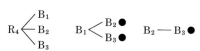

（注意）

「2 個の球の組を取り出す」のであって，「2 個の球を取り出して順に並べる」のではない。そのため，樹形図に，1 度かいた組はかかない。

また，樹形図より，2 個とも赤球であるのは 6 通り，2 個とも青球であるのは 3 通りあるから，2 個とも同じ色であるのは，

$6+3=9$（通り）

よって，求める確率は，$\dfrac{9}{21}=\dfrac{3}{7}$ ……（答）

✓ 類題 15

解答 → 別冊 p.58

白球 2 個と黒球 5 個が入っている袋から，2 個の球を取り出すとき，2 個とも同じ色である確率を求めなさい。

16 硬貨の合計金額

500 円，100 円，50 円の硬貨が 1 枚ずつある。この 3 枚を同時に投げるとき，表の出た硬貨の合計金額が 150 円以上になる確率を求めなさい。

 樹形図をかき，各場合の合計金額を調べる。

解き方 表を○，裏を×とし，硬貨の表裏の出方と，そのときに表の出た硬貨の合計金額を樹形図に表すと，右のようになる。樹形図より，すべての目の出方は 8 通りあり，どの場合が起こることも同様に確からしい。

500円 100円 50円

```
          ○ ┌── ○ … 650円
       ┌──○ └── × … 600円
    ○──┤
       └──× ┌── ○ … 550円
             └── × … 500円
    │
    └──× ┌──○ ┌── ○ … 150円
             └── × … 100円
          └──× ┌── ○ … 50円
                └── × …  0円
```

また，樹形図より，合計金額が 150 円以上になるのは，

500 円硬貨が表，100 円硬貨が表，50 円硬貨が表の 650 円
500 円硬貨が表，100 円硬貨が表，50 円硬貨が裏の 600 円
500 円硬貨が表，100 円硬貨が裏，50 円硬貨が表の 550 円
500 円硬貨が表，100 円硬貨が裏，50 円硬貨が裏の 500 円
500 円硬貨が裏，100 円硬貨が表，50 円硬貨が表の 150 円

の 5 通り。

よって，求める確率は，$\dfrac{5}{8}$ ……… 答

[別解]
すべての表裏の出方は，$2×2×2＝8$（通り）として求めてもよい。

合計金額が高い順に樹形図をかくと便利だね。

6
章

確率

✓ **類題 16**

解答 → 別冊 p.58

100 円，50 円，10 円の硬貨が 1 枚ずつある。この 3 枚を同時に投げるとき，表の出た硬貨の合計金額が 110 円以上になる確率を求めなさい。

UNIT

10 確率による説明

目標▶身のまわりのことを確率をもとにして説明できる。

要点

● 確率をもとにすることで，身のまわりのいろいろなことを説明できる。

例題 **17** くじをひく順番　　　　　　　　　　　　LEVEL：応用

5本のうち3本があたりのくじがある。そこからAが1本ひき，それをもどさずにB
が1本ひくとき，次の問いに答えなさい。

(1) Aのあたる確率を求めなさい。　　(2) Bのあたる確率を求めなさい。

ここに着目！ **A，Bが1本ずつひく場合の1つ1つについて樹形図をかいて調べる。**

(解き方)(1) 5本のうち3本があたりなので，

$$\frac{3}{5}$$ ……(答)

(2) あたりくじを①，②，③，はず
れくじを④，⑤とすると，樹形
図は右のようになる。
AとBが続けてくじをひく場
合は，全部で，$5 \times 4 = 20$（通り）
あり，どの場合が起こることも
同様に確からしい。
樹形図より，Bがあたるのは，
12通り。$\frac{12}{20} = \frac{3}{5}$ ……(答)

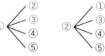
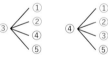

 くじをひく順番

AとBのあたる確率は等
しいから，AとBのあた
りやすさにちがいはない。

参考

くじをもどさないから，A
があたるとき，Bは4本中
2本があたりのくじを，A
がはずれるとき，Bは4本
中3本があたりのくじを
ひくことになる。

✓ **類題 17**　　　　　　　　　　　　　　　　　　解答 ➡ 別冊 p.58

5本のうち2本があたりのくじがある。そこからAが1本ひき，それをもどさずにBが
1本ひくとき，AとBのあたりやすさにちがいがあるかいいなさい。

例題 **18** 確率による説明 　　　　　　　　　　　　　　　　　　LEVEL: 応用

さいころを 1 回投げ，出た目が 1, 2, 3 のときは何ももらえず，4, 5 のときはティッシュをもらえ，6 のときはジュースがもらえるゲームがある。A，B の 2 人がこのゲームに参加するとき，次の⑦〜⑨のうち最も起こりやすい場合を 1 つ選び，その理由を説明しなさい。

⑦　2 人ともティッシュをもらう

④　2 人とも何ももらえない

⑨　1 人は何ももらえず，もう 1 人はティッシュをもらう

ここに
着目！ 表をかいて考える。

解き方 （説明）

2 人のさいころの目の出方は，右の表のようになる。

すべての目の出方は 36 通りあり，どの場合が起こることも同様に確からしい。

表より，⑦は 4 通り，④は 9 通り，⑨は 12 通りある。

それぞれが起こる確率は

⑦$\cdots\dfrac{4}{36}$　　④$\cdots\dfrac{9}{36}$　　⑨$\cdots\dfrac{12}{36}$

⑨が起こる確率が最も大きいから，⑨が最も起こりやすい。　　⋯⋯⋯ 答

A\B	1	2	3	4	5	6
1	④	④	④	⑨	⑨	
2	④	④	④	⑨	⑨	
3	④	④	④	⑨	⑨	
4	⑨	⑨	⑨	⑦	⑦	
5	⑨	⑨	⑨	⑦	⑦	
6						

 参考

すべての目の出方
$\cdots 6\times6=36$（通り）
⑦$\cdots 2\times2=4$（通り）
④$\cdots 3\times3=9$（通り）
⑨$\cdots 2\times3+3\times2=12$（通り）
と考えることができる。

6
章
確率

✓ 類題 **18**　　　　　　　　　　　　　　　　　　　　　解答 ➜ 別冊 p.59

赤球 3 個と白球 4 個が入った箱があり，箱から球を 1 個取り出してまた箱にもどすとき，取り出した球が赤球ならあめをもらえ，白球なら何ももらえないゲームがある。A，B の 2 人がこのゲームに参加するとき，次の⑦，④のうち起こりやすいほうを選び，その理由を説明しなさい。

⑦　1 人があめをもらい，1 人は何ももらえない

④　2 人とも何ももらえない

定期テスト対策問題

解答 ➜ 別冊 p.59

問 1 確率の意味

次のことがらで同様に確からしいといえるものはどれですか。

① 1つのさいころを投げるとき，1の目が出ることと，6の目が出ること。

② 1個のペットボトルのキャップを投げるとき，表が出ることと裏が出ること。

③ 10本のうち，あたりが3本入っているくじから1本のくじをひくとき，あたりくじをひくことと，はずれくじをひくこと。

問 2 袋から碁石を取り出す確率

袋の中に10個の碁石が入っていて，そのうち4個は黒石である。この袋から碁石を1個取り出すとき，次の問いに答えなさい。

(1) 起こりうるすべての場合の数を求めなさい。

(2) 取り出した碁石が黒石である場合の数を求めなさい。

(3) 取り出した碁石が黒石である確率を求めなさい。

問 3 トランプのカードを取り出す確率

ジョーカーを除く1組のトランプのカード52枚をよくきってから1枚のカードを取り出すとき，次の確率を求めなさい。

(1) 8のカードを取り出す確率

(2) ハートのカードを取り出す確率

(3) 3の倍数または5の倍数のカードを取り出す確率

(4) 1から13までのカードを取り出す確率

(5) ジョーカーのカードを取り出す確率

問 4 硬貨の表・裏の出方の確率

3枚の10円硬貨を同時に投げるとき，次の確率を求めなさい。

(1) 3枚とも表が出る確率

(2) 1枚が表，2枚が裏である確率

(3) 少なくとも1枚は表が出る確率

問 ⑤ 委員を選ぶ確率

A，B，C，D，E の 5 人の中から，くじびきで 2 人の委員を選ぶとき，次の問いに答えなさい。

(1) 選び方は全部で何通りありますか。

(2) A が選ばれる確率を求めなさい。

(3) C と D が選ばれる確率を求めなさい。

問 ⑥ カードを使って 2 けたの整数をつくる確率

右の図のような 5 枚のカードがある。この 5 枚のうち，2 枚を
並べてできる 2 けたの整数について，次の問いに答えなさい。

(1) 2 けたの整数は何通りできますか。

(2) 2 けたの整数が 25 より大きくなる確率を求めなさい。

(3) 2 けたの整数が 5 の倍数になる確率を求めなさい。

問 ⑦ じゃんけんの確率

A，B，C の 3 人がじゃんけんを 1 回するとき，次の問いに答えなさい。

(1) 3 人のグー，チョキ，パーの出し方は全部で何通りありますか。

(2) B が勝つ確率を求めなさい。

(3) A だけが勝つ確率を求めなさい。

(4) あいこになる確率を求めなさい。

問 ⑧ 2 つのさいころを使った確率

2 つのさいころを同時に投げるとき，次の確率を求めなさい。

(1) 出る目の数の和が 10 になる確率

(2) 出る目の数の和が 5 以下になる確率

(3) 少なくとも一方の目が 5 である確率

(4) 出る目の数の積が奇数になる確率

(5) 出る目の数が同じになる確率

(6) 少なくとも 1 個は奇数の目が出る確率

問⑨　袋から球を取り出す確率

赤球3個，白球2個が入った袋がある。この袋から球を2個取り出すとき，次の問いに答えなさい。

(1)　まず球を1個取り出して色を調べ，それを袋にもどしてから，また，1個取り出すとき，赤球と白球が1個ずつ出る確率を求めなさい。

(2)　球をもどさないで，順に2個の球を取り出すとき，赤球，白球の順に取り出す確率を求めなさい。

(3)　同時に2個の球を取り出すとき，2個とも赤球を取り出す確率を求めなさい。また，少なくとも1個は白球を取り出す確率を求めなさい。

問⑩　当番を選ぶ確率

男子3人，女子2人の5人の中から，くじびきで2人の当番を選ぶとき，次の問いに答えなさい。

(1)　2人とも男子が選ばれる確率を求めなさい。

(2)　男子と女子が1人ずつ選ばれる確率を求めなさい。

(3)　少なくとも1人は女子が選ばれる確率を求めなさい。

問⑪　1列に並ぶ確率

A，B，C，Dの4人が横1列に並ぶとき，次の問いに答えなさい。

(1)　4人の並び方は何通りありますか。

(2)　AとBがとなりどうしに並ぶ確率を求めなさい。

問⑫　さいころを使った数に関する確率

大小2つのさいころを投げ，大きいさいころの出た目の数をa，小さいさいころの出た目の数をbとするとき，次の確率を求めなさい。

(1)　$a-b=2$となる確率

(2)　$\dfrac{b}{a}$が素数となる確率

問⑬　4枚の硬貨を使った合計金額に関する確率

100円硬貨2枚と50円硬貨1枚，10円硬貨1枚を同時に投げるとき，表が出た硬貨の合計金額が150円以上になる確率を求めなさい。

7章

データの比較

UNIT
1

四分位数

目標 ▶四分位数について理解する。

要点

● **四分位数**(しぶんいすう)…データの値(あたい)を小さい順に並べたとき,中央値を境目として,データの前半分の中央値を**第1四分位数**,データ全体の中央値を**第2四分位数**,データの後半分の中央値を**第3四分位数**という。

例題 **1**　四分位数　　　　　　　　　　　　　　　　　　　　　LEVEL:基本

右のデータは,A班の10点満点のテストの得点　　　4　6　7　7　7　8　8　9　10
について,得点の低い順に並べたものである。こ
のデータの四分位数を求めなさい。

ここに着目！ **前半分の4個,真ん中の1個,後半分の4個に分ける。**

解き方　データの値は全部で9個ある。

第1四分位数は,4,6,7,7の中央値より,$\dfrac{6+7}{2}=6.5$(点)

第2四分位数は,<u>データ全体の中央値</u>より,7点。
　　　　　　　└─ データの値を小さい順に並べたときの5番目の値

第3四分位数は,8,8,9,10の中央値より,$\dfrac{8+9}{2}=8.5$(点)

よって,**第1四分位数6.5点** ┄┄(答)
　　　　第2四分位数(中央値)7点 ┄┄(答)
　　　　第3四分位数8.5点 ┄┄(答)

注意

データの値の個数が奇数の場合,データの値を小さい順に並べたときの前半分と後半分は,データ全体の中央値の1個を除いて考える。

参考

第2四分位数は,中央値として答えてもよい。

✓ **類題1**　　　　　　　　　　　　　　　　　　　　　　　　解答 ➡ 別冊 p.62

右のデータは,B班の10点満点のテストの得点　　3　4　5　6　6　7　7　8　9　10
について,得点の低い順に並べたものである。
このデータの四分位数を求めなさい。

UNIT

2 箱ひげ図

目標 箱ひげ図について理解する。

要点

● **箱ひげ図**…最小値，第1四分位数，第2四分位数（中央値），第3四分位数，最大値を箱と線（ひげ）を用いて1つの図に表したもの。

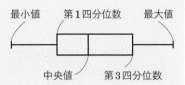

例題 2 箱ひげ図

LEVEL：標準

あるクラスの生徒11人について，先月読んだ本の冊数を調べると，次のようになった。

6，2，14，9，11，4，5，8，3，5，7　このデータの箱ひげ図をかきなさい。

ここに着目！ 第1四分位数から第3四分位数までを箱で表し，最小値から第1四分位数までと第3四分位数から最大値までをひげで表す。

解き方 データの値を小さい順に並べると，次のようになる。

　2　3　4　5　5　6　7　8　9　11　14

最小値は，2冊。

第1四分位数は，2，3，4，5，5の中央値より，4冊。

第2四分位数は，データ全体の中央値より，6冊。

第3四分位数は，7，8，9，11，14の中央値より，9冊。

最大値は，14冊。

よって，箱ひげ図は，

右の図 ……答

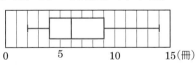

● **四分位数**

データの値は全部で11個あるから，データの値を小さい順に並べたとき，前半5個分の中央値が第1四分位数，6番目の値が第2四分位数，後半5個分の中央値が第3四分位数。

✓ **類題 2**

解答 ➡ 別冊 p.62

あるクラスの生徒12人について，先月読んだ本の冊数を調べると，次のようになった。

4，8，9，3，5，5，3，12，4，4，6，5　このデータの箱ひげ図をかきなさい。

3 四分位範囲

(目標) 四分位範囲について理解する。

要点

● 四分位範囲…第3四分位数と第1四分位数の差。

例題 3 四分位範囲

LEVEL：標準

ある都市の最近10日間の1日の最高気温（単位は℃）は，次のようであった。

20, 20, 20, 19, 18, 22, 20, 16, 17, 17

このデータについて，次の問いに答えなさい。

(1) 四分位数を求めなさい。　　(2) 四分位範囲を求めなさい。

ここに着目！ 四分位範囲 ⇒（第3四分位数）－（第1四分位数）

(解き方) (1) データの値を小さい順に並べると，次のようになる。

16　17　17　18　19　20　20　20　20　22

第1四分位数は，16, 17, 17, 18, 19 の中央値より，

17℃。 **第1四分位数 17℃** ……(答)

第2四分位数は，$\dfrac{19+20}{2}=19.5$（℃）

第2四分位数 19.5℃ ……(答)

第3四分位数は，20, 20, 20, 20, 22 の中央値より，

20℃。 **第3四分位数 20℃** ……(答)

(2) 四分位範囲は，20－17＝**3**（℃）……(答)

用語はしっかり覚えよう。

 注意

22－16＝6（℃）で得られるのは範囲。四分位範囲ではない。

✓ 類題 3

解答 ➡ 別冊 p.62

ある都市の最近10日間の1日の最低気温（単位は℃）は，次のようであった。

7, 10, 9, 17, 14, 14, 16, 11, 10, 9

このデータについて，次の問いに答えなさい。

(1) 四分位数を求めなさい。　　(2) 四分位範囲を求めなさい。

UNIT **4**

箱ひげ図を読みとる

目標 ▶ 箱ひげ図から情報を的確に読みとることができる。

● 箱ひげ図からは，四分位数や四分位範囲は読みとれるが，平均値は読みとれない。

例題 **4** 箱ひげ図を読みとる

LEVEL：標準

右の図は，A 組 35 人と B 組 35 人のハンドボール投げの記録を表したものである。この図から読みとれることとして，次の(1)・(2)は，「正しい」「正しくない」「読みとれない」のどれであるかをいいなさい。

(1)　A 組の平均値は 15m である。

(2)　記録が 13m 以上の人は，B 組より A 組のほうが多い。

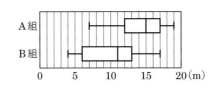

ここに着目！ 四分位数などの読みとれるものから，的確に判断する。
読みとれないものもあることに注意する。

解き方 (1)　平均値は，箱ひげ図からは**読みとれない**。 ········ 答

(2)　中央値は，A 組は 13m より大きく，B 組は 13m より小さい。よって，記録が 13m 以上の人は，A 組は最少の場合で 18 人，B 組は最多の場合で 17 人となるから，
正しい。 ········ 答

○ 中央値

データの値が 35 個あるから，データの値を小さい順に並べたとき，18 番目の値が中央値。

✓ 類題 **4**

解答 ➜ 別冊 p.62

例題 4 において，図から読みとれることとして，次の(1)・(2)は，「正しい」「正しくない」「読みとれない」のどれであるかをいいなさい。

(1)　範囲は B 組より A 組のほうが大きい。

(2)　記録が 15m 以上の人は，A 組が B 組の 2 倍より多い。

UNIT
5

箱ひげ図から考える

（目標）箱ひげ図を比べることで，適切なものを選ぶことができる。

要点

● 箱ひげ図を使うことで，複数のデータの分布のようすを比べることができる。

例題 5　箱ひげ図から考える

LEVEL：応用

右の図は，A，B，C の 3 人が 50m 走を
10 回おこなった結果を表したものである。
この 3 人から 50m 走の選手を選ぶとき，
だれを選べばよいか，理由もあわせていい
なさい。

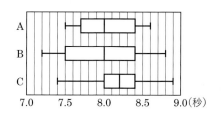

 最小値だけで判断せず，分布のようすから判断する。

（解き方）（理由）

8.0 秒以下の記録の割合は，A と B がおよそ 50％，C がおよそ 25％である。また，最小値，第 1 四分位数は，ともに A より B のほうが小さい。よって，B が速い記録を最も出しそうであると考えられる。　B ……（答）

➡ 箱ひげ図と割合

箱ひげ図では，片方のひげの部分がおよそ 25％，中央値以下の部分がおよそ 50％を表す。

✓ 類題 5

解答 → 別冊 p.62

右の図は，50 個の電池 A，電池 B，電池
C を懐中電灯につないで，電池が切れる
までの時間を測定した結果を表したもの
である。この 3 種類から長く使える電池
を選ぶとき，どれを選べばよいか，理由
もあわせていいなさい。

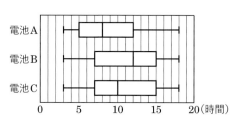

定期テスト対策問題

解答 ➡ 別冊 p.63

問 1 四分位数，四分位範囲と箱ひげ図

あるクラスの生徒 14 人について，上体起こしの回数を調べると，次のような結果になった。

　21，23，20，25，28，25，18，22，23，26，19，24，25，24

このデータについて，次の問いに答えなさい。

(1) 四分位数を求めなさい。

(2) 四分位範囲を求めなさい。

(3) このデータの箱ひげ図をかきなさい。

問 2 箱ひげ図の読みとり方

右の図は，ある学校の A 班 15 人，B 班 15 人の通学時間を表したものである。この図から読みとれるものとして，次の(1)〜(3)は，「正しい」「正しくない」「読みとれない」のどれであるかをいいなさい。

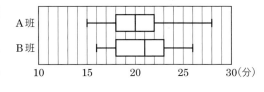

(1) A 班の 8 人以上は，通学時間が 20 分以上である。

(2) 通学時間の最大値と最小値の差は，A 班より B 班のほうが大きい。

(3) 平均値は，A 班より B 班のほうが大きい。

問 3 箱ひげ図から判断する

右の図は，A，B，C の 3 人がダンス大会の練習試合を 15 試合おこなった結果を表したものである。この 3 人からダンス大会の出場者を選ぶとき，だれを選べばよいか，理由もあわせていいなさい。

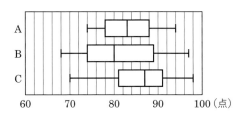

思考力を鍛える問題

入試では思考力を問う問題が増えている。課題は何か，どんな知識・技能を使えばよいか，どう答えたらよいかを身につけよう。

解答 → 別冊 p.64

問 1 図1のような正方形 ABCD，図2のような立方体 EFGH-IJKL があり，どちらも1辺の長さは3cm である。

1から6までの目が出る大小1つずつのさいころを同時に1回投げ，大きいさいころの出た目の数を a，小さいさいころの出た目の数を b とする。

下と右の《ルールⅠ》《ルールⅡ》にしたがって，点 P，Q が辺上を移動する。

ただし，さいころはいずれも，1から6までのどの目が出ることも同様に確からしいものとする。

図1

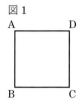

図2

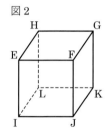

《ルールⅠ》

図1の正方形 ABCD で，点 P，Q は，いずれもはじめ頂点 A にある。

点 P は，辺 AB，BC 上を通り，頂点 C に向かう。

点 Q は，辺 AD，DC 上を通り，頂点 C に向かう。

大小1つずつのさいころを同時に1回投げたあと，点 P は，$a$cm だけ進み，点 Q は，$b$cm だけ進む。

《ルールⅡ》

図2の立方体 EFGH-IJKL で，点 P ははじめ頂点 E にあり，点 Q ははじめ頂点 I にある。

点 P は，辺 EF，FG 上を通り，頂点 G に向かう。

点 Q は，辺 IJ，JK，KL，LI 上を通り，頂点 I に向かう。

大小 1 つずつのさいころを同時に 1 回投げたあと，点 P は，$a$cm だけ進み，点 Q は，$2b$cm だけ進む。

(1) 《ルールⅠ》にしたがって，点 P，Q が辺上を移動するとき，次の問いに答えなさい。

  ① 点 P と点 Q が同じ位置にある確率を求めなさい。

  ② 点 A，P，Q の 3 点を直線で結んでできる図形が三角形となる確率を求めなさい。

  ③ 点 A，P，Q の 3 点を直線で結んでできる図形が三角形となるとき，三角形 APQ の面積が最大となるさいころの目の出方の組み合わせ (a, b) は何通りあるか求めなさい。

(2) 《ルールⅡ》にしたがって，点 P，Q が辺上を移動するとき，次の問いに答えなさい。

  ① 点 P と点 Q の距離が最小となる確率を求めなさい。

  ② 点 P と点 Q の距離が最大となる確率を求めなさい。

  ③ 点 I，P，Q の 3 点を通る平面で立方体 EFGH-IJKL を切断するとき，切断面が三角形となるさいころの目の出方の組み合わせ (a, b) は何通りあるか求めなさい。

問 2 ある工場では，機械アと機械イで，製品Aと製品Bを作っている。機械アと機械イは，どちらの製品も作ることができるが，1つの機械で両方の製品を同時に作ることはできないものとする。

(1) 機械アを使って製品Aだけを作ると，製品Bだけを作るときに比べて，1日に作ることができる製品の個数は2割多くなる。また，機械イを使って製品Aだけを作ると，製品Bだけを作るときに比べて，1日に作ることができる製品の個数は3割少なくなる。機械アと機械イの両方を使って製品Aだけを作ると，1日に32個でき，製品Bだけを作ると，1日に35個できる。

図1は，そのようすを示したものである。

図1 【製作体制】

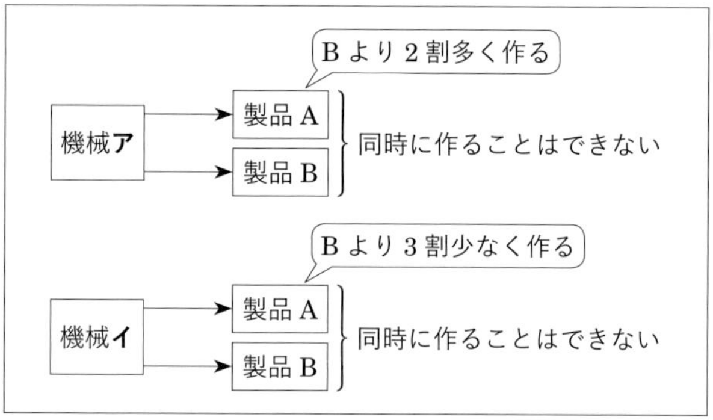

次の問いに答えなさい。

① 機械アを使って，製品Bだけを作るとき1日に x 個できるとすると，機械アを使って製品Aだけを作るとき，1日に作ることができる個数は何個と表すことができるか，答えなさい。

② 機械イを使って，製品Bだけを作るとき1日に y 個できるとすると，機械イを使って製品Aだけを作るとき，1日に作ることができる個数は何個と表すことができるか，答えなさい。

③ x と y の連立方程式をつくり，x と y の値を求めなさい。

(2) 工場で作られた製品Aと製品Bは，検査をおこなったあと，出荷できる状態になる。また，製品Bを1個検査するには，製品Aを1個検査する3倍の時間がかかる。
図2は，そのようすを示したものである。

図2 【検査体制】

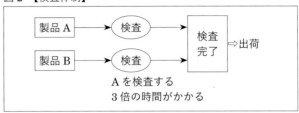

次の問いに答えなさい。ただし，工場にはすでに，検査前の製品がじゅうぶんな数だけ保管されているものとする。

① 製品Aを1日に p 個，製品Bを1日に q 個検査できるとすると，p と q にはどのような関係があるか，p と q の式で表しなさい。

② 製品Aを5日間，製品Bを8日間検査したところ，製品Aと製品Bあわせて138個の検査ができた。p と q の連立方程式をつくって，p と q の値を求め，製品Aと製品Bそれぞれ1日に何個検査できるか，答えなさい。

③ 検査のスピードを上げるために，検査体制を変更したところ，製品Aの検査スピードを1.5倍，製品Bの検査スピードを2倍に上げることができた。この体制で，製品Aと製品Bを何日間かずつ計10日間検査し，あわせて240個の検査ができた。製品Aと製品Bをそれぞれ何日間ずつ検査したか，答えなさい。

問 **3** ある日，文香さんは，7時に家を出て，1760 m 先の学校に向かった。家を出てから毎分 100 m の速さで 5 分歩いたところで，学校に向かう途中の英太さんと出会い，そこからは英太さんといっしょに毎分 70 m の速さで歩いた。

英太さんと出会ってから 2 分後，家の前に落とし物をしたことに気がつき，英太さんと別れ，家まで毎分 160 m の速さで走って戻り，落とし物を拾った後，学校まで毎分 160 m の速さで走った。

このとき，次の問いに答えなさい。

ただし，文香さんの通学路は 1 通りで，近道はなく，英太さんと出会う前後の待ち時間や，落とし物を拾うのにかかった時間は考えないものとする。

(1) 文香さんが落とし物をしたことに気がついたのは，家を出てから何 m 歩いたときか，求めなさい。

(2) 文香さんが家の前に戻ってきた時刻を求めなさい。

(3) 文香さんが 7 時に家を出てから学校に着くまでの時間 x 分と，文香さんの家からの道のり y m との関係を，右の図にかきなさい。

(4) 文香さんが落とし物を拾ったときから学校に着くまでの x と y の関係を，式で表しなさい。

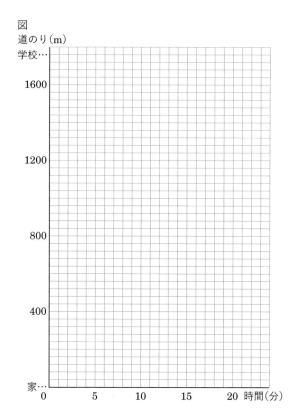

図
道のり(m)

(5) この日，学校に着いてから，文香さんと英太さんと堂上先生は，次のような会話をした。
3人の会話を読んで， ア ～ エ にあてはまる数を答えなさい。ただし， ア ～
エ にはいずれも整数が入るものとする。

文香さん「はあ，はあ。」
英太さん「大丈夫かな，とても疲れているようだよ。」
文香さん「はあ，はあ。朝から走って疲れちゃった。」
英太さん「早かったね。ずっと走って来たの。」
文香さん「英太さんに追いつこうと思って走ったよ。学校に着く前に追いつけるような速
　　　　さで走ったはずだけど，追いつけなかった。」
英太さん「ぼくは，あのあと同じ速さで歩いていたんだ。」
文香さん「それなら，英太さんは7時 ア 分に学校に着くはずだから，私のほうが
　　　　 イ 分先に学校に着いていることになるよ。どうして追いつけなかったんだ
　　　　ろう。不思議でしかたないわ。」
英太さん「あ，そういえば，文香さんと別れてから6分後に，堂上先生と会って，そこか
　　　　ら先生といっしょに歩いて学校に行ったんだった。」
堂上先生「私は学校までの道のりを，いつも毎分 ウ mで歩くことに決めているんだよ。」
文香さん「そうなのですか。ということは，英太さんと堂上先生は私より2分早く学校に
　　　　着いたのね。どうりで追いつけなかったはずだ。私が落とし物を拾ってから学
　　　　校に着くまで，もし毎分 エ m以上の速さで走っていたら，2人に会えたの
　　　　ね。」
堂上先生「落とし物をしていなければ，走らなくても英太さんといっしょに学校に行けた
　　　　はずだよ。」
英太さん「ぼくも，忘れ物や落とし物に気をつけよう。」

入試問題にチャレンジ ①

解答 → 別冊 p.66

問 ① 式の計算，連立方程式 　　　　　　　　　　　　　　　　　　　　　　10点×4

次の問いに答えなさい。

(1) $2(5a-3b)-7(a-2b)$ を計算しなさい。　　　　　　　　　　　　　　　[大阪府]

(2) $8x^2y\times(-6xy)\div12xy^2$ を計算しなさい。　　　　　　　　　　　　　[富山県]

(3) 連立方程式 $\begin{cases} -x+2y=8 \\ 3x-y=6 \end{cases}$ を解きなさい。　　　　　　　　　[東京都]

(4) 等式 $S=\dfrac{1}{2}(a+b)h$ を a について解きなさい。　　　　　　　　　[長崎県]

問 ② 小問集合 　　　　　　　　　　　　　　　　　　　　　　　　　　10点×3

次の問いに答えなさい。

(1) 関数 $y=4x+5$ について述べた文として正しいものを，次の**ア〜エ**の中からすべて選び，記号で書きなさい。　　　　　　　　　　　　　　　　　　　　　　　　　　[岐阜県]

　ア グラフは点 $(4, 5)$ を通る。

　イ グラフは右上がりの直線である。

　ウ x の値が -2 から 1 まで増加するときの y の増加量は 4 である。

　エ グラフは，$y=4x$ のグラフを，y 軸の正の向きに 5 だけ平行移動させたものである。

(2) 右の図で，2直線 ℓ, m は平行である。このとき，∠x の大きさを求めなさい。　　　　　[秋田県]

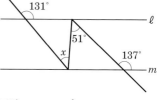

(3) 右の図のような大小2個のさいころがある。さいころを同時に投げて，大きいさいころの出た目の数を a，小さいさいころの出た目の数を b とする。

このとき，b が a の約数となる確率を求めなさい。

ただし，さいころの1から6までのどの目が出ることも同様に確からしいものとする。　　　　　　　　　　　　　　　[和歌山県]

問 ③ 証明のすすめ方　　　　　　　　　　　　　　　　　　　　　　　　5点×3

図で，四角形 ABCD は正方形であり，E は対角線 AC
上 の 点 で，AE＞EC である。また，F，G は四角形
DEFG が正方形となる点である。ただし，辺 EF と DC
は交わるものとする。このとき，∠DCG の大きさを次
のように求めた。 ［ Ⅰ ］，［ Ⅱ ］にあてはまる数を書き
なさい。また，（ a ）にあてはまることばを書きなさい。
なお，2か所の ［ Ⅰ ］ には，同じ数があてはまる。［愛知県］

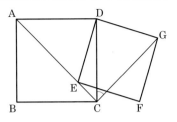

△AED と △CGD で，

四角形 ABCD は正方形だから，AD＝CD　…①

四角形 DEFG は正方形だから，ED＝GD　…②

また，∠ADE＝［ Ⅰ ］°－∠EDC，∠CDG＝［ Ⅰ ］°－∠EDC より，

　　　∠ADE＝∠CDG　…③

①，②，③から，（ a ）がそれぞれ等しいので，

　　　△AED≡△CGD

合同な図形では，対応する角は，それぞれ等しいので，

　　　∠DAE＝∠DCG

したがって，∠DCG＝［ Ⅱ ］°

問 ④ 連立方程式の利用　　　　　　　　　　　　　　　　　　　　　　　　15点

ある文房具店では，ノートと消しゴムを下の表のように販売している。ただし，消費税は表
の価格にふくまれているものとする。

ある日の集計によると，セット A として売れたノートの冊数は，単品ノートの売れた冊数の
3倍より1冊少なく，セット B として売れた消しゴムの個数は，単品消しゴムの売れた個数
の2倍であった。この日，ノートは全部で 41 冊売れ，売り上げの合計は 5640 円であった。
このとき，単品ノートの売れた冊数と，単品消しゴムの売れた個数をそれぞれ求めなさい。

求める過程も書きなさい。　　［福島県］

商品名	価格	内容
単品ノート	120円	ノート1冊
単品消しゴム	60円	消しゴム1個
セットA	160円	ノート1冊，消しゴム1個
セットB	370円	ノート3冊，消しゴム1個

入試問題にチャレンジ ②

解答 → 別冊 p.67

問 ① 式の計算，連立方程式　　　　　　　　　　　　　　　　　　　8点×4

次の問いに答えなさい。

(1)　$3(2x-y)+2(4x-2y)$ を計算しなさい。　　　　　　　　　　[和歌山県]

(2)　$14x^2y÷(-7y)^2×28xy$ を計算しなさい。　　　　　　　　　　[滋賀県]

(3)　連立方程式 $\begin{cases} 2x-y=1 \\ -3x+y=2 \end{cases}$ を解きなさい。　　　　　　[広島県]

(4)　$x=5$，$y=-1$ のとき，$3(x+y)-(2x-y)$ の値を求めなさい。　　[長崎県]

問 ② 小問集合　　　　　　　　　　　　(2)完答10点，他10点×2

次の問いに答えなさい。

(1)　右の図で，四角形 ABCD は長方形であり，E，F はそ
れぞれ辺 DC，AD 上の点である。また，G は線分 AE と
FB との交点である。
　$∠GED=68°$，$∠GBC=56°$ のとき，$∠AGB$ の大きさは
何度か，求めなさい。　　　　　　　　　　　　　　　[愛知県]

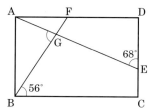

(2)　次の [ ] の中の「**あ**」「**い**」にあてはまる数字をそれ
ぞれ答えなさい。　　　　　　　　　　　　　　　　　[東京都]
　右の図のように，1，2，3，4，5 の数字を1つずつ書い
た5枚のカードがある。この5枚のカードから同時に3
枚のカードを取り出すとき，取り出した3枚のカードに書いてある数の積が3の倍数にな

る確率は，$\dfrac{あ}{い}$ である。ただし，どのカードが取り出されることも同様に確からしいもの

とする。

(3)　右の図で，O は原点，A，B はそれぞれ1次関数
$y=-\dfrac{1}{3}x+b$（b は定数）のグラフと x 軸，y 軸との交点で
ある。△BOA の内部で，x 座標，y 座標がともに自然数と
なる点が2個であるとき，b がとることのできる値の範囲
を，不等号を使って表しなさい。　　　　　　　　　[愛知県]

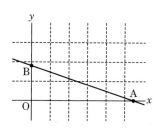

問3 文字式の利用，連立方程式の利用

(1)4点×3，(2)10点

図1のように，9つのますの縦，横，斜め（なな）のどの列においても，1列に並んだ3つの数の和が等しくなるよう，異なる整数を1つずつ入れる遊びがある。このような遊びについて，次の問いに答えなさい。 ［北海道］

図1

8	1	6
3	5	7
4	9	2

(1)　この遊びでは，1列に並んだ3つの数の和は，どの列においても，9つあるます全体の中央のますに入っている数の3倍になる。このことを，次のように説明するとき，[ア]～[ウ]にあてはまる単項式を，それぞれ書きなさい。

［説明］ある1列に並んだ3つの数の和を a とすると，9つのますに入っている数の和は，[ア]と表すことができる。また，ます全体の中央のますを通る列は，縦，横，斜め，合わせて4列あるので，これらの列の3つの数の和の合計は，[イ]と表すことができる。さらに，ます全体の中央のますに入っている数を b とすると，9つのますに入っている数の和は，[イ]－[ウ]と表すことができる。
よって，[ア]＝[イ]－[ウ]となり，計算すると，$a=3b$ となる。
したがって，1列に並んだ3つの数の和は，どの列においても，ます全体の中央のますに入っている数の3倍になる。

(2)　この遊びで，図2のように，ますの一部に整数が入っているとき，x，y は，それぞれいくつになるか。方程式をつくり，求めなさい。

図2

	x	y
6		
−8	2	

問4 三角形

16点

右の図のように，円Oの外部の点Aから，円Oに接線を2本ひき，接点を点P，Qとすると，線分AP，AQの長さが等しくなる。このことを次のように証明した。[　　]に［証明］の続きを書き，完成させなさい。 ［秋田県：改］

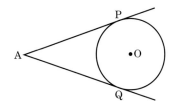

［証明］点Oと点A，点Oと点P，点Oと点Qをそれぞれ結ぶ。△APOと△AQOにおいて

[　　　　　　　　]

合同な図形の対応する辺は等しいから，AP＝AQとなる。

入試問題にチャレンジ ③

制限時間： 50分　　　　　　　　点

解答 → 別冊 p.69

問 ❶ 式の計算，連立方程式　　　　　　　　　　　　　　　　　　8点×4

次の問いに答えなさい。

(1) $\dfrac{2x+y}{3}+\dfrac{5x-7y}{6}$ を計算しなさい。　　　　　　　　　　［大分県］

(2) $12a^2b^3\div\dfrac{4}{3}ab^2\times(-2b)^2$ を計算しなさい。　　　　　　　　［長崎県］

(3) 方程式 $x-y+1=3x+7=-2y$ を解きなさい。　　　　　　　　　［大阪府］

(4) 面積が 15cm^2 の三角形の底辺の長さを $a\text{cm}$，高さを $b\text{cm}$ とする。このとき，b を a の式で表しなさい。　　　　　　　　　　　　　　　　　　　　　　　　　　　　［高知県］

問 ❷ 小問集合　　　　　　　　　　　　　　　　　　(3)4点×3，他8点×2

次の問いに答えなさい。

(1) 関数 $y=2x+1$ について，x の変域が $1\leqq x\leqq 4$ のとき，y の変域を求めなさい。
　　　　　　　　　　　　　　　　　　　　　　　　　　　　　　　　　［北海道］

(2) 右の図で，$\angle x$ の大きさを求めなさい。　　　［栃木県］

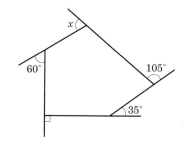

(3) 袋の中に青玉3個，白玉2個，赤玉1個が入っている。この袋から，玉を1個取り出し，それを袋に戻してかき混ぜてから，また1個取り出す。このとき，青玉が2回出る場合と，青玉と白玉が1回ずつ出る場合とではどちらが起こりやすいかについて考えた。
次の　(a)　と　(b)　にあてはまる数を書きなさい。また，　(c)　には，後のア，イから正しいものを1つ選んで，記号で書きなさい。ただし，どの玉が出ることも同様に確からしいものとする。　　　　　　　　　　　　　　　　　　　　　　　　　　　　　　　　　［滋賀県］

> 青玉が2回出る確率は　(a)　であり，
> 青玉と白玉が1回ずつ出る確率は　(b)　である。
> したがって，　(c)　の方が起こりやすい。

ア　青玉が2回出る場合　　　　イ　青玉と白玉が1回ずつ出る場合

252

問 ③ 連立方程式の利用

7点×2

A 中学校の生徒数は，男女あわせて 365 人である。そのうち，男子の 80％と女子の 60％が，運動部に所属しており，その人数は 257 人であった。

このとき，A 中学校の男子の生徒数と女子の生徒数を，それぞれ求めなさい。 [富山県：改]

問 ④ 1 次関数の利用

8点×2

ある中学校でアルバムを作成するため印刷会社に問い合わせたところ，作成冊数が 30 冊までのときは，20 万円の費用がかかる。また，作成冊数が 30 冊を超え 60 冊までのときは，20 万円に加えて 31 冊目から 1 冊あたり 5000 円の費用がかかる。さらに，作成冊数が 60 冊を超えるときは，60 冊を作成する費用に加えて 61 冊目から 1 冊あたり 2500 円の費用がかかる。

アルバムを x 冊作成したときの費用を y 万円とするとき，次の⑴，⑵の問いに答えなさい。

[愛知県]

⑴　右の図は，$0 \leqq x \leqq 30$ のときの x と y の関係をグラフで表したものである。$30 \leqq x \leqq 100$ のときの x と y の関係を表すグラフを，図にかき入れなさい。

⑵　アルバムの作成冊数を何冊以上にすれば，1 冊あたりの作成費用が 5000 円以下となるか，求めなさい。

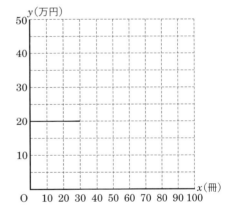

問 ⑤ 平行線と角，三角形

10点

右の図のように，∠BAC＝90°の直角二等辺三角形 ABC と，頂点 A，B，C をそれぞれ通る 3 本の平行な直線 ℓ，m，n がある。線分 BC と直線 ℓ との交点を D とし，頂点 A から 2 直線 m，n にそれぞれ垂線 AP，AQ をひく。このとき，△ABP≡△CAQ であることを証明しなさい。

[鹿児島県]

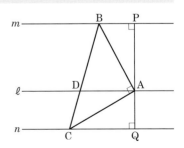

さくいん
INDEX

☞ 青字の項目は，特に重要なものであることを示す。太字のページは，その項目の主な説明のあるページを示す。

□ 編集協力 ㈲四月社 三宮千抄 踊堂憲道

□ アートディレクション 北田進吾

□ 本文デザイン 堀 由佳里 山田香織 畠中脩大 川邉美唯

□ 図版作成 ㈲デザインスタジオエキス.

シグマベスト
くわしい 中2数学

本書の内容を無断で複写（コピー）・複製・転載することを禁じます。また，私的使用であっても，第三者に依頼して電子的に複製すること（スキャンやデジタル化等）は，著作権法上，認められていません。

編 者	文英堂編集部
発行者	益井英郎
印刷所	中村印刷株式会社
発行所	株式会社文英堂

〒601-8121 京都市南区上鳥羽大物町28
〒162-0832 東京都新宿区岩戸町17
（代表）03-3269-4231

くわしい

KUWASHII

MATHEMATICS

解答と解説

文英堂
BUN-EIDO.CO.JP

中 2 数学

1章 式の計算

 類題

1 (1)単項式 (2)多項式
(3)多項式 (4)単項式

解説 (1)数や文字の乗法だけの式。
(2)単項式の和の形の式。
(3)単項式の和の形の式。
(4) 1 つの数。

2 (1) $4x$, $2y$
(2) $-3a$, b, -2
(3) $\dfrac{2}{3}x^2$, $-5x$, $\dfrac{1}{2}$
(4) $-a^2b$, $3ab^2$

解説 (2) $(-3a)+b+(-2)$ と表される。
(3) $\dfrac{2}{3}x^2+(-5x)+\dfrac{1}{2}$ と表される。
(4) $(-a^2b)+3ab^2$ と表される。

3 (1) 1 (2) 3 (3) 3 (4) 5

解説 (1) $-x=-1\times x$ より，かけられている文字は 1 個。
(2) $15ab^2=15\times a\times b\times b$ より，かけられている文字は 3 個。
(3) $a^3=a\times a\times a$ より，かけられている文字は 3 個。
(4) $-5x^3y^2=-5\times x\times x\times x\times y\times y$ より，かけられている文字は 5 個。

4 (1) 2 次式 (2) 3 次式
(3) 3 次式 (4) 5 次式

解説 (1) $3x^2$ の次数は 2，$-x$ の次数は 1。最も大きい次数は 2。

(2) $2x^2y$ の次数は 3，$-3xy$ の次数は 2，$4y^2$ の次数は 2。最も大きい次数は 3。
(3) $4y^3$ の次数は 3。
(4) $-a^3b^2$ の次数は 5，$2ab$ の次数は 2。最も大きい次数は 5。

5 (1) $6x$ と $-5x$, $3y$ と $-4y$
(2) x と $-4x$, xy と $2xy$
(3) $4a^2$ と $-a^2$, $3a$ と a

解説 (3) $4a^2$ と $3a$ のような次数の異なる項は同類項ではない。

6 (1) $4x-4y$ (2) $-3xy+8y$
(3) $-a^2+3a-2$ (4) $3p-q-3r$

解説 (1) $8x-7y-4x+3y$
$=8x-4x-7y+3y$
$=(8-4)x+(-7+3)y$
$=4x-4y$
(2) $xy+3y+5y-4xy$
$=xy-4xy+3y+5y$
$=(1-4)xy+(3+5)y$
$=-3xy+8y$
(3) $a^2-4a+3-2a^2+7a-5$
$=a^2-2a^2-4a+7a+3-5$
$=(1-2)a^2+(-4+7)a+(3-5)$
$=-a^2+3a-2$
(4) $5p-3q-2p+r-4r+2q$
$=5p-2p-3q+2q+r-4r$
$=(5-2)p+(-3+2)q+(1-4)r$
$=3p-q-3r$

7 (1) $-5x-2y$ (2) $6x-2y-6$
(3) $7a^2-4a-2$ (4) $4a+3b-2c$

解説 符号はそのままで，かっこをはずし，同類項をまとめる。
(1) $(x-7y)+(-6x+5y)$
$=x-7y-6x+5y$
$=x-6x-7y+5y$
$=-5x-2y$

(2) $(4x+3y+1)+(2x-5y-7)$
$=4x+3y+1+2x-5y-7$
$=4x+2x+3y-5y+1-7$
$=6x-2y-6$
(3) $(2a^2+a-4)+(5a^2-5a+2)$
$=2a^2+a-4+5a^2-5a+2$
$=2a^2+5a^2+a-5a-4+2$
$=7a^2-4a-2$
(4) $(3a-b+c)+(a+4b-3c)$
$=3a-b+c+a+4b-3c$
$=3a+a-b+4b+c-3c$
$=4a+3b-2c$

<u>**8**</u> (1) $-3x-y$ (2) $3a+5b-4$
    (3) $6t^2+t+17$ (4) $2a+6b+2c$

(解説) ひくほうの符号を変えてかっこをはずし，同類項をまとめる。
(1) $(x-3y)-(4x-2y)$
$=x-3y-4x+2y$
$=x-4x-3y+2y$
$=-3x-y$
(2) $(5a+b-3)-(2a-4b+1)$
$=5a+b-3-2a+4b-1$
$=5a-2a+b+4b-3-1$
$=3a+5b-4$
(3) $(8t^2-4t+9)-(2t^2-5t-8)$
$=8t^2-4t+9-2t^2+5t+8$
$=8t^2-2t^2-4t+5t+9+8$
$=6t^2+t+17$
(4) $(3a+2b-c)-(a-4b-3c)$
$=3a+2b-c-a+4b+3c$
$=3a-a+2b+4b-c+3c$
$=2a+6b+2c$

<u>**9**</u> (1) $6a+2b+4$ (2) $5x^2-5x-4$
    (3) $7a+2b-8$

(解説) ひき算では，ひく式の符号を変えて加える。

(1) $4a+3b-1$
  $+)\ 2a-\ \ b+5$
    $6a+2b+4$
(2) $3x^2-\ \ x-5$
  $-)\ -2x^2+4x-1$
        ⇩
     $3x^2-\ \ x-5$
  $+)\ \ \ 2x^2-4x+1$
     $5x^2-5x-4$
(3) $5a-3b$
  $-)\ -2a-5b+8$
        ⇩
     $5a-3b$
  $+)\ \ \ 2a+5b-8$
     $7a+2b-8$

<u>**10**</u> (1) $4x-2y-3$ (2) $-2x-4y-1$

(解説) 多項式にかっこをつけて計算する。
(1) $(x-3y-2)+(3x+y-1)$
$=x-3y-2+3x+y-1$
$=x+3x-3y+y-2-1$
$=4x-2y-3$
(2) $(x-3y-2)-(3x+y-1)$
$=x-3y-2-3x-y+1$
$=x-3x-3y-y-2+1$
$=-2x-4y-1$

<u>**11**</u> (1) $a+8b$ (2) $9x-6y$
    (3) $3a-2b+4c$

(解説) 2重かっこは順にはずす。
(1) $4a+\{3b-(3a-5b)\}$
$=4a+(3b-3a+5b)$
$=4a+(-3a+3b+5b)$
$=4a+(-3a+8b)$
$=4a-3a+8b$
$=a+8b$
(2) $3x-\{-2x+y-(4x-5y)\}$
$=3x-(-2x+y-4x+5y)$
$=3x-(-2x-4x+y+5y)$

$= 3x - (-6x + 6y)$

$= 3x + 6x - 6y$

$= 9x - 6y$

(3) $2a - b - \{b - 3c - (a + c)\}$

$= 2a - b - (b - 3c - a - c)$

$= 2a - b - (-a + b - 3c - c)$

$= 2a - b - (-a + b - 4c)$

$= 2a - b + a - b + 4c$

$= 2a + a - b - b + 4c$

$= 3a - 2b + 4c$

---

12 (1) $\dfrac{3}{10}x - y - \dfrac{1}{12}$ (2) $\dfrac{1}{15}a + 2b$

（解説）内側から順にかっこをはずし，係数を通分して計算する。

(1) $\dfrac{4}{5}x - \dfrac{1}{3}y - \dfrac{1}{3} - \left(\dfrac{1}{2}x + \dfrac{2}{3}y - \dfrac{1}{4}\right)$

$= \dfrac{4}{5}x - \dfrac{1}{3}y - \dfrac{1}{3} - \dfrac{1}{2}x - \dfrac{2}{3}y + \dfrac{1}{4}$

$= \dfrac{4}{5}x - \dfrac{1}{2}x - \dfrac{1}{3}y - \dfrac{2}{3}y - \dfrac{1}{3} + \dfrac{1}{4}$

$= \dfrac{3}{10}x - y - \dfrac{1}{12}$

(2) $\dfrac{2}{3}a + \dfrac{1}{2}b - \left\{a - \dfrac{1}{2}b - \left(\dfrac{2}{5}a + b\right)\right\}$

$= \dfrac{2}{3}a + \dfrac{1}{2}b - \left(a - \dfrac{1}{2}b - \dfrac{2}{5}a - b\right)$

$= \dfrac{2}{3}a + \dfrac{1}{2}b - \left(a - \dfrac{2}{5}a - \dfrac{1}{2}b - b\right)$

$= \dfrac{2}{3}a + \dfrac{1}{2}b - \left(\dfrac{3}{5}a - \dfrac{3}{2}b\right)$

$= \dfrac{2}{3}a + \dfrac{1}{2}b - \dfrac{3}{5}a + \dfrac{3}{2}b$

$= \dfrac{2}{3}a - \dfrac{3}{5}a + \dfrac{1}{2}b + \dfrac{3}{2}b$

$= \dfrac{1}{15}a + 2b$

---

13 (1) $8x - 6y$ (2) $6a + 15b$

(3) $-\dfrac{1}{2}x + y + \dfrac{3}{4}$ (4) $-10x^2 + 5x - 15$

（解説）(1) $2(4x - 3y) = 2 \times 4x + 2 \times (-3y)$

$= 8x - 6y$

---

(2) $(2a + 5b) \times 3 = 2a \times 3 + 5b \times 3$

$= 6a + 15b$

(3) $-\dfrac{1}{4}(2x - 4y - 3)$

$= -\dfrac{1}{4} \times 2x - \dfrac{1}{4} \times (-4y) - \dfrac{1}{4} \times (-3)$

$= -\dfrac{1}{2}x + y + \dfrac{3}{4}$

(4) $(2x^2 - x + 3) \times (-5)$

$= 2x^2 \times (-5) - x \times (-5) + 3 \times (-5)$

$= -10x^2 + 5x - 15$

---

14 (1) $5x - 4y$ (2) $-a^2 + \dfrac{3}{5}a$

(3) $12a + 6b - 9$ (4) $-4x^2 + 12x + 8$

（解説）わる数の逆数をかけて乗法になおす。

(1) $(15x - 12y) \div 3 = (15x - 12y) \times \dfrac{1}{3}$

$= 15x \times \dfrac{1}{3} - 12y \times \dfrac{1}{3}$

$= 5x - 4y$

(2) $(5a^2 - 3a) \div (-5)$

$= (5a^2 - 3a) \times \left(-\dfrac{1}{5}\right)$

$= 5a^2 \times \left(-\dfrac{1}{5}\right) - 3a \times \left(-\dfrac{1}{5}\right)$

$= -a^2 + \dfrac{3}{5}a$

(3) $(20a + 10b - 15) \div \dfrac{5}{3}$

$= (20a + 10b - 15) \times \dfrac{3}{5}$

$= 20a \times \dfrac{3}{5} + 10b \times \dfrac{3}{5} - 15 \times \dfrac{3}{5}$

$= 12a + 6b - 9$

(4) $(2x^2 - 6x - 4) \div \left(-\dfrac{1}{2}\right)$

$= (2x^2 - 6x - 4) \times (-2)$

$= 2x^2 \times (-2) - 6x \times (-2) - 4 \times (-2)$

$= -4x^2 + 12x + 8$

---

15 (1) $11x + 3y$ (2) $36a^2 - 24a + 1$

(3) $23p + 4q - 17r$

(解説) 分配法則を使ってかっこをはずし，同類項をまとめる。

(1) $2(4x+3y)+3(x-y)$

$=8x+6y+3x-3y$

$=8x+3x+6y-3y$

$=11x+3y$

(2) $3(8a^2-6a-1)+2(6a^2-3a+2)$

$=24a^2-18a-3+12a^2-6a+4$

$=24a^2+12a^2-18a-6a-3+4$

$=36a^2-24a+1$

(3) $2(4p-3q-r)+5(3p+2q-3r)$

$=8p-6q-2r+15p+10q-15r$

$=8p+15p-6q+10q-2r-15r$

$=23p+4q-17r$

---

16 (1) $7a+9b$ (2) $-14x+3y+3$

(3) $-2a^2-32a-42$

(4) $-4x+26y-18z$

(解説) かっこの前が－のときは，かっこ内の符号を変えて，かっこをはずす。

(1) $3(4a-2b)-5(a-3b)$

$=12a-6b-5a+15b$

$=12a-5a-6b+15b$

$=7a+9b$

(2) $-3(2x-5y+1)-2(4x+6y-3)$

$=-6x+15y-3-8x-12y+6$

$=-6x-8x+15y-12y-3+6$

$=-14x+3y+3$

(3) $4(a^2-6a-8)-2(3a^2+4a+5)$

$=4a^2-24a-32-6a^2-8a-10$

$=4a^2-6a^2-24a-8a-32-10$

$=-2a^2-32a-42$

(4) $6(2x+3y-z)-4(4x-2y+3z)$

$=12x+18y-6z-16x+8y-12z$

$=12x-16x+18y+8y-6z-12z$

$=-4x+26y-18z$

---

17 (1) $7x-y$ (2) $\dfrac{1}{10}a+\dfrac{9}{5}b$

(解説) かっこをはずし，係数を通分して同類項をまとめる。

(1) $\dfrac{1}{6}(12x+8y)+\dfrac{1}{3}(15x-7y)$

$=2x+\dfrac{4}{3}y+5x-\dfrac{7}{3}y$

$=2x+5x+\dfrac{4}{3}y-\dfrac{7}{3}y$

$=7x-y$

(2) $\dfrac{1}{2}(a+2b)-\dfrac{1}{5}(2a-4b)$

$=\dfrac{1}{2}a+b-\dfrac{2}{5}a+\dfrac{4}{5}b$

$=\dfrac{1}{2}a-\dfrac{2}{5}a+b+\dfrac{4}{5}b$

$=\dfrac{1}{10}a+\dfrac{9}{5}b$

---

18 (1) $\dfrac{23x-14y}{20}$ $\left(\dfrac{23}{20}x-\dfrac{7}{10}y\right)$

(2) $\dfrac{-a-3b}{12}$ $\left(-\dfrac{1}{12}a-\dfrac{1}{4}b\right)$

(解説) 通分して分子の同類項をまとめる。

(分数)×(多項式)の形になおして計算してもよい。

(1) $\dfrac{3x-2y}{4}+\dfrac{2x-y}{5}$

$=\dfrac{5(3x-2y)}{20}+\dfrac{4(2x-y)}{20}$

$=\dfrac{5(3x-2y)+4(2x-y)}{20}$

$=\dfrac{15x-10y+8x-4y}{20}$

$=\dfrac{15x+8x-10y-4y}{20}$

$=\dfrac{23x-14y}{20}$

(2) $\dfrac{a-3b}{4}-\dfrac{2a-3b}{6}$

$=\dfrac{3(a-3b)}{12}-\dfrac{2(2a-3b)}{12}$

$=\dfrac{3(a-3b)-2(2a-3b)}{12}$

$=\dfrac{3a-9b-4a+6b}{12}$

$$= \frac{3a - 4a - 9b + 6b}{12}$$

$$= \frac{-a - 3b}{12}$$

19 (1) $18xy$ (2) $-28ab$

(3) $-2pq$ (4) $\dfrac{5}{2}xyz$

解説 係数の積に文字の積をかける。

(1) $6x \times 3y = 6 \times x \times 3 \times y$

$= 18xy$

(2) $7a \times (-4b) = 7 \times a \times (-4) \times b$

$= -28ab$

(3) $(-6p) \times \dfrac{1}{3}q = -6 \times p \times \dfrac{1}{3} \times q$

$= -2pq$

(4) $\left(-\dfrac{1}{4}x\right) \times (-10yz)$

$= -\dfrac{1}{4} \times x \times (-10) \times y \times z$

$= \dfrac{5}{2}xyz$

20 (1) $4x^3$ (2) $-10y^3$

(3) $-\dfrac{2}{3}a^2b^3$ (4) $12a^3b^3$

解説 同じ文字の積は指数を使って表す。

(1) $4x^2 \times x = 4 \times x \times x \times x$

$= 4x^3$

(2) $(-5y) \times 2y^2 = -5 \times y \times 2 \times y \times y$

$= -10y^3$

(3) $4ab^2 \times \left(-\dfrac{1}{6}ab\right)$

$= 4 \times a \times b \times b \times \left(-\dfrac{1}{6}\right) \times a \times b$

$= -\dfrac{2}{3}a^2b^3$

(4) $(-3a^2b) \times (-4ab^2)$

$= -3 \times a \times a \times b \times (-4) \times a \times b \times b$

$= 12a^3b^3$

21 (1) $-64x^3$ (2) $4a^2b^2$ (3) $-9m^3n^2$

解説 何を何回かけているのかに注意する。

(1) $(-4x)^3 = (-4x) \times (-4x) \times (-4x) = -64x^3$

(2) $(-2ab)^2 = (-2ab) \times (-2ab) = 4a^2b^2$

(3) $(-m)^3 \times (3n)^2$

$= \{(-m) \times (-m) \times (-m)\} \times (3n \times 3n)$

$= -m^3 \times 9n^2$

$= -9m^3n^2$

22 (1) $2a$ (2) $-2y$ (3) $-\dfrac{a}{2b}$

解説 $A \div B = \dfrac{A}{B}$ として約分する。

(1) $4a^3 \div 2a^2 = \dfrac{4a^3}{2a^2}$

$= \dfrac{4 \times a \times a \times a}{2 \times a \times a}$

$= 2a$

(2) $(-4xy^2) \div 2xy = \dfrac{-4xy^2}{2xy}$

$= -\dfrac{4 \times x \times y \times y}{2 \times x \times y}$

$= -2y$

(3) $3a^2 \div (-6ab) = \dfrac{3a^2}{-6ab}$

$= -\dfrac{3 \times a \times a}{6 \times a \times b}$

$= -\dfrac{a}{2b}$

23 (1) $\dfrac{8}{3}a$ (2) $-\dfrac{1}{6}x$

(3) $-12b$ (4) $\dfrac{y}{4x}$

解説 係数が分数のときは，文字を分子に入れてから，わる式を逆数にしてかける。

(1) $\dfrac{2}{3}a^3 \div \dfrac{1}{4}a^2 = \dfrac{2a^3}{3} \div \dfrac{a^2}{4}$

$= \dfrac{2a^3}{3} \times \dfrac{4}{a^2}$

$= \dfrac{2 \times a \times a \times a \times 4}{3 \times a \times a}$

$= \dfrac{8}{3}a$

(2) $\left(-\dfrac{3}{8}xy^2\right) \div \dfrac{9}{4}y^2 = -\dfrac{3xy^2}{8} \div \dfrac{9y^2}{4}$

$= -\dfrac{3xy^2}{8} \times \dfrac{4}{9y^2}$

$= -\dfrac{3 \times x \times y \times y \times 4}{8 \times 9 \times y \times y}$

$= -\dfrac{1}{6}x$

(3) $3ab^2 \div \left(-\dfrac{1}{4}ab\right) = 3ab^2 \div \left(-\dfrac{ab}{4}\right)$

$= 3ab^2 \times \left(-\dfrac{4}{ab}\right)$

$= -\dfrac{3 \times a \times b \times b \times 4}{a \times b}$

$= -12b$

(4) $\dfrac{1}{6}xy \div \dfrac{2}{3}x^2 = \dfrac{xy}{6} \div \dfrac{2x^2}{3}$

$= \dfrac{xy}{6} \times \dfrac{3}{2x^2}$

$= \dfrac{x \times y \times 3}{6 \times 2 \times x \times x}$

$= \dfrac{y}{4x}$

24 (1) $\dfrac{4}{3}a$　(2) $-\dfrac{3x^2}{2y}$

解説 除法はすべて積の形になおす。

(1) $6ab \times 2a^2b \div 9a^2b^2$

$= 6ab \times 2a^2b \times \dfrac{1}{9a^2b^2}$

$= \dfrac{6ab \times 2a^2b}{9a^2b^2}$

$= \dfrac{4}{3}a$

(2) $\dfrac{5}{2}x \times (-2xy) \div \dfrac{10}{3}y^2$

$= \dfrac{5x}{2} \times (-2xy) \div \dfrac{10y^2}{3}$

$= \dfrac{5x}{2} \times (-2xy) \times \dfrac{3}{10y^2}$

$= -\dfrac{5x \times 2xy \times 3}{2 \times 10y^2}$

$= -\dfrac{3x^2}{2y}$

25 (1) -39　(2) 16
(3) 1　(4) -20

解説 式を簡単にしてから，数を代入する。

(1) $2(2a+3b)+4(a-5b)$

$= 4a+6b+4a-20b$

$= 8a-14b$

$= 8 \times (-4)-14 \times \dfrac{1}{2}$

$= -32-7 = -39$

(2) $3(a-2b)-2(3a-7b)$

$= 3a-6b-6a+14b$

$= -3a+8b$

$= -3 \times (-4)+8 \times \dfrac{1}{2}$

$= 12+4 = 16$

(3) $3a+\{7b-(2a-3b)\}$

$= 3a+(7b-2a+3b)$

$= 3a+(-2a+10b)$

$= 3a-2a+10b$

$= a+10b$

$= -4+10 \times \dfrac{1}{2}$

$= -4+5 = 1$

(4) $2a-b-\{3b-(3a+4b)\}$

$= 2a-b-(3b-3a-4b)$

$= 2a-b-(-3a-b)$

$= 2a-b+3a+b$

$= 5a$

$= 5 \times (-4) = -20$

26 (1) 4　(2) $-\dfrac{32}{9}$
(3) 16　(4) 32

解説 約分して式を簡単にしてから，数を代入する。

(1) $6xy^2 \div (-2y) = \dfrac{6xy^2}{-2y}$

$= -3xy$

$= -3 \times 4 \times \left(-\dfrac{1}{3}\right) = 4$

(2) $4x^3y^2 \div 6xy = \dfrac{4x^3y^2}{6xy}$

$= \dfrac{2}{3}x^2y$

$= \dfrac{2}{3} \times 4^2 \times \left(-\dfrac{1}{3}\right) = -\dfrac{32}{9}$

(3) $9x^2 \div 2x^2y \times 8xy^3$

$= 9x^2 \times \dfrac{1}{2x^2y} \times 8xy^3$

$= \dfrac{9x^2 \times 8xy^3}{2x^2y}$

$= 36xy^2$

$= 36 \times 4 \times \left(-\dfrac{1}{3}\right)^2 = 16$

(4) $2x^2y^2 \times 9xy \div (-3xy^2)$

$= 2x^2y^2 \times 9xy \times \left(-\dfrac{1}{3xy^2}\right)$

$= -\dfrac{2x^2y^2 \times 9xy}{3xy^2}$

$= -6x^2y$

$= -6 \times 4^2 \times \left(-\dfrac{1}{3}\right) = 32$

---

27 はじめの自然数の十の位の数を a, 一の位の数を b とすると, はじめの自然数は $10a+b$, 入れかえた自然数は $10b+a$ と表されるから, これらの和は,

$(10a+b)+(10b+a)$
$=10a+b+10b+a$
$=11a+11b$
$=11(a+b)$

$a+b$ は整数なので, $11(a+b)$ は 11 の倍数である。

よって, 2 けたの自然数と, その自然数の一の位の数と十の位の数を入れかえた自然数との和は, 11 の倍数になる。

(解説) 十の位の数を a, 一の位の数を b とすると, 2 けたの自然数は $10a+b$ と表される。11 の倍数であることを示すには, $11n(n$ は整数$)$ の形に表す必要があるので, $11a+11b=11(a+b)$ と変形する。

---

28 m, n を整数とすると, 2 つの偶数は, $2m$, $2n$ と表されるから, これらの和は,

$2m+2n=2(m+n)$

$m+n$ は整数なので, $2(m+n)$ は偶数である。

よって, 2 つの偶数の和は, 偶数である。

(解説) 偶数は $2n(n$ は整数$)$ と表される。2 つの偶数を表すときは, 異なる文字を用いて, $2m$, $2n(m$, n は整数$)$ のように表す。

---

29 n を整数として, 3 つの連続する偶数のうち真ん中の数を $2n$ とすると, 3 つの連続する偶数は, $2n-2$, $2n$, $2n+2$ と表されるから, これらの和は,

$(2n-2)+2n+(2n+2)=6n$

n は整数なので, $6n$ は 6 の倍数である。よって, 3 つの連続する偶数の和は, 6 の倍数である。

(解説) 真ん中の偶数を $2n(n$ は整数$)$ とおくと, 3 つの偶数は, $2n-2$, $2n$, $2n+2$ と表される。最も小さい偶数を $2n$ として, 3 つの偶数を $2n$, $2n+2$, $2n+4$ としてもよい。

---

30 カレンダー上で右上から左下にかけてななめに並んだ 3 つの数のうち, 真ん中の数を n とすると, ななめに並んだ 3 つの数は, $n-6$, n, $n+6$ と表されるから, これらの和は,

$(n-6)+n+(n+6)=3n$

よって, カレンダー上で右上から左下にかけてななめに並んだ 3 つの数の和は, 真ん中の数の 3 倍になる。

(解説) 真ん中の数を n とすると, 右上の数は $n-6$, 左下の数は $n+6$ と表される。

31

(1) $x = \dfrac{4}{3}y - 2$ (2) $y = \dfrac{15}{x}$

(3) $a = \dfrac{1}{2}\ell - b$

解説 (1) $3x - 4y + 6 = 0$

$3x = 4y - 6$

$x = \dfrac{4}{3}y - 2$

(2)両辺に 3 をかけてから，両辺を x でわる。

$\dfrac{1}{3}xy = 5$

$xy = 15$

$y = \dfrac{15}{x}$

(3)左辺と右辺を入れかえると，

$2(a + b) = \ell$

$a + b = \dfrac{1}{2}\ell$

$a = \dfrac{1}{2}\ell - b$

32 $\dfrac{1}{2}$ 倍

解説 円柱 A の体積は，

$\pi a^2 \times h = \pi a^2 h \ (\mathrm{cm}^3)$

円柱 B の体積は，

$\pi \left(\dfrac{a}{2}\right)^2 \times 2h = \dfrac{\pi a^2 h}{2} \ (\mathrm{cm}^3)$

よって，

$\dfrac{\pi a^2 h}{2} \div \pi a^2 h = \dfrac{\pi a^2 h}{2} \times \dfrac{1}{\pi a^2 h}$

$= \dfrac{1}{2} \ (倍)$

33 おうぎ形の弧の長さは底面の円の周と等しいので，

$\ell = 2\pi r$

これを S の式に代入すると，

$S = \dfrac{1}{2}\ell R = \dfrac{1}{2} \times 2\pi r \times R = \pi r R$

解説 円錐の展開図の側面のおうぎ形の弧の長

さは，底面の円の周と等しいことから，ℓ を r で表す。

34 どちらも同じ

解説 円 R の直径は $(10 - p - q)\,\mathrm{cm}$ であるから，赤の実線を通って行くときの道のりは，

$\pi p \times \dfrac{1}{2} + \pi q \times \dfrac{1}{2} + \pi(10 - p - q) \times \dfrac{1}{2}$

$= \dfrac{\pi p}{2} + \dfrac{\pi q}{2} + 5\pi - \dfrac{\pi p}{2} - \dfrac{\pi q}{2}$

$= 5\pi \ (\mathrm{cm})$

赤の破線を通って行くときの道のりは，

$\pi \times 10 \times \dfrac{1}{2} = 5\pi \ (\mathrm{cm})$

よって，どちらも同じである。

 定期テスト対策問題

1 (1) 2 次式 (2) 3 次式 (3) 3 次式

解説 多項式の次数は，各項の次数のうちで最も大きいもの。

(1) $4x$ の次数は 1，$-7y$ の次数は 1，$-xy$ の次数は 2，z の次数は 1 だから，2 次式。

(2) $-5a^2 b$ の次数は 3 だから，3 次式。

(3) $-x$ の次数は 1，$-5x^3$ の次数は 3 だから，3 次式。

2 (1) $7a + 3b$ (2) $2xy - 3y$
(3) $-x^2 - 7x + 8$ (4) $a - 2b + c$

解説 (1) $4a - 2b + 3a + 5b$

$= (4 + 3)a + (-2 + 5)b$

$= 7a + 3b$

(2) $3xy - 4y + y - xy$

$= (3 - 1)xy + (-4 + 1)y$

$= 2xy - 3y$

(3) $5 - 3x + x^2 - 4x + 3 - 2x^2$

$= (1 - 2)x^2 + (-3 - 4)x + (5 + 3)$

$= -x^2 - 7x + 8$

(4) $2a + 3b - c - 5b - a + 2c$

$= (2-1)a + (3-5)b + (-1+2)c$

$= a - 2b + c$

❸ (1) $10a - 8b$　(2) $6x - 8y - 7$

(3) $5x^2 + 3x - 2$　(4) $x - y - 4z$

(5) $3a + 9b - 20$　(6) $16x^2 - 16x$

解説　(1) $(7a - 6b) + (3a - 2b)$

$= 7a - 6b + 3a - 2b$

$= (7+3)a + (-6-2)b = 10a - 8b$

(2) $(4x - 5y) - (7 + 3y - 2x)$

$= 4x - 5y - 7 - 3y + 2x$

$= (4+2)x + (-5-3)y - 7$

$= 6x - 8y - 7$

(3) $(3x^2 + 4x - 1) + (2x^2 - x - 1)$

$= 3x^2 + 4x - 1 + 2x^2 - x - 1$

$= (3+2)x^2 + (4-1)x + (-1-1)$

$= 5x^2 + 3x - 2$

(4) $(2x - 3y - z) - (x - 2y + 3z)$

$= 2x - 3y - z - x + 2y - 3z$

$= (2-1)x + (-3+2)y + (-1-3)z$

$= x - y - 4z$

(6)

$$
\begin{array}{r}
10x^2 - 9x - 2 \\
-)-\ 6x^2 + 7x - 2 \\
\end{array}
\quad\Rightarrow\quad
\begin{array}{r}
10x^2 -\ 9x - 2 \\
+)\ 6x^2 -\ 7x + 2 \\
\hline
16x^2 - 16x
\end{array}
$$

❹ (1) $7x - 18y - 4$　(2) $13x - 12$

解説　多項式にかっこをつけて計算する。

(2) $(10x - 9y - 8) - (-3x - 9y + 4)$

$= 10x - 9y - 8 + 3x + 9y - 4 = 13x - 12$

❺ (1) $4a - 4b$　(2) $-\dfrac{1}{12}x + \dfrac{46}{35}y - \dfrac{13}{12}$

(3) $-\dfrac{1}{6}x + \dfrac{5}{12}y$

解説　(1) $5a - 3b - \{2a - (a - b)\}$

$= 5a - 3b - (2a - a + b)$

$= 5a - 3b - (a + b)$

$= 5a - 3b - a - b$

$= 4a - 4b$

(2) $\left(\dfrac{2}{3}x + \dfrac{3}{5}y - \dfrac{1}{4}\right) - \left(\dfrac{3}{4}x - \dfrac{5}{7}y + \dfrac{5}{6}\right)$

$= \dfrac{2}{3}x + \dfrac{3}{5}y - \dfrac{1}{4} - \dfrac{3}{4}x + \dfrac{5}{7}y - \dfrac{5}{6}$

$= \dfrac{2}{3}x - \dfrac{3}{4}x + \dfrac{3}{5}y + \dfrac{5}{7}y - \dfrac{1}{4} - \dfrac{5}{6}$

$= -\dfrac{1}{12}x + \dfrac{46}{35}y - \dfrac{13}{12}$

(3) $\dfrac{1}{3}x - \dfrac{3}{4}y - \left\{x - \dfrac{1}{6}y - \left(\dfrac{1}{2}x + y\right)\right\}$

$= \dfrac{1}{3}x - \dfrac{3}{4}y - \left(x - \dfrac{1}{6}y - \dfrac{1}{2}x - y\right)$

$= \dfrac{1}{3}x - \dfrac{3}{4}y - \left(\dfrac{1}{2}x - \dfrac{7}{6}y\right)$

$= \dfrac{1}{3}x - \dfrac{3}{4}y - \dfrac{1}{2}x + \dfrac{7}{6}y$

$= -\dfrac{1}{6}x + \dfrac{5}{12}y$

❻ (1) $8a - 6b$　(2) $-4x + 8y - 12$

(3) $5x + 4y$　(4) $-12x^2 + 4x - 8$

(5) $18a - 14b$　(6) $-2x - 22y$

(7) $5x - 2y$　(8) $-\dfrac{1}{6}x + \dfrac{11}{6}y$

(9) $\dfrac{5a + b}{6}$　(10) $\dfrac{14a - 9b}{12}$

解説　(4) $(9x^2 - 3x + 6) \div \left(-\dfrac{3}{4}\right)$

$= (9x^2 - 3x + 6) \times \left(-\dfrac{4}{3}\right)$

$= 9x^2 \times \left(-\dfrac{4}{3}\right) - 3x \times \left(-\dfrac{4}{3}\right) + 6 \times \left(-\dfrac{4}{3}\right)$

$= -12x^2 + 4x - 8$

(10) $\dfrac{8a - 5b}{4} - \dfrac{5a - 3b}{6}$

$= \dfrac{3(8a - 5b)}{12} - \dfrac{2(5a - 3b)}{12}$

$= \dfrac{3(8a - 5b) - 2(5a - 3b)}{12}$

$= \dfrac{24a - 15b - 10a + 6b}{12} = \dfrac{14a - 9b}{12}$

❼ (1) $-6xy$　(2) $-3a^3b^2$　(3) $-2a^3b^2$

(4) $-5a^2$　(5) $3x$　(6) $-4a$

(7) xy^2　(8) $\dfrac{1}{6}xy$

解説　(1) $(-3x)\times 2y=(-3)\times x\times 2\times y=-6xy$

(3) $(-a)^2\times(-2ab^2)=\{(-a)\times(-a)\}\times(-2ab^2)$

$=a^2\times(-2ab^2)=-2a^3b^2$

(6) $\dfrac{5}{2}a^3\div\left(-\dfrac{5}{8}a^2\right)=\dfrac{5a^3}{2}\div\left(-\dfrac{5a^2}{8}\right)$

$=\dfrac{5a^3}{2}\times\left(-\dfrac{8}{5a^2}\right)$

$=-\dfrac{5\times a\times a\times a\times 8}{2\times 5\times a\times a}=-4a$

(8) $\left(-\dfrac{2}{3}xy\right)\div 2x^3y\times\left(-\dfrac{1}{2}x^3y\right)$

$=\dfrac{2xy}{3}\times\dfrac{1}{2x^3y}\times\dfrac{x^3y}{2}$

$=\dfrac{2xy\times 1\times x^3y}{3\times 2x^3y\times 2}=\dfrac{1}{6}xy$

❽ (1) -7　(2) 3　(3) $\dfrac{1}{6}$　(4) 4

解説　式を簡単にしてから代入する。

(1) $4(3a+2b)+2(5a-b)$

$=22a+6b$

$=22\times\left(-\dfrac{1}{2}\right)+6\times\dfrac{2}{3}=-7$

(4) $6ab^2\div(-2a^2b)\times(-3ab)^2$

$=-\dfrac{6ab^2\times 9a^2b^2}{2a^2b}$

$=-27ab^3=-27\times\left(-\dfrac{1}{2}\right)\times\left(\dfrac{2}{3}\right)^3=4$

❾ $x-2y$

解説　$2(3A-B)-3(A-2B)=3A+4B$

$A=3x-2y,\ B=-2x+y$ を代入すると,

$3A+4B$

$=3(3x-2y)+4(-2x+y)$

$=9x-6y-8x+4y=x-2y$

❿ ア…$20a$　イ…$2b$　ウ…$(20a+2b)$

　　エ…c　（ア,イは順不同）

解説　$100a+10b+c=5\times 20a+5\times 2b+c$

$=5(20a+2b)+c$

⓫ 4つの数のうち, 左上の数を n とすると,

右上, 左下, 右下の数はそれぞれ, $n+1$,

$n+7$, $n+8$ と表される。

左上の数と右下の数の和は,

$n+(n+8)=2n+8$

右上の数と左下の数の和は,

$(n+1)+(n+7)=2n+8$

よって, 左上の数と右下の数の和と, 右上

の数と左下の数の和は等しくなる。

⓬ (1) $x=2-\dfrac{1}{3}y$　(2) $a=\dfrac{3V}{h}$

　　(3) $r=\dfrac{\ell}{2\pi}-1$

解説　(1) $3x=6-y$ と変形して, 両辺を 3 でわ

ると, $x=2-\dfrac{1}{3}y$

(2) 両辺を入れかえて, $\dfrac{1}{3}ah=V$

両辺を $\dfrac{1}{3}h$ でわると, $a=\dfrac{3V}{h}$

(3) 両辺を入れかえて, $2\pi(r+1)=\ell$

両辺を 2π でわって, $r+1=\dfrac{\ell}{2\pi}$

1 を移項すると, $r=\dfrac{\ell}{2\pi}-1$

⓭ 2 倍

解説　正四角柱 A の体積は,

$a^2\times h=a^2h\ (\text{cm}^3)$

正四角柱 B は, 底面の 1 辺の長さが $2a\,\text{cm}$,

高さが $\dfrac{1}{2}h\,\text{cm}$ だから, 体積は,

$(2a)^2\times\dfrac{1}{2}h=2a^2h\ (\text{cm}^3)$

よって, $2a^2h\div a^2h=2$（倍）

⑭ OP=$p$cm, OQ=$q$cm とすると,

OR=OP+$\dfrac{PQ}{2}$=$p+\dfrac{q-p}{2}$=$\dfrac{p+q}{2}$

（R を通る円周）

=$2\pi\times\dfrac{p+q}{2}$=$\pi(p+q)$

（P を通る円周）＋（Q を通る円周）

=$2\pi p+2\pi q$=$2\pi(p+q)$=$2\times\pi(p+q)$

よって，P を通る円周と Q を通る円周の
長さの和は，PQ の中点 R を通る円周の長
さの 2 倍に等しくなる。

2章 連立方程式

 類題

1 ア…−1　イ…−4　ウ…−7

（解説）$3x+y=-1$　…①

①に $x=0$ を代入すると，

$3\times0+y=-1$　$0+y=-1$

よって，$y=-1$ より，ア…−1

①に $x=1$ を代入すると，

$3\times1+y=-1$　$3+y=-1$

よって，$y=-4$ より，イ…−4

①に $x=2$ を代入すると，

$3\times2+y=-1$　$6+y=-1$

よって，$y=-7$ より，ウ…−7

2 ㋑，㋓

（解説）㋐ $x=3$, $y=-2$ のとき，

$2x+5y=2\times3+5\times(-2)$

$=6-10=-4$

だから，$x=3$, $y=-2$ は解ではない。

㋑ $x=4$, $y=-1$ のとき，

$2x+5y=2\times4+5\times(-1)$

$=8-5=3$

だから，$x=4$, $y=-1$ は解である。

㋒ $x=-4$, $y=2$ のとき，

$2x+5y=2\times(-4)+5\times2$

$=-8+10=2$

だから，$x=-4$, $y=2$ は解ではない。

㋓ $x=-6$, $y=3$ のとき，

$2x+5y=2\times(-6)+5\times3$

$=-12+15=3$

だから，$x=-6$, $y=3$ は解である。

3

表1

x	1	2	3	4	5
y	0	$\dfrac{2}{3}$	$\dfrac{4}{3}$	2	$\dfrac{8}{3}$

表2

x	1	2	3	4	5
y	$\dfrac{7}{2}$	3	$\dfrac{5}{2}$	2	$\dfrac{3}{2}$

$x=4$, $y=2$

（解説）空欄の y の値は，2元1次方程式に x の値を代入してできる y についての1次方程式を解いて求める。

4 ㋑

（解説）㋐ $x=2$, $y=3$ のとき，
$5x+y=5\times2+3=10+3=13$
$x+2y=2+2\times3=2+6=8$
だから，$x=2$, $y=3$ は解ではない。
㋑ $x=3$, $y=-2$ のとき，
$5x+y=5\times3+(-2)=15-2=13$
$x+2y=3+2\times(-2)=3-4=-1$
だから，$x=3$, $y=-2$ は解ではない。
㋒ $x=5$, $y=6$ のとき，
$5x+y=5\times5+6=25+6=31$
$x+2y=5+2\times6=5+12=17$
だから，$x=5$, $y=6$ は解ではない。
㋓ $x=1$, $y=8$ のとき，
$5x+y=5\times1+8=5+8=13$
$x+2y=1+2\times8=1+16=17$
だから，$x=1$, $y=8$ は解である。

5 (1)$x=1$, $y=-2$
　　(2)$x=1$, $y=2$

（解説）(1) $\begin{cases} x+y=-1 & \cdots① \\ x-3y=7 & \cdots② \end{cases}$
①の両辺から②の両辺をひくと，

$$\begin{array}{r} x+y=-1 \\ -)\ x-3y=7 \\ \hline 4y=-8 \\ y=-2 \end{array}$$

$y=-2$ を①に代入すると，
$x+(-2)=-1$　$x=1$
(2) $\begin{cases} 5x+2y=9 & \cdots① \\ x+2y=5 & \cdots② \end{cases}$
①の両辺から②の両辺をひくと，

$$\begin{array}{r} 5x+2y=9 \\ -)\ x+2y=5 \\ \hline 4x=4 \\ x=1 \end{array}$$

$x=1$ を②に代入すると，
$1+2y=5$　$2y=4$
$y=2$

6 (1)$x=3$, $y=2$
　　(2)$x=-3$, $y=-2$

（解説）(1) $\begin{cases} 4x-3y=6 & \cdots① \\ x+3y=9 & \cdots② \end{cases}$
①と②の両辺をたすと，

$$\begin{array}{r} 4x-3y=6 \\ +)\ x+3y=9 \\ \hline 5x=15 \\ x=3 \end{array}$$

$x=3$ を②に代入すると，
$3+3y=9$　$3y=6$
$y=2$
(2) $\begin{cases} 4x+y=-14 & \cdots① \\ -4x+5y=2 & \cdots② \end{cases}$
①と②の両辺をたすと，

$$\begin{array}{r} 4x+y=-14 \\ +)\ -4x+5y=2 \\ \hline 6y=-12 \\ y=-2 \end{array}$$

$y=-2$ を①に代入すると，
$4x+(-2)=-14$　$4x=-12$
$x=-3$

7

(1) $x=1,\ y=2$

(2) $x=2,\ y=1$

解説 (1) $\begin{cases} 5x+2y=9 & \cdots\text{①} \\ 2x+y=4 & \cdots\text{②} \end{cases}$

① $\qquad 5x+2y=9$

②×2 $\quad \underline{-)4x+2y=8}$

$\qquad\qquad x\ \ \ \ =1$

$x=1$ を②に代入すると，

$2\times1+y=4 \quad y=2$

(2) $\begin{cases} 2x-3y=1 & \cdots\text{①} \\ 6x-5y=7 & \cdots\text{②} \end{cases}$

①×3 $\qquad 6x-9y=3$

② $\qquad \underline{-)6x-5y=7}$

$\qquad\qquad -4y=-4$

$\qquad\qquad\quad y=1$

$y=1$ を①に代入すると，

$2x-3\times1=1 \quad 2x=4$

$x=2$

8

(1) $x=3,\ y=4$

(2) $x=4,\ y=2$

解説 (1) $\begin{cases} 8x-5y=4 & \cdots\text{①} \\ -2x+3y=6 & \cdots\text{②} \end{cases}$

① $\qquad\qquad 8x-\ 5y=\ 4$

②×4 $\quad \underline{+)-8x+12y=24}$

$\qquad\qquad\qquad 7y=28$

$\qquad\qquad\qquad\ y=4$

$y=4$ を②に代入すると，

$-2x+3\times4=6 \quad -2x=-6$

$x=3$

(2) $\begin{cases} 2x+3y=14 & \cdots\text{①} \\ 7x-9y=10 & \cdots\text{②} \end{cases}$

①×3 $\qquad 6x+9y=42$

② $\qquad \underline{+)\ 7x-9y=10}$

$\qquad\qquad 13x\ \ \ \ =52$

$\qquad\qquad\quad x=4$

$x=4$ を①に代入すると，

$2\times4+3y=14 \quad 3y=6$

$y=2$

9

(1) $x=-2,\ y=-1$

(2) $x=2,\ y=-6$

解説 (1) $\begin{cases} 4x-5y=-3 & \cdots\text{①} \\ 3x-4y=-2 & \cdots\text{②} \end{cases}$

①×3 $\qquad 12x-15y=-9$

②×4 $\quad \underline{-)12x-16y=-8}$

$\qquad\qquad\qquad y=-1$

$y=-1$ を②に代入すると，

$3x-4\times(-1)=-2$

$3x=-6 \quad x=-2$

(2) $\begin{cases} 7x+5y=-16 & \cdots\text{①} \\ 5x+2y=-2 & \cdots\text{②} \end{cases}$

①×2 $\qquad 14x+10y=-32$

②×5 $\quad \underline{-)\ \ \ 25x+10y=-10}$

$\qquad\quad -11x\qquad\ =-22$

$\qquad\qquad\qquad x=2$

$x=2$ を②に代入すると，

$5\times2+2y=-2 \quad 2y=-12$

$y=-6$

10

(1) $x=3,\ y=-2$

(2) $x=4,\ y=3$

解説 (1) $\begin{cases} 8x+5y=14 & \cdots\text{①} \\ 3x-2y=13 & \cdots\text{②} \end{cases}$

①×2 $\qquad 16x+10y=28$

②×5 $\quad \underline{+)15x-10y=65}$

$\qquad\qquad 31x\qquad=93$

$\qquad\qquad\quad x=3$

$x=3$ を②に代入すると，

$3\times3-2y=13 \quad -2y=4$

$y=-2$

(2) $\begin{cases} 5x-6y=2 & \cdots\text{①} \\ -3x+7y=9 & \cdots\text{②} \end{cases}$

①×3 $\qquad 15x-18y=\ 6$

②×5 $\quad \underline{+)-15x+35y=45}$

$\qquad\qquad\qquad 17y=51$

$\qquad\qquad\qquad\ y=3$

$y=3$ を①に代入すると，

$5x-6\times3=2 \quad 5x=20 \quad x=4$

11 (1) $x=2$, $y=4$
(2) $x=5$, $y=4$

(解説) (1) $\begin{cases} y=2x & \cdots① \\ x+3y=14 & \cdots② \end{cases}$

①を②に代入すると，
$x+3\times 2x=14$
$x+6x=14$
$7x=14 \quad x=2$
$x=2$ を①に代入すると，
$y=2\times 2=4$

(2) $\begin{cases} x=2y-3 & \cdots① \\ 2x-y=6 & \cdots② \end{cases}$

①を②に代入すると，
$2(2y-3)-y=6$
$4y-6-y=6 \quad 3y=12$
$y=4$
$y=4$ を①に代入すると，
$x=2\times 4-3=5$

12 (1) $x=1$, $y=-1$
(2) $x=3$, $y=-5$

(解説) (1) $\begin{cases} 2x-3y=5 & \cdots① \\ x+2y=-1 & \cdots② \end{cases}$

②を x について解くと，
$x=-2y-1 \quad \cdots③$
③を①に代入すると，
$2(-2y-1)-3y=5$
$-4y-2-3y=5 \quad -7y=7$
$y=-1$
$y=-1$ を③に代入すると，
$x=-2\times(-1)-1=1$

(2) $\begin{cases} 3x+y=4 & \cdots① \\ 2x+3y=-9 & \cdots② \end{cases}$

①を y について解くと，
$y=-3x+4 \quad \cdots③$
③を②に代入すると，
$2x+3(-3x+4)=-9$
$2x-9x+12=-9$

$-7x=-21 \quad x=3$
$x=3$ を③に代入すると，
$y=-3\times 3+4=-5$

13 (1) $x=1$, $y=-1$
(2) $x=-4$, $y=5$

(解説) (1) $\begin{cases} 3x+y=2 & \cdots① \\ 5x-3(x+y)=5 & \cdots② \end{cases}$

②のかっこをはずすと，
$5x-3x-3y=5$
これを整理すると，
$2x-3y=5 \quad \cdots③$

$\begin{array}{rl} ①\times 3 & 9x+3y=6 \\ ③ & \underline{+)\ \ 2x-3y=5} \\ & 11x\ \ \ \ \ =11 \\ & \ \ \ \ \ \ x=1 \end{array}$

$x=1$ を①に代入すると，
$3\times 1+y=2 \quad y=-1$

(2) $\begin{cases} 3x+5(y-1)=8 & \cdots① \\ 2(x-2y)+5y=-3 & \cdots② \end{cases}$

①のかっこをはずすと，
$3x+5y-5=8$
これを整理すると，
$3x+5y=13 \quad \cdots③$
②のかっこをはずすと，
$2x-4y+5y=-3$
これを整理すると，
$2x+y=-3 \quad \cdots④$

$\begin{array}{rl} ③ & 3x+5y=\ \ \ \ 13 \\ ④\times 5 & \underline{-)\ \ 10x+5y=-15} \\ & -7x\ \ \ \ \ =28 \\ & \ \ \ \ \ \ x=-4 \end{array}$

$x=-4$ を④に代入すると，
$2\times(-4)+y=-3 \quad y=5$

14 (1) $x=5$, $y=2$
(2) $x=3$, $y=-4$

(解説) (1) $\begin{cases} 4x-11y=-2 & \cdots① \\ 0.2x+0.1y=1.2 & \cdots② \end{cases}$

②の両辺に 10 をかけると，

$2x+y=12$ …③

$$\begin{array}{r} ①\qquad\quad 4x-11y=-2 \\ ③\times2\quad -)\,4x+2y=24 \\ \hline -13y=-26 \\ y=2 \end{array}$$

$y=2$ を③に代入すると，

$2x+2=12$　$2x=10$

$x=5$

(2) $\begin{cases} 0.6x+0.2y=1 & \cdots① \\ 0.01x+0.04y=-0.13 & \cdots② \end{cases}$

①の両辺に 10 をかけると，

$6x+2y=10$ …③

②の両辺に 100 をかけると，

$x+4y=-13$ …④

$$\begin{array}{r} ③\times2\qquad 12x+4y=20 \\ ④\qquad -)\;x+4y=-13 \\ \hline 11x=33 \\ x=3 \end{array}$$

$x=3$ を④に代入すると，

$3+4y=-13$　$4y=-16$

$y=-4$

解説 (1) $\begin{cases} 5x+3y=3 & \cdots① \\ \dfrac{1}{3}x+\dfrac{3}{4}y=-2 & \cdots② \end{cases}$

②の両辺に 12 をかけると，

$4x+9y=-24$ …③

$$\begin{array}{r} ①\times3\qquad 15x+9y=9 \\ ③\qquad -)\;\;4x+9y=-24 \\ \hline 11x=33 \\ x=3 \end{array}$$

$x=3$ を①に代入すると，

$5\times3+3y=3$　$3y=-12$

$y=-4$

(2) $\begin{cases} \dfrac{1}{2}x+y=5 & \cdots① \\ \dfrac{1}{3}x+\dfrac{1}{2}y=2 & \cdots② \end{cases}$

①の両辺に 2 をかけると，

$x+2y=10$ …③

②の両辺に 6 をかけると，

$2x+3y=12$ …④

$$\begin{array}{r} ③\times2\qquad 2x+4y=20 \\ ④\qquad -)\,2x+3y=12 \\ \hline y=8 \end{array}$$

$y=8$ を③に代入すると，

$x+2\times8=10$　$x=-6$

解説 (1) $\begin{cases} \dfrac{x-1}{2}=-\dfrac{4y-3}{5} & \cdots① \\ \dfrac{x+2}{9}+\dfrac{y+1}{2}=0 & \cdots② \end{cases}$

①の両辺に 10 をかけると，

$5(x-1)=-2(4y-3)$

$5x-5=-8y+6$

$5x+8y=11$ …③

②の両辺に 18 をかけると，

$2(x+2)+9(y+1)=0$

$2x+4+9y+9=0$

$2x+9y=-13$ …④

$$\begin{array}{r} ③\times2\qquad 10x+16y=22 \\ ④\times5\qquad -)\,10x+45y=-65 \\ \hline -29y=87 \\ y=-3 \end{array}$$

$y=-3$ を④に代入すると，

$2x+9\times(-3)=-13$

$2x-27=-13$　$2x=14$　$x=7$

(2) $\begin{cases} \dfrac{x+4y}{10}=\dfrac{1}{3}y+1 & \cdots① \\ \dfrac{7}{3}x-\dfrac{2x+y}{2}=\dfrac{5}{6} & \cdots② \end{cases}$

①の両辺に 30 をかけると，

$3(x+4y)=10y+30$

$3x+12y=10y+30$

$3x+2y=30$ …③

②の両辺に 6 をかけると，

2 章 連立方程式　解答

$14x - 3(2x + y) = 5$

$14x - 6x - 3y = 5$

$8x - 3y = 5$ ···④

③×3 $9x + 6y = 90$

④×2 $+) \underline{16x - 6y = 10}$

           $25x \qquad = 100$

              $x = 4$

$x = 4$ を③に代入すると，

$3 \times 4 + 2y = 30$ $2y = 18$ $y = 9$

17 (1) $x = 1, \ y = -2$
$\quad$ (2) $x = 4, \ y = 3$

(解説) (1) $6x + 5y = 2x + 3y = -4$ より，

$\begin{cases} 6x + 5y = -4 & \cdots① \\ 2x + 3y = -4 & \cdots② \end{cases}$

① $6x + 5y = - \ 4$

②×3 $-) \underline{6x + 9y = -12}$

           $-4y = 8$

              $y = -2$

$y = -2$ を②に代入すると，

$2x + 3 \times (-2) = -4$ $2x = 2$ $x = 1$

(2) $x + 5y - 6 = 4x - y = 2y + 7$ より，

$\begin{cases} x + 5y - 6 = 2y + 7 & \cdots① \\ 4x - y = 2y + 7 & \cdots② \end{cases}$

①より，$x + 3y = 13$ ···③

②より，$4x - 3y = 7$ ···④

③ $x + 3y = 13$

④ $+) \underline{4x - 3y = \ 7}$

       $5x \qquad = 20$

          $x = 4$

$x = 4$ を③に代入すると，

$4 + 3y = 13$ $3y = 9$ $y = 3$

18 $a = 3, \ b = 9$

(解説) $\begin{cases} 8x + ay = 5 & \cdots① \\ bx + 2y = -4 & \cdots② \end{cases}$

$x = -2, \ y = 7$ を①に代入すると，

$8 \times (-2) + a \times 7 = 5$ $7a = 21$ $a = 3$

$x = -2, \ y = 7$ を②に代入すると，

$b \times (-2) + 2 \times 7 = -4$

$-2b = -18$ $b = 9$

19 $a = 2, \ b = 3$

(解説) $\begin{cases} 3ax + by = 6 & \cdots① \\ ax - 2by = 30 & \cdots② \end{cases}$

$x = 3, \ y = -4$ を①に代入すると，

$3a \times 3 + b \times (-4) = 6$

$9a - 4b = 6$ ···③

$x = 3, \ y = -4$ を②に代入すると，

$a \times 3 - 2b \times (-4) = 30$

$3a + 8b = 30$ ···④

③×2 $18a - 8b = 12$

④ $+) \underline{\ 3a + 8b = 30}$

       $21a \qquad = 42$

          $a = 2$

$a = 2$ を③に代入すると，

$9 \times 2 - 4b = 6$ $-4b = -12$ $b = 3$

20 $b = 3$

(解説) $\begin{cases} 5x - 6y = 6 & \cdots① \\ 2x - by = -3 & \cdots② \end{cases}$

$x : y = 4 : 3$ より，$3x = 4y$

$3x - 4y = 0$ ···③

①×2 $10x - 12y = 12$

③×3 $-) \underline{9x - 12y = \ 0}$

       $x \qquad = 12$

$x = 12$ を③に代入すると，

$3 \times 12 - 4y = 0$ $-4y = -36$ $y = 9$

$x = 12, \ y = 9$ を②に代入すると，

$2 \times 12 - b \times 9 = -3$ $-9b = -27$ $b = 3$

21 無数にある。

(解説) $\begin{cases} 2x - y = 1 & \cdots① \\ 6x - 3y = 3 & \cdots② \end{cases}$

①の両辺を3倍すると，$6x - 3y = 3$ ···③

③と②は，左辺と右辺がともに同じであるから，

①の解はすべて②の解になり，②の解はすべて

①の解になる。

22 解はない。

解説 $\begin{cases} x-2y=1 & \cdots① \\ -x+2y=1 & \cdots② \end{cases}$

①の両辺を -1 倍すると,

$-x+2y=-1$ $\cdots③$

③と②は,左辺は同じで,右辺は異なる。すなわち,③と②は,文字の項が同じで,定数の項は異なっているから,①の解はすべて②の解にはならず,②の解はすべて①の解にはならない。

23 22 と 78

解説 2 つの数を x, y とする。

和が 100 という条件より,

$x+y=100$ $\cdots①$

一方の数はもう一方の数の 3 倍より 12 大きいという条件より,

$y=3x+12$ $\cdots②$

②を①に代入すると,

$x+(3x+12)=100$ $x+3x+12=100$

$4x=88$ $x=22$

$x=22$ を②に代入すると,

$y=3×22+12=78$

これらは問題に適している。

24 36

解説 もとの自然数の十の位の数を x, 一の位の数を y とする。

十の位の数は一の位の数より 3 小さいという条件より, $x=y-3$ $\cdots①$

十の位の数と一の位の数を入れかえてできる数は,もとの数の 2 倍より 9 小さいという条件より,

$10y+x=2(10x+y)-9$ $\cdots②$

②より, $10y+x=20x+2y-9$

$-19x+8y=-9$ $\cdots③$

①を③に代入すると,

$-19(y-3)+8y=-9$

$-19y+57+8y=-9$ $-11y=-66$ $y=6$

$y=6$ を①に代入すると, $x=6-3=3$

もとの自然数は,$10×3+6=36$

これは問題に適している。

25 りんご 2 個,みかん 9 個

解説 りんごを x 個,みかんを y 個買ったとする。

あわせて 11 個買ったという条件より,

$x+y=11$ $\cdots①$

400 円払ったという条件より,

$65x+30y=400$ $\cdots②$

$\begin{array}{rr} ①×30 & 30x+30y=330 \\ ② \quad -) & 65x+30y=400 \\ \hline & -35x \qquad =-70 \\ & x=2 \end{array}$

$x=2$ を①に代入すると,

$2+y=11$ $y=9$

これらは問題に適している。

26 おとな 1 人 1500 円,中学生 1 人 900 円

解説 おとな 1 人の入館料を x 円,中学生 1 人の入館料を y 円とする。

おとな 6 人と中学生 8 人では 16200 円になるという条件より,

$6x+8y=16200$ $\cdots①$

おとな 9 人と中学生 7 人では 19800 円になるという条件より, $9x+7y=19800$ $\cdots②$

$\begin{array}{rr} ①×3 & 18x+24y=48600 \\ ②×2 \quad -) & 18x+14y=39600 \\ \hline & 10y=9000 \\ & y=900 \end{array}$

$y=900$ を①に代入すると,

$6x+8×900=16200$ $6x=9000$ $x=1500$

これらは問題に適している。

27 家から峠までの道のり 9km
峠からとなり町までの道のり 12km

解説 家から峠までの道のりを x km,峠からとなり町までの道のりを y km とすると,

$$\begin{cases} \dfrac{x}{3}+\dfrac{y}{4}=6 & \cdots① \\ \dfrac{y}{3}+\dfrac{x}{6}=5.5 & \cdots② \end{cases}$$

①の両辺に 12 をかけると，

$4x+3y=72$ $\cdots③$

②の両辺に 6 をかけると，

$2y+x=33$ $x+2y=33$ $\cdots④$

$$\begin{array}{rl} ③ & 4x+3y=\ 72 \\ ④×4 \quad -)\ & 4x+8y=132 \\ \hline & -5y=-60 \\ & \quad y=12 \end{array}$$

$y=12$ を④に代入すると，

$x+2×12=33$ $x=9$

これらは問題に適している。

28 Aさん分速270m，Bさん分速230m

(解説) Aさんの速さを分速 x m，Bさんの速さを分速 y m とすると，

$$\begin{cases} 8x+8y=4000 & \cdots① \\ 100x-100y=4000 & \cdots② \end{cases}$$

$$\begin{array}{rl} ①÷8 & x+y=500 \quad\cdots③ \\ ②÷100 \quad +)\ & x-y=\ 40 \\ \hline & 2x=540 \\ & \quad x=270 \end{array}$$

$x=270$ を③に代入すると，$270+y=500$

$y=230$

これらは問題に適している。

29 列車の長さ 50m，時速 108km

(解説) 列車の長さを x m，速さを秒速 y m とすると，

$$\begin{cases} 2050+x=70y & \cdots① \\ 350-x=10y & \cdots② \end{cases}$$

$$\begin{array}{rl} ① & 2050+x=70y \\ ② \quad +)\ & 350-x=10y \\ \hline & 2400=80y \\ & 80y=2400 \\ & \quad y=30 \end{array}$$

$y=30$ を①に代入すると，

$2050+x=70×30$ $x=50$

これらは問題に適している。

$\dfrac{30×60×60}{1000}=108$ より，

秒速 30m＝時速 108km

30 A（毎分）8L，B（毎分）12L

(解説) 給水管 A と B の1分間あたりの給水量を，それぞれ x L，y L とすると，

$$\begin{cases} 18(x+y)=360 & \cdots① \\ 24x+14y=360 & \cdots② \end{cases}$$

①より，$x+y=20$ $\cdots③$

②より，$12x+7y=180$ $\cdots④$

$$\begin{array}{rl} ③×7 & 7x+7y=140 \\ ④ \quad -)\ & 12x+7y=180 \\ \hline & -5x=-40 \\ & \quad x=8 \end{array}$$

$x=8$ を③に代入すると，$8+y=20$ $y=12$

これらは問題に適している。

31 男子561人，女子582人

(解説) 昨年の男子を x 人，女子を y 人とすると，

$$\begin{cases} x+y=1150 & \cdots① \\ 0.02x-0.03y=-7 & \cdots② \end{cases}$$

①より，$x=1150-y$ $\cdots③$

②の両辺に 100 をかけると，

$2x-3y=-700$ $\cdots④$

③を④に代入すると，

$2(1150-y)-3y=-700$

$2300-2y-3y=-700$

$-5y=-3000$ $y=600$

$y=600$ を③に代入すると，

$x=1150-600=550$

今年の男子は，

$550+0.02×550=550+11=561$（人）

今年の女子は，

$600-0.03×600=600-18=582$（人）

これらは問題に適している。

32 シャツの定価1200円 靴下の定価500円

(解説) シャツの定価を x 円，靴下の定価を y 円とすると，

$$\begin{cases} x + y = 1700 & \cdots① \\ \dfrac{2}{10}x + \dfrac{3}{10}y = 390 & \cdots② \end{cases}$$

①より，$x = 1700 - y$ …③
②の両辺に 10 をかけると，
$2x + 3y = 3900$ …④
③を④に代入すると，
$2(1700 - y) + 3y = 3900$
$3400 - 2y + 3y = 3900$
$y = 500$
$y = 500$ を③に代入すると，
$x = 1700 - 500 = 1200$
$1200 \times \dfrac{2}{10} = 240$, $500 \times \dfrac{3}{10} = 150$
これらは問題に適している。

33 3％の食塩水500g 10％の食塩水200g

(解説) 3％の食塩水の重さを xg，10％の食塩水の重さを yg とすると，

$$\begin{cases} x + y = 700 & \cdots① \\ x \times \dfrac{3}{100} + y \times \dfrac{10}{100} = 700 \times \dfrac{5}{100} & \cdots② \end{cases}$$

①より，$x = 700 - y$ …③
②の両辺に 100 をかけると，
$3x + 10y = 3500$ …④
③を④に代入すると，
$3(700 - y) + 10y = 3500$
$2100 - 3y + 10y = 3500$　$7y = 1400$　$y = 200$
$y = 200$ を③に代入すると，
$x = 700 - 200 = 500$
これらは問題に適している。

34 みかん120g，いちご130g

(解説) みかんを xg，いちごを yg とすると，

$$\begin{cases} x + y = 250 & \cdots① \\ x \times \dfrac{30}{100} + y \times \dfrac{60}{100} = 114 & \cdots② \end{cases}$$

①より，$x = 250 - y$ …③
②の両辺に 100 をかけると，
$30x + 60y = 11400$
両辺を 30 で割ると，
$x + 2y = 380$ …④
③を④に代入すると，
$250 - y + 2y = 380$　$y = 130$
$y = 130$ を③に代入すると，
$x = 250 - 130 = 120$
これらは問題に適している。

定期テスト対策問題

❶ (1)表1

x	1	2	3	4	5
y	8	6	4	2	0

表2

x	1	2	3	4	5
y	1	$\dfrac{5}{2}$	4	$\dfrac{11}{2}$	7

(2) $x = 3$, $y = 4$

❷ (1) $x = -1$, $y = 3$　(2) $x = 2$, $y = -1$
(3) $x = 5$, $y = 2$　(4) $x = 4$, $y = -3$
(5) $x = 1$, $y = 1$　(6) $x = -2$, $y = -1$
(7) $x = 3$, $y = -1$　(8) $x = -3$, $y = 2$

(解説) (1) $\begin{cases} x + 3y = 8 & \cdots① \\ x - y = -4 & \cdots② \end{cases}$

①の両辺から②の両辺をひくと，

$$\begin{array}{r} x + 3y = 8 \\ -)\ x - y = -4 \\ \hline 4y = 12 \\ y = 3 \end{array}$$

$y=3$ を②に代入すると，

$x-3=-4$　$x=-1$

(2) $\begin{cases} 2x+5y=-1 & \cdots① \\ x-5y=7 & \cdots② \end{cases}$

①と②の両辺をたすと，

$$
\begin{array}{r}
2x+5y=-1 \\
+)\ x-5y=\ \ 7 \\
\hline
3x\ \ \ \ \ =6 \\
x=2
\end{array}
$$

$x=2$ を①に代入すると，

$2\times2+5y=-1$　$5y=-5$　$y=-1$

(3) $\begin{cases} x+y=7 & \cdots① \\ x-y=3 & \cdots② \end{cases}$

①と②の両辺をたすと，

$$
\begin{array}{r}
x+y=7 \\
+)\ x-y=3 \\
\hline
2x\ \ \ =10 \\
x=5
\end{array}
$$

$x=5$ を①に代入すると，

$5+y=7$　$y=2$

(4) $\begin{cases} 2x-y=11 & \cdots① \\ 3x+2y=6 & \cdots② \end{cases}$

$$
\begin{array}{lr}
①\times2 & 4x-2y=22 \\
② & +)3x+2y=\ 6 \\
\hline
& 7x\ \ \ =28 \\
& x=4
\end{array}
$$

$x=4$ を②に代入すると，

$3\times4+2y=6$　$2y=-6$

$y=-3$

(5) $\begin{cases} 4x-3y=1 & \cdots① \\ x+y=2 & \cdots② \end{cases}$

$$
\begin{array}{lr}
① & 4x-3y=1 \\
②\times3 & +)3x+3y=6 \\
\hline
& 7x\ \ \ =7 \\
& x=1
\end{array}
$$

$x=1$ を②に代入すると，

$1+y=2$　$y=1$

(6) $\begin{cases} 4x-3y=-5 & \cdots① \\ 2x-6y=2 & \cdots② \end{cases}$

$$
\begin{array}{lr}
①\times2 & 8x-6y=-10 \\
② & -)2x-6y=\ \ \ \ 2 \\
\hline
& 6x\ \ \ \ \ =-12 \\
& x=-2
\end{array}
$$

$x=-2$ を①に代入すると，

$4\times(-2)-3y=-5$　$-3y=3$

$y=-1$

(7) $\begin{cases} 2x-3y=9 & \cdots① \\ 3x+2y=7 & \cdots② \end{cases}$

$$
\begin{array}{lr}
①\times2 & 4x-6y=18 \\
②\times3 & +)\ 9x+6y=21 \\
\hline
& 13x\ \ \ \ \ =39 \\
& x=3
\end{array}
$$

$x=3$ を②に代入すると，

$3\times3+2y=7$　$2y=-2$

$y=-1$

(8) $\begin{cases} 3x+4y=-1 & \cdots① \\ 5x+6y=-3 & \cdots② \end{cases}$

$$
\begin{array}{lr}
①\times3 & 9x+12y=-3 \\
②\times2 & -)10x+12y=-6 \\
\hline
& -x\ \ \ \ \ \ =3 \\
& x=-3
\end{array}
$$

$x=-3$ を①に代入すると，

$3\times(-3)+4y=-1$　$4y=8$

$y=2$

❸ (1)$x=3$, $y=4$ (2)$x=1$, $y=-3$
(3)$x=6$, $y=9$ (4)$x=1$, $y=2$
(5)$x=1$, $y=-2$ (6)$x=4$, $y=-3$

(解説) (1) $\begin{cases} y=1+x & \cdots① \\ 4x+y=16 & \cdots② \end{cases}$

①を②に代入すると，

$4x+(1+x)=16$　$5x+1=16$

$5x=15$　$x=3$

$x=3$ を①に代入すると，

$y=1+3=4$

(2) $\begin{cases} 2x-y=5 & \cdots① \\ y=-3x & \cdots② \end{cases}$

②を①に代入すると，

$2x-(-3x)=5$　$5x=5$　$x=1$

$x=1$ を②に代入すると，

$y=-3\times 1=-3$

(3) $\begin{cases} y=2x-3 & \cdots① \\ 3x-2y=0 & \cdots② \end{cases}$

①を②に代入すると，

$3x-2(2x-3)=0$

$3x-4x+6=0$　$-x=-6$　$x=6$

$x=6$ を①に代入すると，

$y=2\times 6-3=9$

(4) $\begin{cases} y=5x-3 & \cdots① \\ y=3x-1 & \cdots② \end{cases}$

①を②に代入すると，

$5x-3=3x-1$　$2x=2$　$x=1$

$x=1$ を①に代入すると，

$y=5\times 1-3=2$

(5) $\begin{cases} 7x+2y=3 & \cdots① \\ 2y=x-5 & \cdots② \end{cases}$

①と②の式の $2y$ が同じなので，②を①に代入すると，

$7x+(x-5)=3$　$7x+x-5=3$　$8x=8$　$x=1$

$x=1$ を②に代入すると，

$2y=1-5$　$2y=-4$　$y=-2$

(6) $\begin{cases} 3x-2y=18 & \cdots① \\ x-y=7 & \cdots② \end{cases}$

②を x について解くと，

$x=y+7$　$\cdots③$

③を①に代入すると，

$3(y+7)-2y=18$　$3y+21-2y=18$　$y=-3$

$y=-3$ を③に代入すると，

$x=-3+7=4$

❹ (1) $x=-1,\ y=-2$　(2) $x=-3,\ y=-10$

(3) $x=-1,\ y=-\dfrac{5}{2}$　(4) $x=4,\ y=3$

(5) $x=3,\ y=2$　(6) $x=8,\ y=6$

(7) $x=1,\ y=-3$　(8) $x=3,\ y=7$

(9) $x=6,\ y=-4$　(10) $x=0,\ y=1$

$\boxed{解説}$ (1) $\begin{cases} 3x-4(x+y)=9 & \cdots① \\ 2x+3y=-8 & \cdots② \end{cases}$

①のかっこをはずして整理すると，

$3x-4x-4y=9$

$-x-4y=9$　$\cdots③$

$\begin{array}{rl} ③\times 2 & -2x-8y=\ 18 \\ ② & \underline{+)\ \ 2x+3y=-8} \\ & \ \ \ \ \ \ -5y=10 \\ & \ \ \ \ \ \ \ \ \ \ \ y=-2 \end{array}$

$y=-2$ を③に代入すると，

$-x-4\times(-2)=9$　$-x=1$

$x=-1$

(2) $\begin{cases} 5x+3(x-y)=6 & \cdots① \\ y-2(2x+1)=0 & \cdots② \end{cases}$

①のかっこをはずして整理すると，

$5x+3x-3y=6$

$8x-3y=6$　$\cdots③$

②のかっこをはずして整理すると，

$y-4x-2=0$

$-4x+y=2$　$\cdots④$

$\begin{array}{rl} ③ & 8x-3y=6 \\ ④\times 2 & \underline{+)\ -8x+2y=4} \\ & \ \ \ \ \ \ \ \ -y=10 \\ & \ \ \ \ \ \ \ \ \ y=-10 \end{array}$

$y=-10$ を④に代入すると，

$-4x-10=2$　$-4x=12$

$x=-3$

(3) $\begin{cases} 0.6x-0.8y=1.4 & \cdots① \\ x-2y=4 & \cdots② \end{cases}$

①の両辺に 10 をかけると，

$6x-8y=14$　$\cdots③$

$\begin{array}{rl} ③ & 6x-8y=14 \\ ②\times 4 & \underline{-)\ 4x-8y=16} \\ & 2x\ \ \ \ \ \ \ =-2 \\ & \ \ \ \ \ \ \ \ x=-1 \end{array}$

$x=-1$ を②に代入すると，

$-1-2y=4$　$-2y=5$

$y=-\dfrac{5}{2}$

(4) $\begin{cases} 0.4x + y = 4.6 & \cdots ① \\ 0.03x - 0.02y = 0.06 & \cdots ② \end{cases}$

①の両辺に 10 をかけると，

$4x + 10y = 46 \quad \cdots ③$

②の両辺に 100 をかけると，

$3x - 2y = 6 \quad \cdots ④$

$\begin{array}{r} ③ \qquad\quad 4x + 10y = 46 \\ ④×5 \quad +)\ 15x - 10y = 30 \\ \hline 19x \qquad = 76 \\ x = 4 \end{array}$

$x = 4$ を④に代入すると，

$3 × 4 - 2y = 6 \quad -2y = -6$

$y = 3$

(5) $\begin{cases} 4x - 3y = 6 & \cdots ① \\ \dfrac{1}{2}x - \dfrac{1}{3}y = \dfrac{5}{6} & \cdots ② \end{cases}$

②の両辺に 6 をかけると，

$3x - 2y = 5 \quad \cdots ③$

$\begin{array}{r} ①×2 \qquad 8x - 6y = 12 \\ ③×3 \quad -)\ 9x - 6y = 15 \\ \hline -x \qquad = -3 \\ x = 3 \end{array}$

$x = 3$ を③に代入すると，

$3 × 3 - 2y = 5 \quad -2y = -4$

$y = 2$

(6) $\begin{cases} \dfrac{3}{4}x + \dfrac{2}{3}y = 10 & \cdots ① \\ \dfrac{1}{8}x - \dfrac{5}{6}y = -4 & \cdots ② \end{cases}$

①の両辺に 12 をかけると，

$9x + 8y = 120 \quad \cdots ③$

②の両辺に 24 をかけると，

$3x - 20y = -96 \quad \cdots ④$

$\begin{array}{r} ③ \qquad\qquad 9x + 8y = 120 \\ ④×3 \quad -)\ 9x - 60y = -288 \\ \hline 68y = 408 \\ y = 6 \end{array}$

$y = 6$ を④に代入すると，

$3x - 20 × 6 = -96 \quad 3x = 24$

$x = 8$

(7) $\begin{cases} \dfrac{x-1}{2} = \dfrac{y+3}{4} & \cdots ① \\ \dfrac{x+5}{2} + \dfrac{y-1}{3} = \dfrac{5}{3} & \cdots ② \end{cases}$

①の両辺に 4 をかけると，

$2(x-1) = y + 3 \quad 2x - 2 = y + 3$

$2x - y = 5 \quad \cdots ③$

②の両辺に 6 をかけると，

$3(x+5) + 2(y-1) = 10$

$3x + 15 + 2y - 2 = 10$

$3x + 2y = -3 \quad \cdots ④$

$\begin{array}{r} ③×2 \qquad 4x - 2y = 10 \\ ④ \qquad +)\ 3x + 2y = -3 \\ \hline 7x \qquad = 7 \\ x = 1 \end{array}$

$x = 1$ を③に代入すると，

$2 × 1 - y = 5 \quad -y = 3 \quad y = -3$

(8) $\begin{cases} \dfrac{x+6}{3} = y - 4 & \cdots ① \\ 2x - 0.6y = 1.8 & \cdots ② \end{cases}$

①の両辺に 3 をかけると，

$x + 6 = 3y - 12$

$x - 3y = -18 \quad \cdots ③$

②の両辺に 10 をかけると，

$20x - 6y = 18 \quad \cdots ④$

$\begin{array}{r} ③×2 \qquad 2x - 6y = -36 \\ ④ \qquad -)\ 20x - 6y = 18 \\ \hline -18x \qquad = -54 \\ x = 3 \end{array}$

$x = 3$ を③に代入すると，

$3 - 3y = -18 \quad -3y = -21$

$y = 7$

(9) $5x + 7y = 3x + 4y = 2$ より，

$\begin{cases} 5x + 7y = 2 & \cdots ① \\ 3x + 4y = 2 & \cdots ② \end{cases}$

$\begin{array}{r} ①×3 \qquad 15x + 21y = 6 \\ ②×5 \quad -)\ 15x + 20y = 10 \\ \hline y = -4 \end{array}$

$y = -4$ を②に代入すると，

$3x + 4 × (-4) = 2$

$3x-16=2$　$3x=18$　$x=6$

(10) $3(y-x)+2=5(y+x)=x+5$

より，

$$\begin{cases} 3(y-x)+2=x+5 & \cdots① \\ 5(y+x)=x+5 & \cdots② \end{cases}$$

①のかっこをはずして整理すると，

$3y-3x+2=x+5$

$-4x+3y=3$　$\cdots③$

②のかっこをはずして整理すると，

$5y+5x=x+5$

$4x+5y=5$　$\cdots④$

③　　　　$-4x+3y=3$

④　$+)$　$4x+5y=5$

$\qquad\qquad\quad 8y=8$

$\qquad\qquad\qquad y=1$

$y=1$ を④に代入すると，

$4x+5\times1=5$　$4x=0$

$x=0$

❺ (1) $a=3$，$b=1$

　　(2) $a=-3$

　　(3) $a=-1$，$b=2$

(解説) (1) $\begin{cases} ax+by=1 & \cdots① \\ bx-ay=17 & \cdots② \end{cases}$

$x=2$，$y=-5$ を①に代入すると，

$a\times2+b\times(-5)=1$

$2a-5b=1$　$\cdots③$

$x=2$，$y=-5$ を②に代入すると，

$b\times2-a\times(-5)=17$

$5a+2b=17$　$\cdots④$

③$\times5$　　　$10a-25b=\;5$

④$\times2$　$-)$　$10a+\;\;4b=34$

$\qquad\qquad\qquad -29b=-29$

$\qquad\qquad\qquad\qquad b=1$

$b=1$ を③に代入すると，

$2a-5\times1=1$　$2a=6$　$a=3$

(2) $\begin{cases} 4x+ay=-2 & \cdots① \\ 3x-4y=-12 & \cdots② \end{cases}$

$x:y=2:3$ より，$3x=2y$　$\cdots③$

---

③を②に代入すると，

$2y-4y=-12$　$-2y=-12$

$y=6$

$y=6$ を③に代入すると，

$3x=2\times6$　$3x=12$　$x=4$

$x=4$，$y=6$ を①に代入すると，

$4\times4+a\times6=-2$

$6a=-18$

$a=-3$

(3) $\begin{cases} x+ay=1 & \cdots① \\ x+y=7 & \cdots② \end{cases}$

$\begin{cases} 2x-y=5 & \cdots③ \\ ax+by=2 & \cdots④ \end{cases}$

②と③の連立方程式を解くと，

②　　　　　$x+y=7$

③　$+)$　$2x-y=5$

$\qquad\quad 3x\qquad=12$

$\qquad\qquad\quad x=4$

$x=4$ を②に代入すると，$4+y=7$　$y=3$

$x=4$，$y=3$ を①に代入すると，

$4+a\times3=1$　$3a=-3$　$a=-1$

$x=4$，$y=3$，$a=-1$ を④に代入すると，

$(-1)\times4+b\times3=2$

$-4+3b=2$　$3b=6$　$b=2$

❻ 67

(解説) もとの自然数の十の位の数を x，一の位の数を y とする。

各位の数の和は 13 という条件より，

$x+y=13$　$\cdots①$

十の位の数と一の位の数を入れかえてできる数は，もとの数より 9 大きいという条件より，

$10y+x=(10x+y)+9$　$\cdots②$

②より，$-9x+9y=9$

両辺を 9 でわると，

$-x+y=1$　$\cdots③$

①　　　　$x+\;y=13$

③　$+)$　$-x+\;y=\;\;1$

$\qquad\qquad\quad 2y=14$

$\qquad\qquad\quad\;\; y=7$

$y=7$ を①に代入すると，$x=6$
もとの自然数は，$6 \times 10 + 7 = 67$
これは問題に適している。

❼ 鉛筆1本60円，ボールペン1本110円

(解説) 鉛筆1本の値段をx円，ボールペン1本の値段をy円とする。
鉛筆5本とボールペン2本を買うと520円という条件より，
$5x + 2y = 520$ …①
鉛筆3本とボールペン5本を買うと730円という条件より，
$3x + 5y = 730$ …②

①×3 $15x + 6y = 1560$
②×5 $-)\ 15x + 25y = 3650$
　　　　　　$-19y = -2090$
　　　　　　　　$y = 110$

$y = 110$ を②に代入すると，
$3x + 5 \times 110 = 730$ $3x = 180$
$x = 60$
これらは問題に適している。

❽ 家から峠までの道のり2km
**　峠から駅までの道のり10km**

(解説) 家から峠までの道のりを$x$km，峠から駅までの道のりを$y$kmとすると，
$$\begin{cases} x + y = 12 & \cdots① \\ \dfrac{x}{12} + \dfrac{y}{15} = \dfrac{50}{60} & \cdots② \end{cases}$$
②の両辺に60をかけると，
$5x + 4y = 50$ …③

①×5 $5x + 5y = 60$
③　 $-)\ 5x + 4y = 50$
　　　　　　　$y = 10$

$y = 10$ を①に代入すると，$x = 2$
これらは問題に適している。

❾ 列車の長さ240m，時速90km

(解説) 列車の長さをxm，速さを秒速ymとすると，

$$\begin{cases} 760 + x = 40y & \cdots① \\ 2340 - x = 84y & \cdots② \end{cases}$$
①　　　$760 + x = 40y$
②　$+)\ 2340 - x = 84y$
　　　$3100\ \ \ = 124y$
　　　　　$124y = 3100$
　　　　　　　$y = 25$

$y = 25$ を①に代入すると，
$760 + x = 40 \times 25$
$x = 240$
$\dfrac{25 \times 60 \times 60}{1000} = 90$ より，秒速25m＝時速90km
これらは問題に適している。

❿ 男子260人，女子194人

(解説) 昨年の男子をx人，女子をy人とすると，
$$\begin{cases} x + y = 450 & \cdots① \\ 0.04x - 0.03y = 4 & \cdots② \end{cases}$$
①より，$x = 450 - y$ …③
②の両辺に100をかけると，
$4x - 3y = 400$ …④
③を④に代入すると，
$4(450 - y) - 3y = 400$
$1800 - 4y - 3y = 400$
$-7y = -1400$ $y = 200$
$y = 200$ を③に代入すると，
$x = 450 - 200 = 250$
今年の男子は，$250 + 0.04 \times 250 = 260$（人）
今年の女子は，$200 - 0.03 \times 200 = 194$（人）
これらは問題に適している。

⓫ 10%の食塩水180g
**　15%の食塩水120g**

(解説) 10%の食塩水をxg，15%の食塩水をyg混ぜるとすると，
$$\begin{cases} x + y = 300 & \cdots① \\ x \times \dfrac{10}{100} + y \times \dfrac{15}{100} = 300 \times \dfrac{12}{100} & \cdots② \end{cases}$$
①より，$x = 300 - y$ …③
②の両辺に100をかけると，

$10x + 15y = 3600$　…④
③を④に代入すると，
$10(300 - y) + 15y = 3600$
$3000 - 10y + 15y = 3600$
$5y = 600$　$y = 120$
$y = 120$ を③に代入すると，
$x = 180$
これらは問題に適している。

⑫ 姉 2100 円，妹 1400 円

(解説) 現在の姉の所持金を x 円，妹の所持金を y 円とする。
現在の所持金の比より，
$x : y = 3 : 2$ だから，$2x = 3y$　…①
姉がケーキを，妹がシュークリームを買ったときの所持金の比より，
$(x - 300) : (y - 250 \times 2) = 2 : 1$ だから，
$x - 300 = 2y - 1000$
$x - 2y = -700$　…②
②を x について解くと，
$x = 2y - 700$　…③
③を①に代入すると，
$2(2y - 700) = 3y$
$4y - 1400 = 3y$　$y = 1400$
$y = 1400$ を③に代入すると，
$x = 2 \times 1400 - 700$
　　$= 2100$
これらは問題に適している。

 章　**1 次関数**

✓ **類題**

1　①，②，③

(解説) ① $y = ax + b$ の式で $a = 3$，$b = 2$ となっている。
② $y = 3 - 4x$ より，$y = -4x + 3$
$y = ax + b$ の式で $a = -4$，$b = 3$ となっている。
③ $x - y = 1$ を y について解くと，
$y = x - 1$ より，$y = ax + b$ の式で $a = 1$，$b = -1$ となっている。
④ $y = 3 \times \dfrac{1}{x}$ という形になる。
1 次関数の式の形ではない。

2　①，④

(解説) ①円の周の長さは，$2\pi \times$ (半径) で表されるので，$y = 2\pi x$
②かかる時間は，(道のり) ÷ (速さ) で表されるので，$y = \dfrac{5}{x}$
③立方体の体積は，(1 辺の長さ)³ で表されるので，$y = x^3$
④長方形の周の長さは，
((縦) + (横)) × 2 で表されるので，
$100 = (x + y) \times 2$　$50 = x + y$
y について解くと，$y = -x + 50$

3　(1) −3　(2) −3

(解説) (1) x の増加量は，$3 - 0 = 3$
y の増加量は，
$(-3 \times 3 + 1) - (-3 \times 0 + 1)$
$= -8 - 1 = -9$

よって，変化の割合は，$\dfrac{-9}{3}=-3$

(2)x の増加量は，$-1-(-4)=3$

y の増加量は，

$\{-3\times(-1)+1\}-\{-3\times(-4)+1\}$

$=4-13=-9$

よって，変化の割合は，$\dfrac{-9}{3}=-3$

4 (1)

x	0	1	2	3
y	-3	**1**	**5**	**9**

(2)**4** (3)**4**

解説 (1)$x=1$ のとき，$y=4\times1-3=1$

$x=2$ のとき，$y=4\times2-3=5$

$x=3$ のとき，$y=4\times3-3=9$

(2)表より，

（x の増加量）$=3-0=3$

（y の増加量）$=9-(-3)=12$

よって，（変化の割合）$=\dfrac{12}{3}=4$

(3)表より，x が 0 から 1，1 から 2，2 から 3 に増加したときの y の増加量は，それぞれ，

$1-(-3)=4$，$5-1=4$，$9-5=4$

5 (1)**5** (2)**−1**

(3)**−4** (4)$-\dfrac{2}{3}$

解説 1 次関数 $y=ax+b$ では，

（変化の割合）$=a$

(2)$y=-1\times x+1$

6 (1)**増加する。** (2)**減少する。**

(3)**増加する。**

解説 (1)1 次関数 $y=5x-4$ の変化の割合は，

5

変化の割合は正である。

(2)1 次関数 $y=-3x+1$ の変化の割合は，-3

変化の割合は負である。

(3)1 次関数 $y=\dfrac{1}{3}x-2$ の変化の割合は，$\dfrac{1}{3}$

変化の割合は正である。

7 (1)① **15** ② **−9**

(2)① **−8** ② **16**

解説 (1)1 次関数 $y=3x-3$ の変化の割合は 3 である。

①x の増加量が 5 のときの y の増加量は，

（y の増加量）$=3\times5=15$

②x の増加量が -3 のときの y の増加量は，

（y の増加量）$=3\times(-3)=-9$

(2)1 次関数 $y=-4x+1$ の変化の割合は -4 である。

①x の増加量が 2 のときの y の増加量は，

（y の増加量）$=-4\times2=-8$

②x の増加量が -4 のときの y の増加量は，

（y の増加量）$=-4\times(-4)=16$

8 (1)$\dfrac{1}{2}$ (2)**2**

解説 (1)x の増加量は，$10-4=6$

y の増加量は，

$-\dfrac{20}{10}-\left(-\dfrac{20}{4}\right)=-2-(-5)=3$

よって，変化の割合は，$\dfrac{3}{6}=\dfrac{1}{2}$

(2)x の増加量は，$-2-(-5)=3$

y の増加量は，

$-\dfrac{20}{-2}-\left(-\dfrac{20}{-5}\right)=10-4=6$

よって，変化の割合は，$\dfrac{6}{3}=2$

9 ア…**−5** イ…**7** ウ…**−3**

解説 A …$x=2$ を $y=-3x+1$ に代入すると，

$y=-3\times2+1=-5$

B …$x=-2$ を $y=-3x+1$ に代入すると，

$y=-3\times(-2)+1=7$

C …$y=10$ を $y=-3x+1$ に代入すると，

$10=-3x+1$　$3x=-9$　$x=-3$

10 (1)ない。 (2)ある。
(3)ある。 (4)ない。

解説 (1)$x=1$ を $y=-3x+2$ に代入すると，
$y=-3×1+2=-1$
この値は点 A の y 座標の値と等しくないから，
点 A はグラフ上にない。
(2)$x=2$ を $y=-3x+2$ に代入すると，
$y=-3×2+2=-4$
この値は点 B の y 座標の値と等しいから，点 B
はグラフ上にある。
(3)$x=-1$ を $y=-3x+2$ に代入すると，
$y=-3×(-1)+2=5$
この値は点 C の y 座標の値と等しいから，点 C
はグラフ上にある。
(4)$x=-3$ を $y=-3x+2$ に代入すると，
$y=-3×(-3)+2=11$
この値は点 D の y 座標の値と等しくないから，
点 D はグラフ上にない。

11 -3

解説 $y=ax+b$ のグラフは，$y=ax$ のグラフを
y 軸の正の方向に b だけ平行移動したものであ
る。
$y=2x+(-3)$

12 (1)5 (2)-6
(3)0 (4)$\dfrac{1}{3}$

解説 $y=ax+b$ のグラフの切片は，b である。
(2)$y=x+(-6)$
(3)$y=-2x+0$

13 (1)1 (2)-3
(3)$\dfrac{1}{5}$ (4)$-\dfrac{1}{4}$

解説 $y=ax+b$ のグラフの傾きは，a である。
(1)$y=1×x+6$

14 (1)右下がり (2)右上がり
(3)右下がり

解説 (1)1次関数 $y=-x-11$ のグラフの傾き
は，-1
傾きは負である。
(2)1次関数 $y=4x-5$ のグラフの傾きは，4
傾きは正である。
(3)1次関数 $y=-\dfrac{1}{2}x+3$ のグラフの傾きは，

$-\dfrac{1}{2}$

傾きは負である。

15 右の図

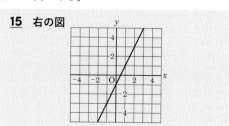

解説 1次関数 $y=2x-1$ のグラフの切片は -1
であるから，グラフは y 軸上の点 $(0，-1)$ を
通る。
また，グラフの傾きが 2 であるから，
点 $(0，-1)$ から右へ 1，上へ 2 だけ進んだ
点 $(1，1)$ も，このグラフ上の点である。
よって，2点 $(0，-1)$，$(1，1)$ を通る直線をひく。

16 右の図

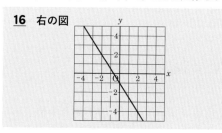

解説 1次関数 $y=-\dfrac{3}{2}x-1$ のグラフの切片は
-1 であるから，グラフは y 軸上の点 $(0，-1)$
を通る。
また，グラフの傾きが $-\dfrac{3}{2}$ であるから，

点 (0, −1) から右へ 2, 下へ 3 だけ進んだ点 (2, −4) もこのグラフ上の点である。

よって, 2 点 (0, −1), (2, −4) を通る直線をひく。

17 右の図

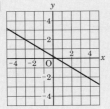

(解説) $x = -3$ のとき,

$$y = -\frac{3}{5} \times (-3) + \frac{1}{5} = 2$$

$x = 2$ のとき,

$$y = -\frac{3}{5} \times 2 + \frac{1}{5} = -1$$

これより, $y = -\frac{3}{5}x + \frac{1}{5}$ のグラフは, 2 点 (−3, 2), (2, −1) を通る。

よって, 2 点 (−3, 2), (2, −1) を通る直線をひく。

18 右の図

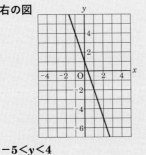

$-5 < y < 4$

(解説) 1 次関数 $y = -3x + 1$ のグラフは, 傾きが −3, 切片が 1 の直線である。

このグラフで $-1 < x < 2$ の部分は, 右の図の赤色の実線の部分となる。

$x = -1$ のとき,

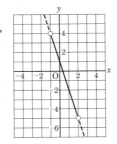

$y = -3 \times (-1) + 1$
$\quad = 4$

$x = 2$ のとき, $y = -3 \times 2 + 1 = -5$

よって, x の変域が $-1 < x < 2$ のときの y の変域は, $-5 < y < 4$

19 (1) $y = \dfrac{7}{3}x - 3$

(2) $y = -\dfrac{4}{3}x - 1$

(解説) 1 次関数の式を $y = ax + b$ とおく。

(1) y 軸上の点 (0, −3) を通るから, 切片が −3 より, $b = -3$

また, 右へ 3 だけ進むと上へ 7 だけ進むから, 傾きは, $\dfrac{7}{3}$ より, $a = \dfrac{7}{3}$

よって, 求める直線の式は,

$$y = \frac{7}{3}x - 3$$

(2) y 軸上の点 (0, −1) を通るから, 切片が −1 より, $b = -1$

また, 右へ 3 だけ進むと下へ 4 だけ進むから, 傾きは, $\dfrac{-4}{3} = -\dfrac{4}{3}$ より, $a = -\dfrac{4}{3}$

よって, 求める直線の式は,

$$y = -\frac{4}{3}x - 1$$

20 (1) $y = 2x + 5$

(2) $y = -3x + 8$

(解説) 1 次関数の式を $y = ax + b$ とおく。

(1) グラフの傾きが 2 であるから, この 1 次関数の式は, $y = 2x + b$ …① となる。

グラフが点 (−3, −1) を通るから, ①に $x = -3$, $y = -1$ を代入すると,

$\quad -1 = 2 \times (-3) + b \quad b = 5$

よって, $y = 2x + 5$

(2) グラフの傾きが −3 であるから, この 1 次関数の式は, $y = -3x + b$ …② となる。

グラフが点 (2, 2) を通るから, ②に $x = 2$, $y = 2$ を代入すると,

$2=-3\times2+b \quad b=8$
よって，$y=-3x+8$

21 (1)$y=3x-7$

(2)$y=-\dfrac{3}{2}x+8$

(解説) 1次関数の式を $y=ax+b$ とおく。
(1)変化の割合が 3 であるから，この 1 次関数の
式は，$y=3x+b$ …① となる。
$x=2$ のとき $y=-1$ であるから，①に $x=2$，
$y=-1$ を代入すると，
$-1=3\times2+b \quad b=-7$
よって，$y=3x-7$
(2)変化の割合が $-\dfrac{3}{2}$ であるから，この 1 次関
数の式は，$y=-\dfrac{3}{2}x+b$ …② となる。
$x=4$ のとき $y=2$ であるから，②に $x=4$，$y=2$
を代入すると，
$2=-\dfrac{3}{2}\times4+b \quad b=8$
よって，$y=-\dfrac{3}{2}x+8$

22 (1)$y=3x-3$

(2)$y=-2x+4$

(解説) 1次関数の式を $y=ax+b$ とおく。
(1)直線 $y=3x-2$ の傾きは，3 である。
この直線とグラフが平行であるから，求める 1
次関数の式は，
$y=3x+b$ …① となる。
グラフが点 $(3, 6)$ を通るから，①に $x=3$，$y=6$
を代入すると，
$6=3\times3+b \quad b=-3$
よって，$y=3x-3$
(2)直線 $y=-2x-1$ の傾きは，-2 である。
この直線とグラフが平行であるから，求める 1
次関数の式は，
$y=-2x+b$ …② となる。
グラフが点 $(2, 0)$ を通るから，②に $x=2$，
$y=0$ を代入すると，

$0=-2\times2+b \quad b=4$
よって，$y=-2x+4$

23 (1)$y=4x-5$

(2)$y=-\dfrac{1}{3}x+2$

(解説) 1次関数の式を $y=ax+b$ とおく。
(1)グラフの傾きが $\dfrac{8}{2}=4$ であるから，この 1 次
関数の式は，
$y=4x+b$ …① となる。
$x=2$ のとき $y=3$ であるから，①に $x=2$，$y=3$
を代入すると，
$3=4\times2+b \quad b=-5$
よって，$y=4x-5$
(2)グラフの傾きが $\dfrac{-2}{6}=-\dfrac{1}{3}$ であるから，こ
の 1 次関数の式は，
$y=-\dfrac{1}{3}x+b$ …② となる。
$x=3$ のとき $y=1$ であるから，②に $x=3$，
$y=1$ を代入すると，
$1=-\dfrac{1}{3}\times3+b \quad b=2$
よって，$y=-\dfrac{1}{3}x+2$

24 (1)$y=2x+4$

(2)$y=-3x+5$

(解説) 1次関数の式を $y=ax+b$ とおく。
(1)グラフの切片が 4 であるから，この 1 次関数
の式は，$y=ax+4$ …① となる。
グラフが点 $(3, 10)$ を通るから，①に $x=3$，
$y=10$ を代入すると，
$10=a\times3+4 \quad 3a=6 \quad a=2$
よって，$y=2x+4$
(2)グラフの切片が 5 であるから，この 1 次関数
の式は，$y=ax+5$ …② となる。
グラフが点 $(2, -1)$ を通るから，②に $x=2$，
$y=-1$ を代入すると，
$-1=a\times2+5 \quad 2a=-6 \quad a=-3$

よって，$y=-3x+5$

25 $y=-x+4$

解説 1次関数の式を $y=ax+b$ とおく。
グラフが2点 (3, 1), (2, 2) を通るから，グラフの傾きは，
$$\frac{2-1}{2-3}=-1$$
これより，この1次関数の式は，
$y=-x+b$ …① となる。
グラフが点 (3, 1) を通るから，①に $x=3$，$y=1$ を代入すると，
$1=-3+b \quad b=4$
よって，$y=-x+4$

26 $y=5x-2$

解説 1次関数の式を $y=ax+b$ とおく。
$x=-1$ のとき $y=-7$，$x=1$ のとき $y=3$ となるから，この1次関数の変化の割合は，
$$\frac{3-(-7)}{1-(-1)}=5$$
これより，この1次関数の式は，
$y=5x+b$ …① となる。
$x=-1$ のとき $y=-7$ であるから，①に $x=-1$，$y=-7$ を代入すると，
$-7=5\times(-1)+b \quad b=-2$
よって，$y=5x-2$

27 右の図

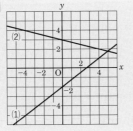

解説 (1) $3x-4y-8=0$ より，
$-4y=-3x+8$
$y=\dfrac{3}{4}x-2$
(2) $x+4y=12$ より，

$4y=-x+12 \quad y=-\dfrac{1}{4}x+3$

28 右の図

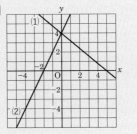

解説 (1) $4x+5y=20$ …①
①に $x=0$ を代入すると，
$4\times0+5y=20 \quad 5y=20$
$y=4$
①に $y=0$ を代入すると，
$4x+5\times0=20 \quad 4x=20$
$x=5$
①のグラフは2点 (0, 4), (5, 0) を通る直線である。

(2) $\dfrac{x}{2}-\dfrac{y}{4}=-1$ …②
②に $x=0$ を代入すると，
$\dfrac{0}{2}-\dfrac{y}{4}=-1 \quad -\dfrac{y}{4}=-1 \quad y=4$
②に $y=0$ を代入すると，
$\dfrac{x}{2}-\dfrac{0}{4}=-1 \quad \dfrac{x}{2}=-1 \quad x=-2$
②のグラフは2点 (0, 4), (-2, 0) を通る直線である。

29 右の図

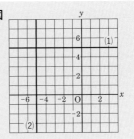

解説 (1) $2y-10=0$ は，
$0\times x+2y-10=0$ の形で表されるから，x がど

んな値でも，

$2y-10=0$，つまり，$y=5$ が成り立つ。

よって，$2y-10=0$ のグラフは，点 $(0, 5)$ を通り，x 軸に平行な直線になる。

(2) $5x=-25$ は，

$5x+0\times y=-25$ の形で表されるから，y がどんな値でも，$5x=-25$，つまり，$x=-5$ が成り立つ。

よって，$5x=-25$ のグラフは，点 $(-5, 0)$ を通り，y 軸に平行な直線になる。

30 $x=3$，$y=-3$

(解説) $\begin{cases} y=-2x+3 & \cdots① \\ 2x-3y=15 & \cdots② \end{cases}$

①のグラフは直線 $y=-2x+3$ である。

②より，$-3y=-2x+15$

$y=\dfrac{2}{3}x-5$

②のグラフは直線 $y=\dfrac{2}{3}x-5$ である。

①と②のグラフをか
くと，右の図のよう
になる。
図から①と②の交点
の座標は，$(3, -3)$
である。
よって，連立方程式
の解は，

$x=3$，$y=-3$

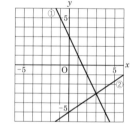

31 $\left(\dfrac{9}{5},\ \dfrac{11}{5}\right)$

(解説) ①傾き -1，切片 4 だから，

$y=-x+4$

②傾き $\dfrac{2}{3}$，切片 1 だから，

$y=\dfrac{2}{3}x+1$

②の式を①の式に代入すると，

$\dfrac{2}{3}x+1=-x+4$ $\dfrac{5}{3}x=3$ $x=\dfrac{9}{5}$

$x=\dfrac{9}{5}$ を①の式に代入すると，

$y=-\dfrac{9}{5}+4=\dfrac{11}{5}$

よって，交点の座標は，$\left(\dfrac{9}{5},\ \dfrac{11}{5}\right)$

32 $k=5$

(解説) ①より，$y=2x-3$ $\cdots④$

④を②に代入すると，

$3x-4(2x-3)=7$

$3x-8x+12=7$ $-5x=-5$

$x=1$

$x=1$ を④に代入すると，

$y=2\times1-3=-1$

$x=1$，$y=-1$ を③に代入すると，

$2\times1+k\times(-1)=-3$

$-k=-5$ $k=5$

33 およそ 22cm

(解説) おもりの重さを xg，ばねの長さを $y$cm
とする。

x，y の値の組が表
す点をとると，右の
図のようになる。
図より，これらの点
は，傾き $\dfrac{2}{5}=0.4$，

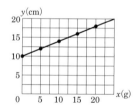

切片 10 の直線上に
あるとみなせるから，x と y の関係を式に表す
と，

$y=0.4x+10$

$x=30$ のとき，$y=0.4\times30+10=22$

よって，およそ 22cm

34 12分後

(解説) 水温の変化は熱し始めてからの時間に比
例するから，熱し始めてから x 分後の水温を $y℃$
とすると，y は x の 1 次関数になる。

$x=3$ のとき $y=37$，$x=7$ のとき $y=65$ より，

変化の割合は，

$$\frac{65-37}{7-3}=\frac{28}{4}=7$$

これより，求める1次関数の式を，

$y=7x+b$ …① とする。

$x=3$ のとき $y=37$ であるから，①に $x=3$，
$y=37$ を代入すると，

$37=7\times3+b$ $b=16$

したがって，x と y の関係は，

$y=7x+16$

$y=7x+16$ に $y=100$ を代入すると，

$100=7x+16$ $7x=84$ $x=12$

35 家から1kmはなれた地点

解説 Aさんと姉
のようすをグラ
フにかきこむと，
右のようになる。
グラフから，姉と
すれちがうのは，
家から1kmはな
れた地点

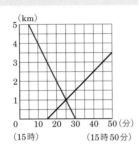

（15時）　　　（15時50分）

36 8時10分，
家から$\frac{5}{3}$kmはなれた地点

解説 父について，グラフの傾きは例題36のと
きと同じなので，$y=\frac{1}{3}x+b$ …① とおける。

$x=5$ のとき $y=0$ なので，$x=5$，$y=0$ を①に
代入すると，

$0=\frac{1}{3}\times5+b$ $b=-\frac{5}{3}$

したがって，$y=\frac{1}{3}x-\frac{5}{3}$

兄について，グラフは例題36のときと同じな
ので，$y=\frac{1}{6}x$

父の式と兄の式から y を消去して，

$\frac{1}{3}x-\frac{5}{3}=\frac{1}{6}x$ $\frac{1}{6}x=\frac{5}{3}$ $x=10$

このとき，兄の式より，$y=\frac{1}{6}\times10=\frac{5}{3}$

37 20

解説 直線①の切片は -6，直線②の切片は4
だから，AB$=4-(-6)=10$

①，②から y を消去すると，

$-2x-6=\frac{1}{2}x+4$ $-\frac{5}{2}x=10$

$x=-4$

よって，辺ABを底辺とみたときの△PABの
高さは4となるから，△PABの面積は，

$\frac{1}{2}\times10\times4=20$

38 ㋐

解説 水そうを，それぞれくぼみの位置で，上，
真ん中，下の3つの部分に分けたとき，水面が
上の部分や下の部分にあるときのほうが真ん中
の部分にあるときより水面の面積が小さいから，
水の深さの変化は大きい。

よって，グラフははじめは傾きが急な直線，そ
の後は傾きがゆるやかな直線で，最後は傾きが
急な直線となる。

39 (1)$y=-5x+40$
(2)右の図

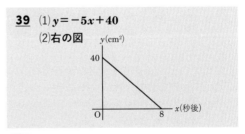

解説 (1) PC$=$BC$-$BP$=8-x$ (cm)より，

$y=\frac{1}{2}\times$PC$\times$AB

$=\frac{1}{2}\times(8-x)\times10=-5x+40$

(2) $8\div1=8$（秒後）に，点PはCに着く。

したがって，x の変域は，

$0 \leqq x \leqq 8$

$x=0$ のとき,

$y=-5 \times 0+40=40$

$x=8$ のとき,

$y=-5 \times 8+40=0$

40 (1)辺 BC 上を動くとき… $y=4x$

辺 CD 上を動くとき… $y=32$

辺 DA 上を動くとき… $y=-4x+96$

(2)右の図

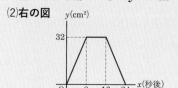

(解説) (1)底辺を AB とみる。点 P が辺 BC 上を動くとき, BP の長さ $x$cm が高さとなる。

$y=\dfrac{1}{2} \times AB \times BP=\dfrac{1}{2} \times 8 \times x=4x$

点 P が辺 CD 上を動くとき, 高さは 8cm で一定。

$y=\dfrac{1}{2} \times AB \times 8=\dfrac{1}{2} \times 8 \times 8=32$

点 P が辺 DA 上を動くとき, PA の長さが高さとなる。

$PA=8 \times 3-x=(24-x)$cm より,

$y=\dfrac{1}{2} \times AB \times PA$

$=\dfrac{1}{2} \times 8 \times (24-x)$

$=-4x+96$

(2)点 P が C, D, A に着くのは, それぞれ,

C … $8 \div 1=8$(秒後)

D … $8 \times 2 \div 1=16$(秒後)

A … $8 \times 3 \div 1=24$(秒後)

したがって, x の変域は,

$0 \leqq x \leqq 24$

$x=8$, 16 のとき, $y=32$

$x=24$ のとき,

$y=-4 \times 24+96=0$

定期テスト対策問題

1 (1)$y=5-x$ (2)$y=\dfrac{100}{x}$

(3)$y=20-0.4x$

(4)$y=x^2$ 1 次関数であるもの…(1), (3)

2 (1)4 (2)-6

(解説) (2)(y の増加量)

$=$(変化の割合)$\times$(x の増加量)

$=-2 \times 3=-6$

3 (1)$\dfrac{1}{3}$ (2)3

(解説) y が x に反比例するときの変化の割合は一定ではない。

(1)x の増加量は, $15-3=12$

y の増加量は, $-\dfrac{15}{15}-\left(-\dfrac{15}{3}\right)=4$

よって, 変化の割合は, $\dfrac{4}{12}=\dfrac{1}{3}$

(2)x の増加量は, $-1-(-5)=4$

y の増加量は, $-\dfrac{15}{-1}-\left(-\dfrac{15}{-5}\right)=12$

よって, 変化の割合は, $\dfrac{12}{4}=3$

4 (1)①傾き…-1 切片…2

②傾き…$\dfrac{3}{2}$ 切片…$-\dfrac{11}{2}$

③傾き…$-\dfrac{3}{4}$ 切片…0

(2)②

5 右の図

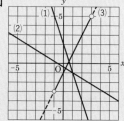

❻
(1) $y=-5x+1$　(2) $y=4x-3$
(3) $y=-2x+7$　(4) $y=3x+7$
(5) $y=\dfrac{1}{3}x+2$　(6) $y=3x-5$
(7) $y=-4x+6$

(解説) (6) $y=ax+b$ とおく。
グラフの傾きは，$\dfrac{4-(-2)}{3-1}=3$
$y=3x+b$ に $x=1$，$y=-2$ を代入すると，
$b=-5$
(7) $y=ax+b$ とおく。
グラフの傾きは，$\dfrac{-6-2}{3-1}=-4$
$y=-4x+b$ に $x=1$，$y=2$ を代入すると，
$b=6$
$y=ax+b$ として，次のように解いてもよい。
$\begin{cases} 2=a+b \\ -6=3a+b \end{cases}$　$a=-4$，$b=6$

❼ 右の図

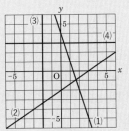

(解説) (1) $y=-3x+4$
(2) $y=\dfrac{2}{3}x-2$
(3) $x=-2$
(4) $y=3$
のグラフをかく。

❽ $a=5$

(解説) $\begin{cases} 2x-5y=-10 \\ y=-x+9 \end{cases}$ を連立方程式として
解くと，$x=5$，$y=4$
これらを，$ax-6y=1$ に代入して，
$a\times5-6\times4=1$　$a=5$

❾
(1)① $y=x+2$　② $y=-2x+7$
(2) $\mathrm{P}\left(\dfrac{5}{3},\ \dfrac{11}{3}\right)$　(3) $\dfrac{25}{6}$

(解説) (1)① 切片 2，傾き 1
② 傾き -2 で，点 $(1,\ 5)$ を通る。
(2) $\begin{cases} y=x+2 \\ y=-2x+7 \end{cases}$ を連立方程式として解くと，
$x=\dfrac{5}{3}$，$y=\dfrac{11}{3}$
2 直線の交点の座標は，連立方程式の解である。
(3) $\mathrm{AB}=7-2=5$
$\triangle\mathrm{APB}=\dfrac{1}{2}\times\mathrm{AB}\times(点 \mathrm{P} の x 座標)$
$=\dfrac{1}{2}\times5\times\dfrac{5}{3}=\dfrac{25}{6}$

❿
(1) $y=0.4x+50$　(2) $50\mathrm{cm}$

(解説) (1) 10g おもりが増えるごとに，ばねは
4cm ずつのびているので，変化の割合は，0.4
$y=0.4x+b$ に，$x=20$，$y=58$ を代入すると，
$b=50$
(2) $y=0.4x+50$ に $x=0$ を代入する。

⓫
(1) P 地点から Q 地点… $y=4x(0\leqq x\leqq3)$
Q 地点から P 地点…
$y=-3x+21(3\leqq x\leqq7)$
(2) 4 時間 12 分後

(解説) (2) B さんの x と y の関係は $y=2x$
$y=2x$ と $y=-3x+21$ を連立方程式として解く
と，$x=\dfrac{21}{5}$
これは，x の変域 $3\leqq x\leqq7$ をみたす。
$\dfrac{21}{5}$ 時間 $=4\dfrac{1}{5}$ 時間 $=4$ 時間 12 分

⓬
(1) 辺 AB 上… $y=2x(0\leqq x\leqq3)$
辺 BC 上… $y=6(3\leqq x\leqq7)$
辺 CD 上… $y=-2x+20(7\leqq x\leqq10)$

(2)**右の図**

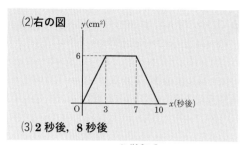

(3)**2秒後, 8秒後**

解説 (1) x 秒後の P の移動距離は $x$cm だから,

辺 AB 上… $y = \dfrac{1}{2} \times 4 \times x = 2x$

辺 BC 上… $y = \dfrac{1}{2} \times 4 \times 3 = 6$

辺 CD 上… $y = \dfrac{1}{2} \times 4 \times (10 - x)$

$\qquad\qquad = -2x + 20$

(3)(2)のグラフから, $y = 4$ になるのは, 点 P が
辺 AB, CD 上にあるときの 2 回ある。

4章 平行と合同

✓ **類題**

1 $\angle x = 59°$, $\angle y = 91°$, $\angle z = 59°$

解説 $\angle y$ は大きさが $91°$ の角の対頂角だから,
$\angle y = 91°$
一直線の角は $180°$ だから,
$\angle x = 180° - (\angle y + 30°)$
$= 180° - (91° + 30°) = 59°$
$\angle z$ は $\angle x$ の対頂角だから, $\angle z = \angle x = 59°$

2 $\angle v$

解説 同位角は, 同じ位置関係にある 2 つの角。

3 $\angle r$

解説 錯角は, アルファベットの Z の形や Z を
反転した形をつくる 2 つの角。

4 $\angle x = 72°$, $\angle y = 125°$

解説 平行線の同位角は等しいから, $\angle x = 72°$
平行線の錯角は等しいから,
$\angle y = \angle x + 53° = 72° + 53° = 125°$

5 $a /\!/ c$, $b /\!/ d$

解説 $180° - 144° = 36°$
より, 同位角が等しい
から, a と c は平行で
ある。$180° - 149° = 31°$
より, 錯角が等しいか
ら, b と d は平行であ
る。
また, 他に平行な直線はない。

6 $a /\!/ d$, $b /\!/ c$, $\angle x = 72°$, $\angle y = 60°$

(解説) 錯角が等しいから，a と d，b と c はそれぞれ平行である。

また，他に平行な直線はない。

$b /\!/ c$ であり，平行線の同位角は等しいから，

$\angle x = 72°$

$a /\!/ d$ であり，平行線の同位角は等しいから，

$\angle y = 60°$

---

7 平行線の同位角は等しいから，

$\angle d = \angle a$ …①

一直線の角は 180° であるから，

$\angle d + \angle c = 180°$ …②

よって，①，②より，

$\angle a + \angle c = 180°$

(解説) $\angle a$ と $\angle d$ が同位角であることと，$\angle c$ と $\angle d$ を合わせた角が一直線となることから，「平行線の同位角」と「一直線の角」を使って説明する。

---

8 $\angle a + \angle c = 180°$ であるから，

$\angle a = 180° - \angle c$ …①

一直線の角は 180° であるから，

$\angle d = 180° - \angle c$ …②

①，②より，$\angle a = \angle d$

よって，同位角が等しいから，$\ell /\!/ m$

(解説) $\angle a$ と $\angle d$ が同位角であるから，「同位角が等しいならば，2 直線は平行」を使う。これを使うために，$\angle a = \angle d$ を示す必要がある。

---

9 AB$/\!/$CD であり，平行線の同位角は等しいから，$\angle$EPB $= \angle$PQD …①

PX，QY はそれぞれ$\angle$EPB，$\angle$PQD の二等分線であるから，

$\angle$EPX $= \dfrac{1}{2}\angle$EPB …②

$\angle$PQY $= \dfrac{1}{2}\angle$PQD …③

①，②，③より，$\angle$EPX $= \angle$PQY

よって，同位角が等しいから，

PX$/\!/$QY

(解説) 2 直線 PX と QY が平行であることをいうには，$\angle$EPX $= \angle$PQY となることを説明する。

---

10 $35°$

(解説) 右の図のように，AB，CD に平行な直線 FI，JG をひく。AB$/\!/$FI であり，平行線の錯角は等しいから，

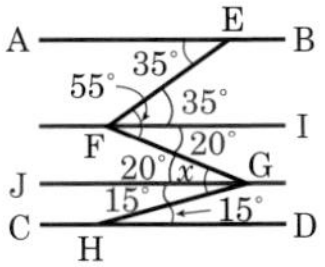

$\angle$EFI $= \angle$FEA $= 35°$

FI$/\!/$JG であり，平行線の錯角は等しいから，

$\angle$FGJ $= \angle$GFI

$\qquad = \angle$EFG $- \angle$EFI

$\qquad = 55° - 35° = 20°$

CD$/\!/$JG であり，平行線の錯角は等しいから，

$\angle$JGH $= \angle$DHG $= 15°$

よって，

$\angle x = \angle$FGJ $+ \angle$JGH

$\qquad = 20° + 15° = 35°$

---

11 (1) $67°$　(2) $52°$

(解説) (1) $\angle x + 90° + 23° = 180°$ より，

$\angle x = 180° - (90° + 23°) = 67°$

(2) $\angle x + 78° + 50° = 180°$ より，

$\angle x = 180° - (78° + 50°) = 52°$

---

12 (1) $101°$　(2) $116°$

(解説) (1) $\angle x = 62° + 39° = 101°$

(2) $\angle x + 27° = 143°$ より，

$\angle x = 143° - 27° = 116°$

---

13 鋭角…①，⑤　鈍角…②，⑥

(解説) ①　20° は，0° より大きく 90° より小さい。

②　120° は，90° より大きく 180° より小さい。

③　200° は，180° より大きい。

⑤ 80°は，0°より大きく90°より小さい。

⑥ 130°は，90°より大きく180°より小さい。

14 (1)**鈍角三角形** (2)**鋭角三角形**
(3)**直角三角形**

解説 (1)残りの内角の大きさは，

$180° - (43° + 39°) = 98°$

内角の大きさのうち最大のものは98°で，鈍角であるから，鈍角三角形。

(2)残りの内角の大きさは，

$180° - (36° + 58°) = 86°$

内角の大きさのうち最大のものは86°で，鋭角であるから，鋭角三角形。

(3)残りの内角の大きさは，

$180° - (64° + 26°) = 90°$

内角の大きさのうち最大のものは90°で，直角であるから，直角三角形。

15 (1)**1080°** (2)**120°**

解説 (1)八角形なので，$8 - 2 = 6$（個）の三角形に分けることができる。

したがって，八角形の内角の和は，

$180° × 6 = 1080°$

(2)正六角形の内角の和は，

$180° × (6 - 2) = 720°$

正六角形の内角の大きさはすべて等しいから，

1つの内角の大きさは，

$720° ÷ 6 = 120°$

16 (1)**九角形** (2)**十一角形**
(3)**二十二角形**

解説 (1)n角形であるとすると，内角の和が1260°であるから，

$180° × (n - 2) = 1260°$

$n - 2 = 7$ $n = 9$

よって，九角形。

(2)n角形であるとすると，内角の和が1620°であるから，

$180° × (n - 2) = 1620°$

$n - 2 = 9$ $n = 11$

よって，十一角形。

(3)n角形であるとすると，内角の和が3600°であるから，

$180° × (n - 2) = 3600°$

$n - 2 = 20$ $n = 22$

よって，二十二角形。

17 (1)① **36°** ② **10°**
(2) **171°**

解説 (1)① $360° ÷ 10 = 36°$

② $360° ÷ 36 = 10°$

(2)正四十角形の1つの外角の大きさは，

$360° ÷ 40 = 9°$

よって，正四十角形の1つの内角の大きさは，

$180° - 9° = 171°$

18 (1)① **正六角形** ② **正九角形**
(2)**正八角形**

解説 (1)① 正n角形であるとすると，1つの外角の大きさが60°であるから，$360° ÷ n = 60°$より，

$n = 360° ÷ 60° = 6$

よって，正六角形。

② 正n角形であるとすると，1つの外角の大きさが40°であるから，$360° ÷ n = 40°$より，

$n = 360° ÷ 40° = 9$

よって，正九角形。

(2) 1つの内角の大きさが135°であるから，1つの外角の大きさは，

$180° - 135° = 45°$

正n角形であるとすると，

$360° ÷ n = 45°$より，

$n = 360° ÷ 45° = 8$

よって，正八角形。

19 (1)**74°** (2)**124°** (3)**125°**

解説 (1)四角形の内角の和は，

$180° × (4 - 2) = 360°$であるから，

$\angle x = 360° - (121° + 85° + 80°)$
$= 360° - 286° = 74°$
(2)五角形の内角の和は,
$180° \times (5-2) = 540°$ であるから,
$\angle x = 540° - (91° + 100° + 115° + 110°)$
$= 540° - 416° = 124°$
(3)六角形の内角の和は,
$180° \times (6-2) = 720°$ であるから,
$\angle x = 720° - (127° + 111° + 120° + 120° + 117°)$
$= 720° - 595° = 125°$

20 (1) **123°** (2) **80°** (3) **21°**

(解説) (1)外角の和は $360°$ であるから,
$\angle x = 360° - (72° + 50° + 115°)$
$= 360° - 237° = 123°$
(2)外角の和は $360°$ であるから, $\angle x$ の外角の
大きさは,
$360° - (77° + 108° + 75°)$
$= 360° - 260° = 100°$
よって, $\angle x = 180° - 100° = 80°$
(3)外角の和は $360°$ であるから,
$\angle x = 360° - (38° + 66° + 44° + 40° + 48° + 39° + 64°)$
$= 360° - 339° = 21°$

21 **120°**

(解説) 四角形 CDEF と
四角形 C'D'EF は折り目
の線 EF に関して対称だ
から,
$\angle EFC = \angle EFC' = 75°$
したがって,
$\angle BFG = 180° - (\angle EFC + \angle EFC')$
$= 180° - (75° + 75°) = 30°$
よって, $\angle AGF$ は $\triangle BFG$ の頂点 G における外
角だから,
$\angle x = \angle GBF + \angle BFG$
$\quad = 90° + 30° = 120°$

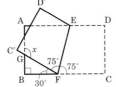

22 **120°**

(解説) 点 D を通り, 辺
BC に平行な直線 DF を
ひき, 辺 AB との交点を
E とする。
BC∥DE であり, 平行線
の同位角は等しいから,
$\angle AED = \angle B = 60°$
平行線の錯角は等しいから,
$\angle CDF = \angle C = 35°$
$\triangle AED$ における外角だから,
$\angle ADF = \angle A + \angle AED$
$\quad = 25° + 60° = 85°$
よって,
$\angle x = \angle ADF + \angle CDF$
$\quad = 85° + 35° = 120°$

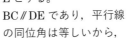

23 **50°**

(解説) AF と ED の交点
を G とする。
また, AF の延長と CD
との交点を H とする。
$\angle DGH$ は $\triangle EFG$ にお
ける外角だから,
$\angle DGH = \angle E + \angle F = 20° + 30° = 50°$
$\angle AHC$ は $\triangle DGH$ における外角だから,
$\angle AHC = \angle D + \angle DGH = \angle x + 50°$
四角形 ABCH の内角の和は,
$180° \times (4-2) = 360°$ より,
$\angle A + \angle B + \angle C + \angle AHC = 360°$
$60° + 90° + 110° + (\angle x + 50°) = 360°$
よって,
$\angle x = 360° - (60° + 90° + 110° + 50°)$
$= 360° - 310° = 50°$

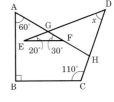

24 **34°**

(解説) $\angle AJF$ は $\triangle BDJ$ における外角だから,
$\angle AJF = \angle B + \angle D = 33° + \angle x$
$\angle AFJ$ は $\triangle CEF$ における外角だから,
$\angle AFJ = \angle C + \angle E = 42° + 37° = 79°$

△AFJ において，
∠A＋∠AJF＋∠AFJ＝180° だから，
34°＋(33°＋∠x)＋79°＝180°
よって，
∠x＝180°－(34°＋33°＋79°)
　　＝180°－146°＝34°

---

25 対応する辺…辺 AB と辺 PQ，
　　　　辺 BC と辺 QR，
　　　　辺 CD と辺 RS，
　　　　辺 DA と辺 SP
　　　対応する角…∠A と∠P，∠B と∠Q，
　　　　∠C と∠R，∠D と∠S

(解説) 頂点は，A と P，B と Q，C と R，D と S が対応している。

---

26 △ABC≡△GHI，
　　　△DEF≡△NOM，
　　　△JKL≡△RPQ

(解説) 重ね合わせることができる三角形の組を見つけ，対応している頂点の順に書く。

---

27 ①と④…1 組の辺とその両端の角がそれぞれ等しい。
　　　②と⑤…2 組の辺とその間の角がそれぞれ等しい。

(解説) ①，③，④の残りの角は，それぞれ，60°，30°，40°

---

28 (1) △ABD≡△ACD
　　　3 組の辺がそれぞれ等しい。
　　　(2) △ABD≡△ACD
　　　2 組の辺とその間の角がそれぞれ等しい。
　　　(3) △ABD≡△ACD
　　　1 組の辺とその両端の角がそれぞれ等しい。

(解説) (1) AB＝AC，BD＝CD，AD は共通
(2) BD＝CD，AD は共通，

∠ADB＝∠ADC(＝90°)
(3) AD は共通，∠BAD＝∠CAD，
∠ADB＝∠ADC(＝90°)

---

29 2 組の辺とその間の角がそれぞれ等しい。

(解説) △ABC で，AB＝7cm，∠A＝50°，
AC＝AD－CD＝7－3＝4(cm)
同様に，△ADE で，AD＝7cm，
∠A＝50°，AE＝AB－EB＝7－3＝4(cm)
よって，AB＝AD，AC＝AE，∠A は共通より，
△ABC と△ADE が合同であることをいうのに必要な合同条件は，「2 組の辺とその間の角がそれぞれ等しい。」である。

---

30 (1)いえない。　(2)いえない。
　　　(3)いえる。

(解説) (1)右の図のような場合がある。
(2)3 つの角はそれぞれ等しいが，辺の長さが等しいとはいえない。
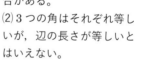
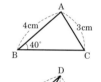
(3)∠A，∠D は，ともに，
180°－(40°＋70°)＝70°
となるから，AB＝DE，
∠A＝∠D，∠B＝∠E より，1 組の辺とその両端の角がそれぞれ等しい。

---

31 (1)仮定…x＝0
　　　結論…xy＝0
　　　(2)仮定…∠A＝90°
　　　結論…∠B，∠C はともに鋭角である
　　　(3)仮定…9 の倍数である
　　　結論…3 の倍数である

(解説) (仮定)ならば(結論)
(3)「9 の倍数であるならば 3 の倍数である。」ということである。

32 △ABC において，頂点 A，B，C における内角をそれぞれ ∠a，∠b，∠c とし，頂点 A，B，C における外角をそれぞれ ∠a′，∠b′，∠c′ とする。

一直線の角は $180°$ だから，

$∠a + ∠a′ = 180°$ より，

$∠a′ = 180° - ∠a$

同様にして，

$∠b′ = 180° - ∠b$，$∠c′ = 180° - ∠c$

このとき，

$∠a′ + ∠b′ + ∠c′$

$= (180° - ∠a) + (180° - ∠b)$

$\quad + (180° - ∠c)$

$= 540° - (∠a + ∠b + ∠c)$ …①

三角形の内角の和は $180°$ だから，

$∠a + ∠b + ∠c = 180°$ …②

①，②より，

$∠a′ + ∠b′ + ∠c′ = 540° - 180° = 360°$

よって，三角形の外角の和は $360°$ である。

解説 1つの頂点における内角と外角の和が $180°$ であることと，三角形の内角の和が $180°$ であることを使う。

33 △ADO と △BCO において，

仮定から，

$AO = BO$ …①，$DO = CO$ …②

対頂角は等しいから，

$∠AOD = ∠BOC$ …③

①，②，③より，2組の辺とその間の角がそれぞれ等しいから，

$△ADO ≡ △BCO$

合同な図形の対応する角は等しいから，

$∠ADO = ∠BCO$

したがって，錯角が等しいから，

$AD /\!/ BC$

解説 錯角である ∠ADO と ∠BCO が等しいことをいうために，∠ADO，∠BCO を角とする △ADO と △BCO が合同であることを示す。

34 △ABC と △DCB において，

仮定から，

$∠ABC = ∠DCB$ …①

$AB = DC$ …②

また，BC は共通 …③

①，②，③より，2組の辺とその間の角がそれぞれ等しいから，

$△ABC ≡ △DCB$

合同な図形の対応する辺は等しいから，

$AC = DB$

解説 AC，DB を辺とする △ABC と △DCB が合同であることを示す。

35 △ABC と △DCB において，

仮定から，

$∠ABC = ∠DCB$ …①

$∠BAC = ∠CDB$ …②

三角形の内角の和は $180°$ であるから，

$∠ACB = 180° - (∠ABC + ∠BAC)$

…③

$∠DBC = 180° - (∠DCB + ∠CDB)$

…④

①，②，③，④より，

$∠ACB = ∠DBC$ …⑤

また，BC は共通 …⑥

①，⑤，⑥より，1組の辺とその両端の角がそれぞれ等しいから，

$△ABC ≡ △DCB$

合同な図形の対応する辺は等しいから，

$AB = DC$

解説 AB，DC を辺とする △ABC と △DCB が合同であることを示す。

36 △ABC と △ADE において,

仮定から,

AC＝AE …①, ∠B＝∠D …②

三角形の内角の和は 180° であるから,

∠ACB＝180°−(∠A＋∠B) …③

∠AED＝180°−(∠A＋∠D) …④

②, ③, ④より

∠ACB＝∠AED …⑤

また, ∠A は共通 …⑥

①, ⑤, ⑥より, 1組の辺とその両端
の角がそれぞれ等しいから,

△ABC≡△ADE

合同な図形の対応する辺は等しいから,

BA＝DA

(解説) BA, DA を辺とする△ABC と △ADE が
合同であることを示す。

37 線分 AB の中点を M,
線分 AB の両端から
等距離にある M と
異なる点を P とする。
△PAM と △PBM
において,
仮定から,

PA＝PB …①, AM＝BM …②

また, PM は共通 …③

①, ②, ③より, 3組の辺がそれぞれ
等しいから, △PAM≡△PBM

合同な図形の対応する角は等しいから,

∠PMA＝∠PMB …④

一直線の角は 180° だから,

∠PMA＋∠PMB＝180° …⑤

④, ⑤より,

∠PMA＝∠PMB＝90° …⑥

したがって, ②, ⑥より, 線分の両端
から等距離にある点は, その線分の垂
直二等分線上にある。

(解説) 線分 AB の中点を M, 線分 AB の両端か
ら等距離にある点を P とし, △PAM≡△PBM

を示す。

38 A と C, B と C, B
と P を結ぶ。
△ABC と △PCB に
おいて,
仮定から,

AB＝PC …①, AC＝PB …②

また, BC は共通 …③

①, ②, ③より, 3組の辺がそれぞれ
等しいから, △ABC≡△PCB

合同な図形の対応する角は等しいから,

∠ABC＝∠PCB

よって, 錯角が等しいから, 直線 CP
は ℓ に平行である。

(解説) ∠ABC, ∠PCB を角とする△ABC と
△PCB が合同であることを示す。

📕 **定期テスト対策問題**

❶ ∠x＝70°, ∠y＝85°

❷ (1) ∠x＝60°, ∠y＝120°
(2) ∠x＝72°, ∠y＝57°
(3) ∠x＝100°

(解説) (3)右の図のようにℓ,
m に平行な直線をひいて
考える。
∠x＝40°＋60°＝100°

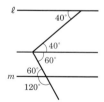

❸ (1) 119° (2) 48° (3) 40° (4) 24°

(解説) (1) ∠x＝50°＋69°＝119°
(2) ∠x＋90°＝138° より,
∠x＝138°−90°＝48°
(3) 48°＋57°＝∠x＋65° より, ∠x＝40°
(4) ∠x＝180°−(50°＋74°＋32°)＝24°

❹ (1)直角三角形 (2)鋭角三角形
(3)鈍角三角形

(解説) 問題の角はすべて鋭角だから，残りの角が鋭角か，直角か，鈍角かを判断すればよい。
(1) $180° - (72° + 18°) = 180° - 90° = 90°$ …直角
(2) $180° - (45° + 54°) = 180° - 99° = 81°$ …鋭角
(3) $180° - (28° + 41°) = 180° - 69° = 111°$ …鈍角

❺ (1)**900°** (2)**144°**
(3)**十六角形** (4)**正十二角形**

(解説) (1) $180° \times (7-2) = 900°$
(2) $\{180° \times (10-2)\} \div 10 = 144°$
外角の和が $360°$ であることから求めると，
$360° \div 10 = 36°$
よって，$180° - 36° = 144°$
(3) n 角形であるとすると，
$180° \times (n-2) = 2520°$
$n - 2 = 14$ $n = 16$
(4)正 n 角形とすると，外角の和は $360°$ だから，
$360° \div n = 30°$ $n = 12$

❻ (1)**76°** (2)**20°** (3)**88°** (4)**70°**

(解説) (1) $\angle x = 360° - (73° + 89° + 122°) = 76°$
(2) $58° + \angle x + 33° = 111°$ より
$\angle x = 111° - 58° - 33° = 20°$
(3)五角形の内角の和は $180° \times (5-2) = 540°$
$\angle x = 540° - (117° + 118° + 108° + 109°)$
$= 540° - 452°$
$= 88°$
(4) $\triangle ADE$ と $\triangle A'DE$ は折り目の線 DE に関して対称だから，
$\angle DEA' = \angle DEA = (180° - 80°) \div 2$
$= 50°$
$\angle DA'E = \angle A = 60°$ だから，
$\angle x = 180° - (50° + 60°) = 70°$

❼ (1)と(7)…**2 組の辺とその間の角がそれぞれ等しい。**

(2)と(8)…**1 組の辺とその両端の角がそれぞれ等しい。**

(3)と(6)…**1 組の辺とその両端の角がそれぞれ等しい。**

(4)と(5)…**3 組の辺がそれぞれ等しい。**

❽ $\triangle ABE \equiv \triangle CBD$
2 組の辺とその間の角がそれぞれ等しい。

(解説) $AB = CB$，$BE = BD$
共通な角だから，$\angle ABE = \angle CBD$

❾ (1)仮定…$\triangle ABC \equiv \triangle DEF$
結論…$AB = DE$
(2)仮定…x が **6 の倍数**
結論…x は **3 の倍数**
(3)仮定…$\ell /\!/ m$，$\ell /\!/ n$
結論…$m /\!/ n$

❿ ア…**AB** イ…**DC** ウ…**DB**
エ…**DBC** オ…**BC**
カ…**2 組の辺とその間の角**

⓫ (1)仮定…$AB /\!/ CD$，$AB = CD$
結論…$AE = DE$
(2) $\triangle ABE$ と $\triangle DCE$ において，仮定から，
$AB = DC$ …①
$AB /\!/ CD$ から，錯角は等しいので
$\angle EAB = \angle EDC$ …②
$\angle EBA = \angle ECD$ …③
①，②，③より，1 組の辺とその両端の角がそれぞれ等しいから，
$\triangle ABE \equiv \triangle DCE$
合同な図形の対応する辺は等しいから，
$AE = DE$

5章 三角形と四角形

✓ 類題

1 (1)1点から出る2本の半直線がつくる
図形
(2)辺の長さがすべて等しく，角の大き
さもすべて等しい多角形

解説 これまでに学んできた用語の意味をきち
んと覚え，定義をいえるようにする。

2 (1)△ABM と △ACM
において，
仮定から，
AB＝AC …①
BM＝CM …②
また，AM は共通
…③

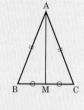

①，②，③より，3組の辺がそれぞ
れ等しいから，
△ABM≡△ACM …④
合同な図形の対応する角は等しいか
ら，∠B＝∠C
(2)(1)の④より，
合同な図形の対応する角は等しいか
ら，∠AMB＝∠AMC
一直線の角は180°であるから，
∠BMC＝180°
∠BMC＝∠AMB＋∠AMC であ
るから，
∠AMB＝∠AMC
$=\dfrac{1}{2}∠BMC＝90°$
よって，AM⊥BC

解説 △ABM≡△ACM を示す。

3 (1)**63°** (2)**108°** (3)**18°**

解説 (1)$∠x=(180°－54°)÷2$
$=126°÷2＝63°$
(2)$∠x=180°－36°×2$
$=180°－72°＝108°$
(3)頂角の大きさが48°の二
等辺三角形の底角の大きさ
は，

$(180°－48°)÷2＝132°÷2＝66°$
三角形の外角の性質より，
$∠x＝66°－48°＝18°$

4 △ABC は AB＝AC の二等辺三角形で
あり，その底角は等しいから，
∠B＝∠C …①
三角形の外角の性質より，
∠DAC＝∠B＋∠C …②
①，②より，∠DAC＝2∠C …③
また，AE は∠DAC の二等分線である
から，∠DAC＝2∠EAC …④
③，④より，2∠C＝2∠EAC
∠C＝∠EAC
よって，錯角が等しいから，AE∥BC

解説 ∠DAC＝2∠C となることから，
∠C＝∠EAC を示す。

5 (1)△ACD と△BCD において，
仮定から，
CA＝CB …①
DA＝DB …②
また，CD は共通 …③
①，②，③より，3組の辺がそれぞ
れ等しいから，△ACD≡△BCD
合同な図形の対応する角は等しいか
ら，∠ACD＝∠BCD
(2)△CAB は，CA＝CB の二等辺三角
形であり，頂角が∠ACB，底辺が
AB となる。

（1）より，∠ACD＝∠BCDであるから，CDは，二等辺三角形 CAB の頂角∠ACB の二等分線となる。
よって，二等辺三角形の頂角の二等分線は底辺を垂直に 2 等分するから，CD は線分 AB の垂直二等分線である。

解説 （1）△ACD≡△BCD を示す。
（2）二等辺三角形 CAB に二等辺三角形の頂角の二等分線の性質を使う。

___

6 線分 OB は∠B の二等分線であるから，
∠DBO＝∠CBO …①
平行線の錯角は等しいから，
∠DOB＝∠CBO …②
①，②より，∠DBO＝∠DOB となり，2 つの角が等しい三角形は二等辺三角形であるから，△DBO は二等辺三角形になる。
同様にして，∠ECO＝∠BCO，∠EOC＝∠BCO より，
∠ECO＝∠EOC となるから，△ECO は二等辺三角形になる。
よって，△DBO，△ECO はともに二等辺三角形になる。

解説 ∠DBO＝∠DOB，
∠ECO＝∠EOC を示す。

___

7 頂角が 60° の二等辺三角形の底角は，
(180°−60°)÷2＝120°÷2＝60°
よって，3 つの角が等しいから，頂角が 60° の二等辺三角形は，正三角形である。

解説 3 つの角が等しいことを示す。

___

8 △AFC と△BDA において，
仮定から，
AF＝BD …①
△ABC は正三角形であるから，
AC＝BA …②

___

∠CAF＝∠ABD …③
①，②，③より，2 組の辺とその間の角がそれぞれ等しいから，
△AFC≡△BDA
合同な図形の対応する角は等しいから，
∠ACF＝∠BAD …④
ここで，△APC において，外角の性質より，
∠RPQ＝∠PAC＋∠ACP
∠PAC＝∠CAB−∠BAD，
∠ACP＝∠ACF より，
∠RPQ＝(∠CAB−∠BAD)＋∠ACF
したがって，④より，
∠RPQ＝∠CAB …⑤
同様にして，
∠PQR＝∠ABC …⑥
∠QRP＝∠BCA …⑦
△ABC は正三角形であるから，
∠CAB＝∠ABC＝∠BCA …⑧
よって，⑤，⑥，⑦，⑧より，
∠RPQ＝∠PQR＝∠QRP となり，3 つの角が等しいから，△PQR は正三角形になる。

解説 △AFC≡△BDA を示し，このことから∠RPQ＝∠CAB を示す。同様にして，
∠PQR＝∠ABC，∠QRP＝∠BCA を示し，
∠RPQ＝∠PQR＝∠QRP を示す。

___

9 （1）△ABC において，∠B＋∠C＝70° ならば，頂点 A における外角の大きさは 70° である。
（2）$ma＝mb$ ならば，$a＝b$ である。
（3）$xy＞0$ ならば，$x＞0$，$y＞0$ である。

解説 「p ならば q」の逆は，「q ならば p」である。

___

10 （1）逆…x，y が整数のとき，$x＋y$ が偶数ならば，x，y はともに奇数である。

正しくない。

反例… $x=2$, $y=4$

(2)逆…2つの三角形の対応する辺の長さがすべて等しいならば，これら2つの三角形は合同である。
正しい。

(3)逆…2つの角が等しい三角形は二等辺三角形である。
正しい。

解説 反例を示すには，成り立たない例を1つ示す。

(1) x, y がともに偶数のときも $x+y$ は偶数である。

(2) 3組の辺がそれぞれ等しいから，合同である。

11 △ABC と△DEF を次のように仮定する。

∠C＝∠F＝90°
…①，

AB＝DE …②，∠B＝∠E …③

三角形の内角の和は180°であるから，

∠A＝180°－(∠B＋∠C) …④

∠D＝180°－(∠E＋∠F) …⑤

①，③，④，⑤より，∠A＝∠D …⑥

②，③，⑥より，1組の辺とその両端の角がそれぞれ等しいから，

△ABC≡△DEF

よって，2つの直角三角形の斜辺と1つの鋭角がそれぞれ等しいとき，2つの直角三角形は合同である。

解説 残りの鋭角も等しくなることをいい，三角形の合同条件「1組の辺とその両端の角がそれぞれ等しい。」を使って証明する。

12 ①と④…直角三角形の斜辺と他の1辺がそれぞれ等しい。

②と③…直角三角形の斜辺と1つの鋭角がそれぞれ等しい。

[別解] 1組の辺とその両端の角がそれぞれ等しい。

解説 残りの角は，②が40°，③が50°である。

13 △BDM と△CEM において，

仮定から，

∠BDM＝∠CEM＝90° …①

BM＝CM …②

対頂角は等しいから，

∠BMD＝∠CME …③

①，②，③より，直角三角形で斜辺と1つの鋭角がそれぞれ等しいから，

△BDM≡△CEM

合同な図形の対応する辺は等しいから，

BD＝CE

解説 直角三角形の合同条件を使って△BDM≡△CEM を示す。

14 右の図のように，OX, OY から等距離にある任意の点をPとし，PからOX, OY にそれぞれ垂線 PQ, PR をひく。

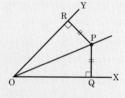

△POQ と△POR において，

仮定から，

PQ＝PR …①

∠PQO＝∠PRO＝90° …②

また，PO は共通 …③

①，②，③より，直角三角形で斜辺と他の1辺がそれぞれ等しいから，

△POQ≡△POR

合同な図形の対応する角は等しいから，

∠POQ＝∠POR

したがって，角の内部にあって，その角をつくる2辺から等距離にある点は，その角の二等分線上にある。

解説 OX，OY から等距離にある点 P と，P から半直線 OX，OY それぞれにひいた垂線 PQ，PR を設定し，△POQ≡△POR を示す。

15 平行四辺形 ABCD の対角線 AC，BD をひき，AC と BD の交点を O とする。

△OAB と △OCD において，AB∥CD より，平行線の錯角は等しいから，
∠OAB＝∠OCD …①
∠OBA＝∠ODC …②
平行四辺形の対辺はそれぞれ等しいから，
AB＝CD …③
①，②，③より，1 組の辺とその両端の角がそれぞれ等しいから，
△OAB≡△OCD
合同な図形の対応する辺は等しいから，
OA＝OC，OB＝OD
よって，平行四辺形について，対角線はそれぞれの中点で交わる。

解説 平行四辺形 ABCD の対角線 AC，BD をひき，AC と BD の交点を O とし，△OAB≡△OCD を示す。

16 (1) ∠a＝70° …平行四辺形の対角はそれぞれ等しい
∠b＝110° …平行四辺形の対角はそれぞれ等しい
(2) x＝4 …平行四辺形の対辺はそれぞれ等しい
y＝6 …平行四辺形の対角線はそれぞれの中点で交わる

解説 適切な平行四辺形の性質を用いて，∠a，∠b の大きさや x，y の値を求める。
(1) ∠a＝∠C＝70°
∠b＝∠D＝110°
(2) x＝AB＝4 (cm)

AC÷2＝3 より，
y＝AC＝3×2＝6 (cm)

17 △ABE と △CDF において，仮定から，
∠AEB＝∠CFD＝90° …①

平行四辺形の対辺はそれぞれ等しいから，AB＝CD …②
AB∥DC より，平行線の錯角は等しいから，∠BAE＝∠DCF …③
①，②，③より，直角三角形で斜辺と 1 つの鋭角がそれぞれ等しいから，
△ABE≡△CDF
合同な図形の対応する辺は等しいから，
BE＝DF

解説 △ABE≡△CDF を示す。

18 ▱ABCD の対角線の交点を O とすると，平行四辺形の対角線はそれぞれの中点で交わるから，BO＝DO …①

同様に，▱EBFD の対角線の交点を O′とすると，BO′＝DO′ …②
①，②より，O と O′はともに線分 BD の中点であるから，O と O′は一致する。
O は AC と BD の交点，O′は EF と BD の交点であり，O と O′は一致するから，線分 AC，EF，BD は 1 点で交わる。

解説 ▱ABCD の対角線の交点を O，▱EBFD の対角線の交点を O′とし，O と O′はともに線分 BD の中点であることを示す。

19 AD∥BC，AD＝BC の四角形 ABCD で点 A と C を結ぶ。

△ABC と △CDA において，仮定から，
BC＝DA　…①
AD∥BC より，平行線の錯角(さっかく)は等しい
から，∠ACB＝∠CAD　…②
また，AC は共通　…③
①，②，③より，2組の辺とその間の
角がそれぞれ等しいから，
△ABC≡△CDA
合同な図形の対応する角は等しいから，
∠BAC＝∠DCA
錯角が等しいから，AB∥DC
よって，2組の対辺がそれぞれ平行で
あるから，1組の対辺が平行でその長
さが等しい四角形は平行四辺形になる。

(解説) AD∥BC，AD＝BC の四角形 ABCD に
おいて，△ABC≡△CDA を示す。

20 対角線がそれぞれの
中点で交わる四角形
ABCD の対角線の交
点を O とすると，
OA＝OC，OB＝OD
△OAB と △OCD において，
仮定から，
OA＝OC　…①，OB＝OD　…②
対頂角は等しいから，
∠AOB＝∠COD　…③
①，②，③より，2組の辺とその間の
角がそれぞれ等しいから，
△OAB≡△OCD
合同な図形の対応する角は等しいから，
∠OAB＝∠OCD
錯角(さっかく)が等しいから，AB∥DC　…④
同様にして，AD∥BC　…⑤
よって，④，⑤より，2組の対辺がそ
れぞれ平行であるから，対角線がそれ
ぞれの中点で交わる四角形は平行四辺
形になる。

(解説) 錯角が等しくなることから，AB∥DC と

AD∥BC を示す。

21 ⑦，⑦

(解説) ⑦は，右の図のような反
例があるから，いつでも平行四
辺形になるとはいえない。
⑦は，∠A＝∠C，∠B＝∠D
より，2組の対角がそれぞれ等
しいから，いつでも平行四辺形になるといえる。
⑦は，AB＝DC，BC＝AD より，2組の対辺が
それぞれ等しいから，いつでも平行四辺形にな
るといえる。

22 四角形 AECF にお
いて，
仮定から，
AF∥EC　…①
∠EAF＝$\frac{1}{2}$∠A　…②
∠FCE＝$\frac{1}{2}$∠C　…③
①より，平行線の錯角(さっかく)は等しいから，
∠AEB＝∠EAF　…④
②，④より，∠AEB＝$\frac{1}{2}$∠A　…⑤
∠A＝∠C であるから，③，⑤より，
∠AEB＝∠FCE
同位角が等しいから，AE∥FC　…⑥
よって，①，⑥より，2組の対辺がそ
れぞれ平行であるから，四角形 AECF
は平行四辺形になる。

(解説) AE∥FC であることを示すために，
∠AEB＝∠FCE であることを示す。

23 △OAP と △OCQ において，
平行四辺形の対角線は，それぞれの中
点で交わるから，OA＝OC　…①
AP∥CQ より，平行線の錯角(さっかく)は等しい
から，∠OAP＝∠OCQ　…②
対頂角は等しいから，

∠AOP＝∠COQ　…③
①，②，③より，1組の辺とその両端(りょうたん)の角がそれぞれ等しいから，
△OAP≡△OCQ
合同な図形の対応する辺は等しいから，
OP＝OQ　…④
同様にして，△OAR≡△OCS より，
OR＝OS　…⑤
よって，④，⑤より，対角線がそれぞれの中点で交わるから，四角形 PRQS は平行四辺形になる。

(解説) OP＝OQ，OR＝OS を示す。

24 四角形 AGFC において，
仮定から，
AG∥CF，AC∥GF
2組の対辺がそれぞれ平行であるから，
四角形 AGFC は平行四辺形になる。
したがって，GF＝AC　…①
また，四角形 AEHC において，
仮定から，
AE∥CH，AC∥EH
2組の対辺がそれぞれ平行であるから，
四角形 AEHC は平行四辺形になる。
したがって，EH＝AC　…②
①，②より，GF＝EH　…③
GE＝GF－EF，FH＝EH－EF であるから，③より，GE＝FH

(解説) AG∥CF，AC∥GF および AE∥CH，AC∥EH となることから，四角形 AGFC，AEHC が平行四辺形になることを示し，GF＝AC，EH＝AC より，GE＝FH を示す。

25 ひし形の定義から，
ひし形の4つの辺は
すべて等しい。これ
より，ひし形は2組
の対辺がそれぞれ等
しい。

2組の対辺がそれぞれ等しい四角形は平行四辺形であるから，ひし形は平行四辺形である。

(解説) ひし形の定義から，平行四辺形となる条件を導く。

26 ひし形 ABCD にお
いて，対角線 AC と
BD をひき，対角線
の交点を O とする。
△ABO と △ADO
において，
仮定から，AB＝AD　…①
ひし形の対角線はそれぞれの中点で交わるから，BO＝DO　…②
また，AO は共通　…③
①，②，③より，3組の辺がそれぞれ等しいから，△ABO≡△ADO
合同な図形の対応する角は等しいから，
∠AOB＝∠AOD
一直線の角は 180° であるから，
∠BOD＝180°
∠BOD＝∠AOB＋∠AOD であるから，
∠AOB＝∠AOD＝$\frac{1}{2}$∠BOD＝90°
よって，AC⊥BD より，ひし形の対角線は垂直に交わる。

(解説) ひし形 ABCD において対角線 AC，BD をひき，対角線の交点を O として，
△ABO≡△ADO を示す。

27 逆…対角線の長さが等しく，垂直に交わる四角形は正方形である。
正しくない。

(解説) 右の図のような四角形
は，対角線の長さが等しく，垂
直に交わっているが，正方形で
はない。

28 ㋐，㋓

解説 ▱ABCD において，
AB＝DC，AD＝BC　…①

㋐　AB＝BC とすると，①
より，AB＝BC＝CD＝DA
すべての辺が等しいから，
▱ABCD はひし形である。

㋓　AC⊥BD とすると，対
角線の交点を O とするとき，
△ABO と△ADO において，
仮定から，

∠AOB＝∠AOD　…②
平行四辺形の対角線はそれぞれの中点で交わる
から，BO＝DO　…③
また，AO は共通　…④
②，③，④より，2 組の辺とその間の角がそれ
ぞれ等しいから，
△ABO≡△ADO
合同な図形の対応する辺は等しいから，
AB＝AD
したがって，①より，AB＝BC＝CD＝DA
すべての辺が等しいから，▱ABCD はひし形
である。

29 ひし形 ABCD に
おいて，辺 AB，
BC，CD，DA の
中点をそれぞれ P，
Q，R，S とする。

ひし形はすべての辺が等しく，また，P，
Q，R，S はそれぞれひし形 ABCD の
各辺の中点であるから，
AP＝BP＝BQ＝CQ
　＝CR＝DR＝DS＝AS　…①
△APS と△CRQ において，
①より，
AP＝CR　…②，AS＝CQ　…③
ひし形の対角は等しいから，

∠PAS＝∠RCQ　…④
②，③，④より，2 組の辺とその間の
角がそれぞれ等しいから，
△APS≡△CRQ　…⑤
①より，△APS は AP＝AS の二等辺
三角形，△CRQ は CR＝CQ の二等辺
三角形である。
二等辺三角形の底角は等しいことと，
合同な図形の対応する角は等しいこと
から，⑤より，
∠APS＝∠a とすると，
∠APS＝∠ASP＝∠CRQ
　＝∠CQR＝∠a　…⑥
同様にして，∠BPQ＝∠b とすると，
∠BPQ＝∠BQP＝∠DRS
　＝∠DSR＝∠b　…⑦
一直線の角は 180° であるから，⑥，⑦
より，
∠SPQ＝∠APB－∠APS－∠BPQ
　＝180°－∠a－∠b
同様にして，
∠PQR＝∠QRS＝∠RSP
　＝180°－∠a－∠b
よって，四角形 PQRS において，
∠P＝∠Q＝∠R＝∠S より，すべての
角が等しいから，ひし形の各辺の中点
を順に結んでできる四角形は，長方形
になる。

解説 ひし形 ABCD において，辺 AB，BC，
CD，DA の中点をそれぞれ P，Q，R，S とし
て，四角形 PQRS において，
∠P＝∠Q＝∠R＝∠S であることを示す。
∠APS，∠BPQ と同じ大きさの角が何個もあ
るから，∠APS＝∠a，∠BPQ＝∠b とすると
考えやすい。

30 長方形 ABCD の辺
AB, BC, CD, DA
の中点をそれぞれ P,
Q, R, S とする。

長方形は対辺が等しく、また、P, Q,
R, S はそれぞれ長方形 ABCD の各辺
の中点であるから、
AP＝BP＝CR＝DR …①
BQ＝CQ＝DS＝AS …②
△APS と △BPQ において、
①より、AP＝BP …③
②より、AS＝BQ …④
長方形はすべての角が等しいから、
∠PAS＝∠PBQ …⑤
③、④、⑤より、2組の辺とその間の
角がそれぞれ等しいから、
△APS≡△BPQ
同様にして、
△APS≡△BPQ≡△CRQ≡△DRS
合同な図形の対応する辺は等しいから、
PS＝PQ＝RQ＝RS
よって、四角形 PQRS において、
PQ＝QR＝RS＝SP より、すべての辺
が等しいから、長方形の各辺の中点を
順に結んでできる四角形は、ひし形で
ある。

解説 長方形 ABCD において、辺 AB, BC,
CD, DA の中点をそれぞれ P, Q, R, S とし
て、四角形 PQRS において、
PQ＝QR＝RS＝SP であることを示す。

31 四角形 AA′B′B において、
仮定から、
AA′＝BB′ …①
AA′⊥ℓ, BB′⊥ℓ …②
②より、同位角が等しいから、
AA′∥BB′ …③
①、③より、1組の対辺が平行でその
長さが等しいから、四角形 AA′B′B は
平行四辺形になる。
よって、平行四辺形の対辺は平行であ
るから、AA′＝BB′ ならば、AB∥ℓ で
ある。

解説 四角形 AA′B′B が平行四辺形になること
を証明する。

32 底辺を AB とすると
きの△PAB, △QAB
の高さは、それぞれ、
P から AB にひいた
垂線の長さ、Q から AB にひいた垂線
の長さである。

底辺 AB を共有するから、△PAB と
△QAB の底辺は等しい。
また、仮定から、△PAB と△QAB の
面積は等しい。
三角形の面積は、$\frac{1}{2}$×(底辺)×(高さ)
で表されるから、底辺と面積がそれぞ
れ等しい2つの三角形は、高さが等しい。
△PAB と△QAB は底辺と面積がそれ
ぞれ等しいから、高さが等しい。
したがって、P から AB にひいた垂線
の長さと Q から AB にひいた垂線の長
さは等しい。
P, Q は AB について同じ側にあるから、
PQ∥AB
よって、△PAB＝△QAB ならば、
PQ∥AB である。

解説 高さが等しくなることを示す。

33 △AFC, △AEC, △AED

解説 辺 FC を共有し、AD∥BC であるから、
△AFC＝△DFC
辺 AC を共有し、EF∥AC であるから、
△AEC＝△AFC
辺 AE を共有し、AB∥DC であるから、
△AED＝△AEC

34　90cm²

解説）辺 AE を共有し，
AB∥DC であるから，
△AEC＝△AED
辺 AC を共有し，EF∥AC
であるから，△AFC＝△AEC

$FC＝\dfrac{1}{3}BC$ より，$BC＝3FC$ であるから，

△ABC＝3△AFC

▱ABCD＝2△ABC であるから，求める面積は，

▱ABCD＝2×3△AFC

　　　　＝2×3△AEC

　　　　＝2×3△AED

　　　　＝2×3×15＝90（cm²）

35

△DBE と△DCE に
おいて，辺 DE を共
有し，DE∥BC より，
△DBE＝△DCE
　　　　……①
また，
△DBO＝△DBE－△DOE　……②
△ECO＝△DCE－△DOE　……③
よって，①，②，③より，
△DBO＝△ECO

解説）DE∥BC を利用する。△DOE を加えて，
△DBE＝△DCE を示せばよい。

36

点 P を通り辺 AB
に平行な直線をひ
き，この直線が辺
AD，BC と交わ
る点をそれぞれ Q，
R とする。
線分 QB をひくと，AB∥QR より，
△PAB＝△QAB　……①
線分 QC をひくと，DC∥QR より，
△PCD＝△QCD　……②
対角線 BD をひくと，AD∥BC より，

△QCD＝△QBD　……③
①，②，③より，
△PAB＋△PCD
＝△QAB＋△QBD
＝△ABD
$＝\dfrac{1}{2}$▱ABCD
であるから，
$△PAB＋△PCD＝\dfrac{1}{2}$▱ABCD

解説）点 P を通り辺 AB に平行な直線 QR をひ
く。
AB∥QR，DC∥QR，AD∥BC より，面積の等
しい三角形を見つけていく。

37　点 Q を通り直線 PR に平行な直線と辺 BC との交点を S とするときの直線 PS

解説）条件をみたす直線と辺
BC との交点を S とすると，
四角形 ABSP
＝五角形 ABRQP
ここで，
四角形 ABSP＝四角形 ABRP＋△PRS
五角形 ABRQP＝四角形 ABRP＋△PRQ
より，△PRS＝△PRQ
△PRS と△PRQ は辺 PR が共通であるから，
PR∥QS

38　点 M を通り直線 AP に平行な直線と辺 AB との交点を Q とすればよい。

解説）点 Q が条件をみた
すとき，
四角形 PQBM
$＝\dfrac{1}{2}$△ABC　……①
また，$△ABM＝\dfrac{1}{2}$△ABC　……②
①，②より，四角形 PQBM＝△ABM

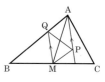

ここで，
四角形 PQBM＝△PQM＋△QBM
△ABM＝△AQM＋△QBM
よって，△PQM＝△AQM
△PQM と △AQM は辺 QM が共通であるから，
AP∥QM

定期テスト対策問題

❶ (1) **35°**　(2) **107°**　(3) **96°**

(解説) (3) △ABC は二等辺三角形だから，
∠ACB＝(180°－52°)÷2＝64°
∠ACD＝$\frac{1}{2}$∠ACB＝32°
よって，∠x＝180°－(52°＋32°)＝96°

❷ ア…**DB**　イ…**DBC**
　　ウ…**2 組の辺とその間の角**

❸ (1) **36°**　(2) **72°**
　　(3)(2)から，∠BDC＝**72°**　…①
　　AB＝AC で，∠A＝36° だから，
　　∠C＝∠ABC＝**72°**　…②
　　①，②より，∠BDC＝∠BCD
　　よって，2 つの角が等しいので，
　　△BDC は二等辺三角形である。

❹ (1) △ABD と △ACE において，仮定から，
　　AB＝AC　…①，BD＝CE　…②
　　∠ABD＝∠BAC，また AB∥EC より，
　　平行線の錯角は等しいから，
　　∠ACE＝∠BAC
　　よって，∠ABD＝∠ACE　…③
　　①，②，③より，2 組の辺とその間の角
　　がそれぞれ等しいから，△ABD≡△ACE
　　合同な図形の対応する辺は等しいから，
　　AD＝AE
　　(2)(1)から，∠BAD＝∠CAE となるので，

∠DAE＝∠CAE－∠CAD
　　＝∠BAD－∠CAD＝∠BAC＝**60°**
△ADE は頂角が 60° の二等辺三角形に
なるので，正三角形になる。

❺ (1)逆…$a+b$ が偶数ならば，a，b は偶数
　　　　である。
　　　　正しくない。
　　反例…$a=1$，$b=1$ のとき，$a+b$ は偶
　　　　　数であるが，a も b も偶数でない。
　　(2)逆…△ABC，△DEF で，∠A＝∠D な
　　　　らば，△ABC≡△DEF である。
　　　　正しくない。
　　反例…AB と DE の長さが等しくないと
　　　　　き，△ABC と △DEF は合同でな
　　　　　い。
　　(3)逆…2 つの三角形の対応する辺が等しい
　　　　ならば，これらの 2 つの三角形は合
　　　　同である。
　　　　正しい。

(解説) (2)角が等しいだけでは合同とはいえない。
(3) 3 組の辺がそれぞれ等しいから，合同である。

❻ △ABC≡△HGI
　　…直角三角形で斜辺と他の 1 辺がそれぞれ
　　等しい。
　　△DEF≡△SUT
　　… 1 組の辺とその両端の角がそれぞれ等し
　　い。
　　△JKL≡△NOM
　　…直角三角形で斜辺と 1 つの鋭角がそれぞ
　　れ等しい。
　　［別解］1 組の辺とその両端の角がそれぞ
　　れ等しい。

❼ △ADH と △AEH において，
　　四角形 ABCD，AEFG は合同な正方形だ
　　から，
　　AD＝AE　…①

∠ADH＝∠AEH＝90° …②

AH は共通 …③

①，②，③より，直角三角形で斜辺と他の
1辺がそれぞれ等しいから，

△ADH≡△AEH

合同な図形の対応する辺は等しいから，

DH＝EH

❽ (1) 5cm　(2) 7cm　(3) 40°

(解説) (1)平行四辺形の対辺は等しいから，

BC＝AD＝5cm

(2)平行四辺形の対角線は，それぞれの中点で交
わるから，

BD＝2OD＝2×3.5＝7 (cm)

(3) △OAB で，

∠ABO＝180°－(65°＋75°)＝40°

AB∥DC より，錯角は等しいから，

∠ODC＝∠OBA＝40°

❾ AD∥BE より，錯角は等しいから，

∠DAE＝∠AEC

また，∠DAE＝∠CAE

よって，△ACE は∠AEC＝∠CAE の二
等辺三角形であるから，CA＝CE

❿ 対角線 BD をひき，AC と BD の交点を O
とする。

平行四辺形の対角線は，それぞれの中点で
交わるから，

AO＝CO，BO＝DO …①

また，PO＝AO－AP

QO＝CO－CQ

AP＝CQ より，PO＝QO …②

①，②より，対角線 BD，PQ がそれぞれ
の中点で交わるので，四角形 PBQD は平
行四辺形になる。

⓫ 四角形 AEDF は2組の対辺が平行だから
平行四辺形になる。

仮定から，∠EAD＝∠FAD

AF∥ED より，平行線の錯角は等しいから，

∠FAD＝∠ADE

よって，△AED は∠EAD＝∠ADE の二
等辺三角形であるから

AE＝ED

平行四辺形 AEDF で，となり合う2辺が
等しいので，四角形 AEDF はひし形になる。

⓬ (1) △DPQ

(2) △BPD と △BQD は，底辺 BD を共有し，
PQ∥BD だから，

△BPD＝△BQD …①

△BQD と △AQD は，底辺 QD を共有し，
AB∥QD だから，

△BQD＝△AQD …②

①，②より，△BPD＝△AQD

6章 確率

ANSWERS

類題

1 (1)いえない。 (2)いえる。 (3)いえる。

解説 どの場合も同じ程度で起こるかを考える。
(1)針が上を向くことと下を向くことは同じ程度には起こらないと考えられるから、同様に確からしいといえない。
(2)各面の大きさは同じで、2の目が出ることも5の目が出ることも同じ程度に起こると考えられるから、同様に確からしいといえる。
(3)どの球を取り出すことも同じ程度に起こると考えられるから、同様に確からしいといえる。

2 ⑦

解説 「あたりをひく確率が $\frac{1}{5}$」とは、全体の回数に対してあたりをひく回数が $\frac{1}{5}$ ぐらいであることを表していて、4回続けてはずれをひくと次は必ずあたりになることを表してはいない。
また、ひいたくじをもどすとき、直前にひいたくじのあたりはずれに関係なく、あたりをひく確率は一定である。
そのため、⑦、⑦は正しい説明ではなく、⑦が正しい説明である。

3 (1)10通り (2)4通り (3)$\frac{2}{5}$

解説 (1)赤球4個、白球6個の合計10個から1個取り出すから、10通り。
(2)赤球は4個あり、そこから1個取り出すから、

4通り。
(3)どの球を取り出すことも同様に確からしいから、求める確率は、$\frac{4}{10}=\frac{2}{5}$

4 (1)$\frac{2}{3}$ (2)1 (3)0

解説 赤球4個、白球2個の合計6個から1個取り出す場合は、全部で6通りあり、どの場合が起こることも同様に確からしい。
(1)赤球は4個あるから、赤球を1個取り出す場合は、4通り。
よって、$\frac{4}{6}=\frac{2}{3}$
(2)赤球と白球は合計6個あるから、赤球または白球を1個取り出す場合は、6通り。
よって、$\frac{6}{6}=1$
(3)青球はないから、青球を1個取り出す場合は、0通り。
よって、$\frac{0}{6}=0$

5 $\frac{2}{3}$

解説 赤球2個を区別して赤1、赤2とし、白球2個を区別して白1、白2とする。
2個の球の取り出し方は、
{赤1, 赤2}, {赤1, 白1},
{赤1, 白2}, {赤2, 白1},
{赤2, 白2}, {白1, 白2}
の6通りで、どの場合が起こることも同様に確からしい。
この中で、赤球を1個、白球を1個取り出す取り出し方は、
{赤1, 白1}, {赤1, 白2},
{赤2, 白1}, {赤2, 白2}
の4通りある。
よって、求める確率は、$\frac{4}{6}=\frac{2}{3}$

<u>6</u> (1) $\frac{1}{3}$ (2) $\frac{1}{3}$

(解説) 樹形図をかくと，右の図
のようになる。
樹形図より，起こりうるすべて
の場合は9通りあり，どの場合
が起こることも同様に確からし
い。

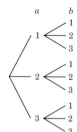

(1) $a < b$ となるのは，
$(a,\ b) = (1,\ 2),\ (1,\ 3),\ (2,\ 3)$
の3通り。
よって，$\frac{3}{9} = \frac{1}{3}$

(2) $a = b$ となるのは，
$(a,\ b) = (1,\ 1),\ (2,\ 2),\ (3,\ 3)$
の3通り。
よって，$\frac{3}{9} = \frac{1}{3}$

<u>7</u> (1) 20通り (2) $\frac{1}{20}$

(解説) (1)

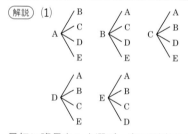

最初に班長を1人選び，次に副班長を1人選ぶ
として樹形図をかくと，上のようになる。
樹形図より，選び方は全部で，20通り。
(2) Aが班長，Bが副班長となる選び方は，樹形
図より，1通り。
すべての選び方のどの場合が起こることも同様
に確からしいから，求める確率は，$\frac{1}{20}$

<u>8</u> (1) 10通り (2) $\frac{1}{10}$

(解説) (1) 1度かいた組をかかないように注意し
て樹形図をかくと，右の
ようになる。
樹形図より，2人の組の
選び方は全部で，10通
り。
(2) A と B の2人が当番
に選ばれるのは，{A，B} の1組であるから，1
通り。
すべての選び方のどの場合が起こることも同様
に確からしいから，求める確率は，$\frac{1}{10}$

<u>9</u> (1) $\frac{1}{4}$ (2) $\frac{1}{3}$

(解説) できる整数は，右
の樹形図より，全部で12
通りあり，どの場合が起
こることも同様に確から
しい。
(1) 5の倍数になるのは，
一の位の数が5または0のときで，樹形図より，
25，35，45の3通り。
よって，$\frac{3}{12} = \frac{1}{4}$
(2) 樹形図より，45以上になるのは，45，52，
53，54の4通り。
よって，$\frac{4}{12} = \frac{1}{3}$

<u>10</u> $\frac{1}{2}$

(解説)

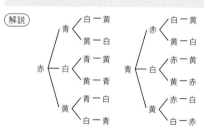

すべての並べ方は，上の樹形図より，24通り
あり，どの場合が起こることも同様に確からし
い。

ここで，赤球と白球をひとかたまりとみて，こ
れをAとする。

A，青球，黄球の並べ方は，

A—青球—黄球，A—黄球—青球，

青球—A—黄球，青球—黄球—A，

黄球—A—青球，黄球—青球—A

の6通りある。

この6通りの並べ方それぞれについて，Aの中
の赤球と白球の並べ方は，

赤球—白球，白球—赤球

の2通りずつある。

これより，赤球と白球がとなり合う並べ方は，
12通り。

よって，求める確率は，$\dfrac{12}{24}=\dfrac{1}{2}$

__11__ $\dfrac{2}{5}$

(解説) 2人の組の選び方
は，右の樹形図より，全
部で10通りあり，どの
場合が起こることも同様
に確からしい。

Aが当番に選ばれるとき
の2人の組は，

{A, B}, {A, C}, {A, D}, {A, E}

より，Aが当番に選ばれるのは，4通り。

よって，求める確率は，$\dfrac{4}{10}=\dfrac{2}{5}$

__12__ $\dfrac{3}{5}$

(解説) 2人の組の選び方
は，右の樹形図より，全
部で10通りあり，どの
場合が起こることも同様
に確からしい。

Aが当番に選ばれないと
き，B，C，D，Eの4人の中から2人の当番
を選ぶことになる。

A以外の4人から2人を選ぶときの2人の組は，

{B, C}, {B, D}, {B, E},

{C, D}, {C, E}, {D, E}

より，Aが当番に選ばれないのは，6通り。

よって，求める確率は，$\dfrac{6}{10}=\dfrac{3}{5}$

__13__ (1) $\dfrac{5}{36}$ (2) $\dfrac{31}{36}$

(解説) Aの目の出方とBの目の出方はそれぞれ
6通りずつあるから，すべての目の出方は，

6×6＝36(通り)あり，どの場合が起こること
も同様に確からしい。

(1)出た目の数の積が3以下になるのは，

(Aの出た目，Bの出た目)

＝(1, 1), (1, 2), (1, 3), (2, 1), (3, 1)

の5通り。

よって，求める確率は，$\dfrac{5}{36}$

(2)(1)より，求める確率は，

$1-\dfrac{5}{36}=\dfrac{31}{36}$

__14__ (1) $\dfrac{125}{216}$ (2) $\dfrac{91}{216}$

(解説) さいころを3回投げるとき，1回ごとの
目の出方はそれぞれ6通りずつあるから，すべ
ての目の出方は，

6×6×6＝216(通り)あり，どの場合が起こる
ことも同様に確からしい。

(1) 3回とも1の目が出ないとき，1回ごとの目の出方はそれぞれ2の目から6の目までの5通りずつあるから，

$5 \times 5 \times 5 = 125$（通り）

よって，求める確率は，$\dfrac{125}{216}$

(2)(1)より，$1 - \dfrac{125}{216} = \dfrac{91}{216}$

15　$\dfrac{11}{21}$

(解説)

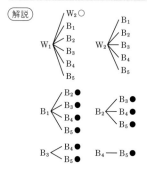

白球2個をW_1，W_2，黒球5個をB_1，B_2，B_3，B_4，B_5とすると，樹形図は上のようになる。
樹形図より，すべての取り出し方は21通りあり，どの場合が起こることも同様に確からしい。
また，樹形図より，2個とも白球であるのは1通り，2個とも黒球であるのは10通りあるから，2個とも同じ色であるのは，$1 + 10 = 11$（通り）

よって，求める確率は，$\dfrac{11}{21}$

16　$\dfrac{3}{8}$

(解説)　　100円　50円　10円

```
                ○ … 160円
            ○<
                × … 150円
        ○<
                ○ … 110円
            ×<
                × … 100円
                ○ … 60円
            ○<
                × … 50円
        ×<
                ○ … 10円
            ×<
                × … 0円
```

表を○，裏を×とし，硬貨の表裏の出方と，そ

のときに表の出た硬貨の合計金額を樹形図に表すと，左下のようになる。
樹形図より，すべての目の出方は8通りあり，どの場合が起こることも同様に確からしい。
また，樹形図より，合計金額が110円以上になるのは，
100円硬貨が表，50円硬貨が表，10円硬貨が表の160円
100円硬貨が表，50円硬貨が表，10円硬貨が裏の150円
100円硬貨が表，50円硬貨が裏，10円硬貨が表の110円
の3通り。

よって，求める確率は，$\dfrac{3}{8}$

17　ちがいはない。

(解説)　5本のうち2本があたりなので，Aのあたる確率は，$\dfrac{2}{5}$

あたりくじを①，②，はずれくじを③，④，⑤とすると，樹形図は次のようになる。

```
A   B       A   B
①<②       ②<①
  ③         ③
  ④         ④
  ⑤         ⑤

③<①       ④<①
  ②         ②
  ④         ③
  ⑤         ⑤

⑤<①
  ②
  ③
  ④
```

AとBが続けてくじをひく場合は，全部で，
$5 \times 4 = 20$（通り）あり，どの場合が起こることも同様に確からしい。
樹形図より，Bがあたるのは，8通り。

よって，Bのあたる確率は，$\dfrac{8}{20} = \dfrac{2}{5}$

AとBのあたる確率は等しいから，AとBのあたりやすさにちがいはない。

18 ㋐

(説明)

A\B	R₁	R₂	R₃	W₁	W₂	W₃	W₄
R₁				㋐	㋐	㋐	㋐
R₂				㋐	㋐	㋐	㋐
R₃				㋐	㋐	㋐	㋐
W₁	㋐	㋐	㋐		㋑	㋑	㋑
W₂	㋐	㋐	㋐	㋑		㋑	㋑
W₃	㋐	㋐	㋐	㋑	㋑		㋑
W₄	㋐	㋐	㋐	㋑	㋑	㋑	

赤球3個を R_1, R_2, R_3, 白球4個を W_1, W_2, W_3, W_4 とすると, 2人の球の取り出し方は, 上の表のようになる。すべての取り出し方は49通りあり, どの場合が起こることも同様に確からしい。
表より, ㋐は24通り, ㋑は16通りある。それぞれが起こる確率は

㋐… $\dfrac{24}{49}$ ㋑… $\dfrac{16}{49}$

㋑より㋐のほうが起こる確率が大きいから, ㋐のほうが起こりやすい。

(解説) 表をかいて考える。

定期テスト対策問題

1 ①

2 (1) 10通り (2) 4通り (3) $\dfrac{2}{5}$

3 (1) $\dfrac{1}{13}$ (2) $\dfrac{1}{4}$ (3) $\dfrac{6}{13}$
(4) 1 (5) 0

(解説) カードの取り出し方は全部で52通りある。

---

(1) 8のカードは, ハート, ダイヤ, スペード, クラブでそれぞれ1枚ずつあるので, 確率は,
$\dfrac{4}{52} = \dfrac{1}{13}$

(2) ハートのカードは13枚あるので, 確率は,
$\dfrac{13}{52} = \dfrac{1}{4}$

(3) 3の倍数または5の倍数のカードは, 3, 5, 6, 9, 10, 12で, ハート, ダイヤ, スペード, クラブでそれぞれあるので, 6×4＝24(通り)
よって, 確率は, $\dfrac{24}{52} = \dfrac{6}{13}$

(4) 必ず起こることがらの確率は1

(5) 決して起こらないことがらの確率は0

4 (1) $\dfrac{1}{8}$ (2) $\dfrac{3}{8}$ (3) $\dfrac{7}{8}$

(解説) 表を○, 裏を×で表して, 樹形図をかくと下の図のようになる。

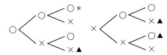

(1) 3枚とも表が出るのは＊印の1通り。

(2) 1枚が表, 2枚が裏であるのは▲印の3通り。

(3) 少なくとも1枚は表が出るのは, 「3枚とも表, 2枚表で1枚裏, 1枚表で2枚裏」の場合である。または, 「3枚とも裏」ではないと考えてもよい。

5 (1) 10通り (2) $\dfrac{2}{5}$ (3) $\dfrac{1}{10}$

(解説) 5人の中から2人の委員を選ぶ選び方を樹形図にかくと下の図のようになる。

A ＜ B●
      C●
      D●
      E●

B ＜ C
      D
      E

C ＜ D＊
      E

D — E

(2) Aが選ばれるのは●印の4通り。

(3) CとDが選ばれるのは＊印の1通り。

❻ (1) **20通り** (2) $\dfrac{3}{5}$ (3) $\dfrac{1}{5}$

(解説) (2) 25 より大きい整数は，31，32，34，35，41，42，43，45，51，52，53，54 の 12 通り。

(3) 5 の倍数は，一の位が 5 のときだから，15，25，35，45 の 4 通り。

❼ (1) **27通り** (2) $\dfrac{1}{3}$ (3) $\dfrac{1}{9}$

(4) $\dfrac{1}{3}$

(解説) グー，チョキ，パーを，それぞれ，グ，チ，パと表して，A がグとなるとき，樹形図をかくと下の図のようになる。
A がチ，パでも B，C は同じ出し方になる。

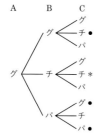

(1) 3 人の出し方は，A がグのとき，9 通りあるので，9×3＝27（通り）

(2) A がグで B が勝つのは，●印の 3 通りだから，3×3＝9（通り）

(3) A がグで A だけが勝つのは，＊印の 1 通りだから，1×3＝3（通り）

(4) A がグのとき，3 人がグを出すときが 1 通り，3 人とも違う手を出すときが 2 通りで，合計
(1＋2)×3＝9（通り）

❽ (1) $\dfrac{1}{12}$ (2) $\dfrac{5}{18}$ (3) $\dfrac{11}{36}$ (4) $\dfrac{1}{4}$

(5) $\dfrac{1}{6}$ (6) $\dfrac{3}{4}$

(解説) 2 つのさいころの目の出方は，
6×6＝36（通り）

(1) 出る目の数の和が 10 になるのは，(4，6)，(5，5)，(6，4) の 3 通り。

(2) 出る目の数の和が 5 以下になるのは，
(1，1)，(1，2)，(1，3)，(1，4)，(2，1)，(2，2)，(2，3)，(3，1)，(3，2)，(4，1) の 10 通り。

(3) 少なくとも一方の目が 5 であるのは，(1，5)，(2，5)，(3，5)，(4，5)，(5，1)，(5，2)，(5，3)，(5，4)，(5，5)，(5，6)，(6，5) の 11 通り。

(4) 出る目が 2 個とも奇数の目のとき，出る目の数の積は奇数になるので，(1，1)，(1，3)，(1，5)，(3，1)，(3，3)，(3，5)，(5，1)，(5，3)，(5，5) の 9 通り。

(5) (1，1)，(2，2)，(3，3)，(4，4)，(5，5)，(6，6) の 6 通り。

(6) 少なくとも 1 個は奇数の目とは，「2 個とも偶数の目」ではないことである。
2 個とも偶数の目になるのは，
(2，2)，(2，4)，(2，6)，(4，2)，(4，4)，(4，6)，(6，2)，(6，4)，(6，6) の 9 通り。
よって，求める確率は，
$1-\dfrac{9}{36}=1-\dfrac{1}{4}=\dfrac{3}{4}$

❾ (1) $\dfrac{12}{25}$ (2) $\dfrac{3}{10}$

(3) 2 個とも赤球… $\dfrac{3}{10}$，

少なくとも 1 個は白球… $\dfrac{7}{10}$

(解説) 赤球 3 個を，R_1，R_2，R_3，白球 2 個を，W_1，W_2 と表す。

(1) 取り出した球をもどすので，取り出し方は全部で 25 通り。
赤球と白球が 1 個ずつ出るのは，$(R_1,\ W_1)$，$(R_1,\ W_2)$，$(R_2,\ W_1)$，$(R_2,\ W_2)$，$(R_3,\ W_1)$，$(R_3,\ W_2)$，$(W_1,\ R_1)$，$(W_1,\ R_2)$，$(W_1,\ R_3)$，$(W_2,\ R_1)$，$(W_2,\ R_2)$，$(W_2,\ R_3)$ の 12 通り。

(2) もどさないで順に取り出す取り出し方は，20 通り。赤球，白球の順に取り出すのは 6 通り。

(3)同時に2個を取り出す取り出し方は10通りで、2個とも赤球を取り出すのは、$\{R_1, R_2\}$、$\{R_1, R_3\}$、$\{R_2, R_3\}$ の3通りだから、求める確率は $\dfrac{3}{10}$

少なくとも1個は白球を取り出す確率は、「1−（2個とも赤球を取り出す確率）」なので、求める確率は、
$$1-\frac{3}{10}=\frac{7}{10}$$

⑩ (1) $\dfrac{3}{10}$　(2) $\dfrac{3}{5}$　(3) $\dfrac{7}{10}$

(解説) 2人の当番の選び方は10通り。
男子3人を、A、B、C、女子2人を、D、Eとして考える。
(1)2人とも男子の選ばれ方は、$\{A, B\}$、$\{A, C\}$、$\{B, C\}$ の3通り。
(2)男子、女子1人ずつの選ばれ方は、$\{A, D\}$、$\{A, E\}$、$\{B, D\}$、$\{B, E\}$、$\{C, D\}$、$\{C, E\}$ の6通り。
(3)「1−（2人とも男子が選ばれる確率）」で求められる。

⑪ (1) **24通り**　(2) $\dfrac{1}{2}$

(解説) (1)左端がAのときの並び方を樹形図にかくと、下の図のようになる。

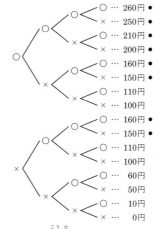

左端が、B、C、Dの場合もあるので、並び方は、全部で、6×4＝24（通り）
(2)AとBがとなり合わせになるのは、
(A, B, C, D)、(B, A, C, D)、
(A, B, D, C)、(B, A, D, C)、
(C, A, B, D)、(C, B, A, D)、
(C, D, A, B)、(C, D, B, A)、
(D, A, B, C)、(D, B, A, C)、
(D, C, A, B)、(D, C, B, A)
の12通り。

⑫ (1) $\dfrac{1}{9}$　(2) $\dfrac{1}{6}$

(解説) 大小2つのさいころの目の出方は全部で36通り。
(1)$a-b=2$ となるのは、(a, b) と表すと、$(6, 4)$、$(5, 3)$、$(4, 2)$、$(3, 1)$ の4通り。
(2)$\dfrac{b}{a}$ が素数となるのは、$\dfrac{b}{a}$ が2、3、5になる場合だから、$(1, 2)$、$(2, 4)$、$(3, 6)$、$(1, 3)$、$(2, 6)$、$(1, 5)$ の6通り。

⑬ $\dfrac{1}{2}$

(解説) 表を〇、裏を×で表し、樹形図をかくと下の図のようになる。

100円　100円　50円　10円

〇 … 260円 ●
× … 250円 ●
〇 … 210円 ●
× … 200円 ●
〇 … 160円 ●
× … 150円 ●
〇 … 110円
× … 100円
〇 … 160円 ●
× … 150円 ●
〇 … 110円
× … 100円
〇 … 60円
× … 50円
〇 … 10円
× … 0円

表が出た硬貨の合計金額が150円以上になるのは●印の8通り。

7章 データの比較

✓ 類題

1 第1四分位数5点
第2四分位数(中央値)6.5点
第3四分位数8点

(解説) データの値は全部で10個ある。
第1四分位数は，3，4，5，6，6の中央値より，5点。
第2四分位数は，データ全体の中央値より，
$\dfrac{6+7}{2}=6.5$（点）
第3四分位数は，7，7，8，9，10の中央値より，8点。

2 下の図

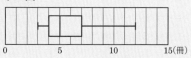

(解説) データの値を小さい順に並べると，次のようになる。
3 3 4 4 4 5 5 5 6 8 9 12
最小値は，3冊。
第1四分位数は，3，3，4，4，4，5
の中央値より，$\dfrac{4+4}{2}=4$（冊）
第2四分位数はデータ全体の中央値より，
$\dfrac{5+5}{2}=5$（冊）
第3四分位数は，5，5，6，8，9，12
の中央値より，$\dfrac{6+8}{2}=7$（冊）
最大値は，12冊。

3 (1)第1四分位数 9℃
第2四分位数(中央値)10.5℃
第3四分位数 14℃
(2) 5℃

(解説) (1)データの値を小さい順に並べると，次のようになる。
7　9　9　10　10
11　14　14　16　17
第1四分位数は，7，9，9，10，10の中央値より，9℃。
第2四分位数は，$\dfrac{10+11}{2}=10.5$（℃）
第3四分位数は，11，14，14，16，17の中央値より，14℃。
(2) $14-9=5$（℃）

4 (1)正しくない。
(2)正しい。

(解説) (1)範囲は，A組が $19-7=12$（m），B組が $17-4=13$（m）であるから，正しくない。
(2)A組の中央値は15mで，B組の第3四分位数は15mより小さい。
よって，記録が15m以上の人は，A組は最少の場合で18人，B組は最多の場合で8人となるから，正しい。

5 B
最大値と最小値はどれも同じで，第1四分位数，中央値，第3四分位数はいずれもAよりBとCのほうが大きい。
また，BとCでは，第1四分位数と第3四分位数は同じで，中央値は，CよりBのほうが大きい。
よって，Bが最も長く使えそうであると考えられる。

(解説) 分布のようすから判断する。

定期テスト対策問題

❶ (1)第1四分位数 21 回
第2四分位数(中央値)23.5 回
第3四分位数 25 回
(2)4 回
(3)下の図

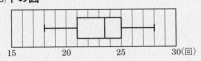

(解説) (1)データの値を小さい順に並べると，次
のようになる。

18　19　20　21　22　23　23
24　24　25　25　25　26　28

第1四分位数は，18，19，20，21，22，23，
23 の中央値より，21 回。

第2四分位数は，$\dfrac{23+24}{2}=23.5$（回）

第3四分位数は，24，24，25，25，25，26，
28 の中央値より，25 回。
(2)25−21＝4（回）
(3)最小値は，18 回。
最大値は，28 回。

❷ (1)正しい。
(2)正しくない。
(3)読みとれない。

(解説) (1)A 班 15 人の中央値が 20 分で，20 分
以上の人は 8 人以上となるから，正しい。
(2)A 班と B 班の通学時間の最大値と最小値の
差は
A 班… 28−15＝13（分）
B 班… 26−16＝10（分）
となり，B 班のほうが小さくなるから，正しく
ない。
(3)平均値は，箱ひげ図からは読みとれない。

❸ （例）C
90 点以上の記録の割合は，A と B が 25%
未満，C が 25% 以上である。
また，第1四分位数，中央値は，ともに C
が最も大きい。
よって，C がよい結果を最も出しそうであ
ると考えられる。

(解説) 分布のようすから判断する。

思考力を鍛える問題

❶ (1)① $\dfrac{1}{36}$ ② $\dfrac{35}{36}$ ③ 7 通り

(2)① $\dfrac{1}{12}$ ② $\dfrac{1}{36}$ ③ 2 通り

解説 (1)①さいころの目は 1 から 6 まであるから，すべての目の出方は，6×6＝36（通り）である。点 P は，a cm だけ進み，点 Q は，b cm だけ進むので，大小 1 つずつのさいころを同時に 1 回投げたあと点 P と点 Q が同じ位置にあるのは，$a=6$，$b=6$ の 1 通りだけである。よって，求める確率は，$\dfrac{1}{36}$

② ①の場合は点 P，Q が同じ位置にあるため，三角形はできないが，そのほかの場合は三角形ができる。よって，求める確率は，

$1-\dfrac{1}{36}=\dfrac{35}{36}$

③さいころの目の出方の組み合わせ $(a,\ b)$ と三角形 APQ の面積との関係を表に表すと，次のようになる。

三角形 APQ の面積（cm²）

a＼b	1	2	3	4	5	6
1	$\frac{1}{2}$	1	$\frac{3}{2}$	$\frac{3}{2}$	$\frac{3}{2}$	$\frac{3}{2}$
2	1	2	3	3	3	3
3	$\frac{3}{2}$	3	$\frac{9}{2}$	$\frac{9}{2}$	$\frac{9}{2}$	$\frac{9}{2}$
4	$\frac{3}{2}$	3	$\frac{9}{2}$	4	$\frac{7}{2}$	3
5	$\frac{3}{2}$	3	$\frac{9}{2}$	$\frac{7}{2}$	$\frac{5}{2}$	$\frac{3}{2}$
6	$\frac{3}{2}$	3	$\frac{9}{2}$	3	$\frac{3}{2}$	

よって，三角形 APQ の面積が最大となるさいころの目の出方の組み合わせ $(a,\ b)$ は，(3, 3)，

(3, 4)，(3, 5)，(3, 6)，(4, 3)，(5, 3)，(6, 3) の 7 通り。

(2)①点 P と点 Q の移動距離が等しいとき，点 P と点 Q の距離が最小となる。$a=2b$ となるのは $(a,\ b)=(2,\ 1)$，$(4,\ 2)$，$(6,\ 3)$ の 3 通り。よって，点 P と点 Q の距離が最小となる確率は，

$\dfrac{3}{36}=\dfrac{1}{12}$

②点 P と点 Q の距離が最大となる場合としては，次の㋐㋑が考えられる。

㋐点 P が頂点 F に，点 Q が頂点 L にある場合
点 Q は，$2b$ cm だけ進むから，頂点 I から 9 cm のところにある頂点 L で止まることはないので，このような場合は実際には起こらない。

㋑点 P が頂点 G に，点 Q が頂点 I にある場合
さいころの目の出方の組み合わせ $(a,\ b)$ が (6, 6) のとき，このような場合が起こる。

㋐㋑より，点 P と点 Q の距離が最大となる確率は，$\dfrac{1}{36}$

③切断面が三角形になるのは，$(a,\ b)$ が (3, 2)，(3, 3) となるときで，全部で 2 通りある。

❷ (1)① **1.2x 個** ② **0.7y 個** ③ **$x=15$，$y=20$**

(2)① **$p=3q$**
② **製品 A … 1 日に 18 個，製品 B … 1 日に 6 個**
③ **製品 A … 8 日間，製品 B … 2 日間**

解説 (1)①製品 A だけを作ると，製品 B だけを作るときに比べて，1 日に作ることができる製品の個数は 2 割多くなることから，

$(1+0.2)x=1.2x$（個）

②製品 A だけを作ると，製品 B だけを作るときに比べて，1 日に作ることができる製品の個数は 3 割少なくなることから，

$(1-0.3)y=0.7y$（個）

③次の連立方程式を解く。

$$\begin{cases} 1.2x+0.7y=32 & \cdots\text{(a)} \\ x+y=35 & \cdots\text{(b)} \end{cases}$$

(a)×5　$6x+3.5y=160$
(b)×6　$6x+6y=210$
　　　　　　　$2.5y=50$
　　　　　　　　$y=20$
(b)より，$x=15$
これらは問題に適している。
(2)①製品B1個の検査には，製品A1個の検査の3倍の時間がかかるから，$p=3q$
②次の連立方程式を解く。
$$\begin{cases} p=3q & \cdots\text{(a)} \\ 5p+8q=138 & \cdots\text{(b)} \end{cases}$$
(a)を(b)に代入して，
$5\times3q+8q=138$　$23q=138$
$q=6$
(a)より，$p=18$
これらは問題に適している。
③製品Aの検査スピードを1.5倍に上げると，製品Aは1日に$18\times1.5=27$（個）検査できるようになり，製品Bの検査スピードを2倍に上げると，製品Bは1日に$6\times2=12$（個）検査できるようになる。
この体制で，製品Aをr日間，製品Bをs日間検査したとすると，rとsには次のような関係がある。
$$\begin{cases} r+s=10 & \cdots\text{(c)} \\ 27r+12s=240 & \cdots\text{(d)} \end{cases}$$
(c)より，$r=10-s$
これを(d)に代入して，
$27(10-s)+12s=240$
$270-27s+12s=240$
$270-15s=240$
$15s=30$
$s=2$
(c)より，$r=8$
これらは問題に適している。

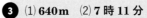

❸ (1)**640m**　(2)**7時11分**
(3)**下の図**

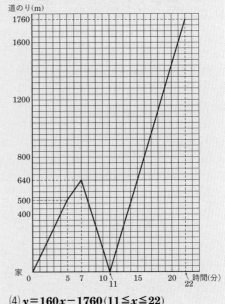

(4)$y=160x-1760\,(11\leqq x\leqq22)$
(5)ア…**23**　イ…**1**　ウ…**100**　エ…**196**

〔解説〕(1)英太さんと出会ったのは家を出てから5分後だから，それまでに歩いた道のりは$100\times5=500$（m）
落とし物をしたことに気づいたのは英太さんと出会ってから2分後だから，英太さんといっしょに歩いた道のりは$70\times2=140$（m）
よって，$500+140=640$（m）
(2)(1)より，640mの道のりを毎分160mの速さで走って帰ったから，落とし物をしたことに気がついてから家の前に戻ってくるまでの時間は，
$640\div160=4$（分）
よって，$5+2+4=11$より，7時11分
(3)7時11分以降は，毎分160mの速さで1760m先の学校まで走っているから，
$1760\div160=11$（分）
よって，11分後に学校に着いたことがわかる。
これらをグラフに表すと，上のようになる。

(4)(3)より，2点 (11，0)，(22，1760) を通る直線の式を求める。

x の値の範囲にも注意する。

(5)英太さんは，7時5分に文香さんの家から500mの地点にいたから，そこから毎分70mの速さで歩いた場合，学校に着く時刻は，

$(1760-500)\div70=18$（分）

$5+18=23$（分）

よって，7時23分なので，アは23

(3)のグラフより，文香さんは7時22分に学校に着いたから，$23-22=1$（分）より，イは1

また，グラフより，英太さんは7時5分に文香さんと出会い，7時13分に堂上先生に会うまでに毎分70mで8分歩いた。

文香さんの家から $500+70\times8=1060$ (m) の地点で堂上先生と会い，学校までの残り700mの道のりを先生といっしょに歩いている。文香さんの発言によると，英太さんは文香さんが着く2分前の7時20分に学校に着いていることがわかる。よって，英太さんは堂上先生と出会って7分後に学校に着いたことになる。英太さんと堂上先生が歩いた速さは，

$700\div7=100$ (m) より，毎分100mなので，ウは100

文香さんが7時11分に家の前で落とし物を拾ってから，7時20分までに学校に着くような速さで走っていたら，2人に会えたことになる。

$20-11=9$（分）で1760mを走ればよいので，

$1760\div9=195.55\cdots$ (m/分)

エには整数が入ることから，エは196

入試問題にチャレンジ

1

❶ (1) $3a+8b$ (2) $-4x^2$ (3) $x=4$，$y=6$
(4) $a=\dfrac{2S}{h}-b$

解説 (1) $2(5a-3b)-7(a-2b)$
$=10a-6b-7a+14b=3a+8b$

(2) $8x^2y\times(-6xy)\div12xy^2$

$=-\dfrac{8x^2y\times6xy}{12xy^2}=-4x^2$

(3) $\begin{cases} -x+2y=8 & \cdots① \\ 3x-y=6 & \cdots② \end{cases}$

$\begin{array}{r} ① \qquad -x+2y=8 \\ ②\times2 \quad +)\ 6x-2y=12 \\ \hline 5x \qquad\quad =20 \\ x=4 \end{array}$

$x=4$ を②に代入すると，$12-y=6$
$\qquad\qquad\qquad\qquad\qquad y=6$

(4)両辺を入れかえると，$\dfrac{1}{2}(a+b)h=S$

両辺に2をかけると，$(a+b)h=2S$

両辺を h でわると，$a+b=\dfrac{2S}{h}$

b を移項すると，$a=\dfrac{2S}{h}-b$

❷ (1)イ，エ (2) $45°$ (3) $\dfrac{7}{18}$

解説 (1)ア… $x=4$，$y=5$ を代入すると，
左辺$=5$，右辺$=4\times4+5=21$
よって，正しくない。
イ… $y=ax+b$ が右上がりの直線となるのは，
$a>0$ のときである。$a=4$ だから，正しい。
ウ… $x=-2$ のとき，
$y=4\times(-2)+5=-3$

$x=1$ のとき，$y=4\times1+5=9$

y の増加量は，$9-(-3)=12$ だから，正しくない。

エ…$y=ax+b$ のグラフは，$y=ax$ のグラフを y 軸の正の方向に b だけ平行移動させたものである。

よって，$y=4x+5$ のグラフは，$y=4x$ のグラフを y 軸の正の方向に 5 だけ平行移動させたものだから，正しい。

(2)右の図で，三角形の内角と外角の性質より，

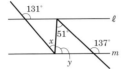

$\angle y+51°=137°$，

$\angle y=86°$

$\ell\parallel m$ より，同位角は等しいので，

$\angle x+\angle y=131°$

よって，$\angle x=131°-\angle y$

$\qquad\qquad=131°-86°=45°$

(3)下の表のように，起こりうる場合は全部で 36 通りあり，b が a の約数となる場合は，○印の 14 通りあるから，求める確率は，

$\dfrac{14}{36}=\dfrac{7}{18}$ である。

a＼b	1	2	3	4	5	6
1	○					
2	○	○				
3	○		○			
4	○	○		○		
5	○				○	
6	○	○	○			○

❸ Ⅰ…**90** Ⅱ…**45**

a…**2組の辺とその間の角**

(解説) Ⅱ…$\angle\mathrm{DAE}=\dfrac{1}{2}\angle\mathrm{DAB}=45°$

❹ 求める過程…(例)

単品ノートの売れた冊数を x 冊，単品消しゴムの売れた個数を y 個とする。セット A として売れたノートの冊数は

$(3x-1)$ 冊でセット A の売れた数と等しい。セット B として売れた消しゴムの個数は $2y$ 個でセット B の売れた数と等しい。

ノートは全部で 41 冊売れたので

$x+(3x-1)+3\times2y=41$

これを整理して

$2x+3y=21$ …①

売り上げの合計が 5640 円であるから

$120x+60y+160\times(3x-1)+370\times2y$
$=5640$

これを整理して

$3x+4y=29$ …②

①，②を連立方程式として解いて

$x=3,\ y=5$

これらは問題に適している。

答…$\begin{cases}$単品ノートの売れた冊数 **3冊**\\単品消しゴムの売れた個数 **5個**$\end{cases}$

②

❶ (1)**$14x-7y$** (2)**$8x^3$** (3)**$x=-3,\ y=-7$**
(4)**1**

(解説) (1)$3(2x-y)+2(4x-2y)$
$=6x-3y+8x-4y=14x-7y$

(2)$14x^2y\div(-7y)^2\times28xy$

$=14x^2y\div49y^2\times28xy=\dfrac{14x^2y\times28xy}{49y^2}$

$=8x^3$

(3)$\begin{cases}2x-y=1 & \cdots① \\ -3x+y=2 & \cdots②\end{cases}$

①＋②から $-x=3$ $x=-3$ …③

③を②に代入すると，$9+y=2$ $y=-7$

(4)$3(x+y)-(2x-y)=3x+3y-2x+y=x+4y$

これに $x=5,\ y=-1$ を代入すると，

$5+4\times(-1)=5-4=1$

2 (1) $78°$ (2)あ…3 い…5

(3) $\dfrac{5}{3}<b\leqq2$

(解説) (1) $\triangle$AFG で，内角と外角の性質より，

$\angle$AGB $=\angle$AFG $+\angle$GAF

　　　　$=56°+(90°-68°)=78°$

(2)右の表のように，起こりうる場合は全部で 10 通りあり，積が 3 の倍数となるのは 3 をふくむときだから 6 通りある。

1	2	3	4	5
○	○	○		
○	○		○	
○	○			○
○		○	○	
○		○		○
○			○	○
	○	○	○	
	○	○		○
	○		○	○
		○	○	○

よって，求める確率は，

$\dfrac{6}{10}=\dfrac{3}{5}$ である。

[別解]

残りの 2 枚の組み合わせは次の 10 通りある。

$\underline{\{1,\ 2\}},\ \underline{\{1,\ 3\}},\ \underline{\{1,\ 4\}},\ \underline{\{1,\ 5\}},$

$\underline{\{2,\ 3\}},\ \{2,\ 4\},\ \{2,\ 5\},$

$\{3,\ 4\},\ \{3,\ 5\},$

$\{4,\ 5\}$

取り出した 3 枚のカードに書いてある数の積が 3 の倍数になるのは，残りの 2 枚に 3 がふくまれないときだから，下線をひいた 6 通りある。

よって，求める確率は，$\dfrac{6}{10}=\dfrac{3}{5}$ である。

(3)$y=-\dfrac{1}{3}x+b$ のグラフが点 (2，1) と点 (3，1) を結ぶ線分と交わるとき，$\triangle$BOA の内部で，x 座標，y 座標がともに自然数となる点が (1，1)，(2，1) の 2 個ある。

点 (2，1) を通るとき，

$1=-\dfrac{1}{3}\times2+b,\ \ b=\dfrac{5}{3}$

点 (3，1) を通るとき，

$1=-\dfrac{1}{3}\times3+b,\ \ b=2$

よって，$\dfrac{5}{3}<b\leqq2$

3 (1)ア…$3a$ イ…$4a$ ウ…$3b$

(2)(正答例)

(方程式) $\begin{cases} x+y=-2 \\ x-y=-10 \end{cases}$

(計算) $x+y=-2$ …①

　　　　$x-y=-10$ …②

　　　　①＋②から，$2x=-12$

　　　　$x=-6$ …③

　　　　③を①に代入すると，$y=4$

(答)$x=-6,\ y=4$

(解説) (1)ア…1 列に並んだ 3 つの数の和が a で，その 3 列分だから，$a\times3=3a$

イ…1 列に並んだ 3 つの数の和が a で，その 4 列分だから，$a\times4=4a$

ウ…イの $4a$ には，b だけが 4 回加えられているから，1 回にするために $(4-1=)3$ 回分をひいて，$4a-b\times3=4a-3b$

よって，$3b$

(2)右図のように，中央の数を b，左上の数を c とする。

1 列に並んだ 3 つの数の和は等しいから，カとキより，

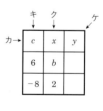

$c+x+y=c+6+(-8)$　$x+y=-2$ …①

クとケより，

$x+b+2=y+b+(-8)$ …②

これより，$x-y=-10$ …③

①と③を連立方程式として解くと，

①＋③から，$2x=-12,\ x=-6$ …④

④を①に代入すると，$y=4$

❹(例)

AP，AQ は円 O の接線であるから，

∠OPA＝∠OQA＝90° …①

AO は共通 …②

円 O の半径であるから，

OP＝OQ …③

①，②，③より，直角三角形の斜辺と他の
1 辺がそれぞれ等しいから，

△APO≡△AQO

❶ (1) $\dfrac{9x-5y}{6}$　(2) $36ab^3$　(3) $x=-5, \ y=4$

　(4) $b=\dfrac{30}{a}$

(解説) (1) $\dfrac{2x+y}{3}+\dfrac{5x-7y}{6}$

$=\dfrac{2(2x+y)+(5x-7y)}{6}$

$=\dfrac{4x+2y+5x-7y}{6}=\dfrac{9x-5y}{6}$

(2) $12a^2b^3\div\dfrac{4}{3}ab^2\times(-2b)^2$

$=12a^2b^3\div\dfrac{4ab^2}{3}\times4b^2$

$=\dfrac{12a^2b^3\times3\times4b^2}{4ab^2}=36ab^3$

(3) $\begin{cases}x-y+1=3x+7\\x-y+1=-2y\end{cases}$ より，

$\begin{cases}-2x-y=6\\x+y=-1\end{cases}$

この連立方程式を解くと，

$x=-5, \ y=4$

[参考]

次のように組み合わせてもよい。

$\begin{cases}x-y+1=3x+7\\3x+7=-2y\end{cases}$ より，

$\begin{cases}-2x-y=6\\3x+2y=-7\end{cases}$

または，$\begin{cases}x-y+1=-2y\\3x+7=-2y\end{cases}$ より，

$\begin{cases}x+y=-1\\3x+2y=-7\end{cases}$

(4)三角形の面積の公式より，$\dfrac{1}{2}ab=15$

両辺に 2 をかけると，$ab=30$

両辺を a でわると，$b=\dfrac{30}{a}$

❷ (1) $3\leqq y\leqq9$　(2) $70°$

　(3)(a) $\dfrac{1}{4}$　(b) $\dfrac{1}{3}$　(c)イ

(解説) (1) $x=1$ のとき，$y=2\times1+1=3$

$x=4$ のとき，$y=2\times4+1=9$

よって，$3\leqq y\leqq9$

(2)多角形の外角の和は 360° だから，

∠$x=360°-(60°+90°+35°+105°)=70°$

(3)青玉 3 個を青1，青2，青3，白玉 2 個を白1，
白2，赤玉 1 個を赤1 と表すと，下の表のように，
起こりうる場合は全部で 36 通りある。

このうち，青玉が 2 回出る場合は，a と記入し
た 9 通りあるから，その確率は，$\dfrac{9}{36}=\dfrac{1}{4}$ となる。

また，青玉と白玉が 1 回ずつ出る場合は，b と
記入した 12 通りあるから，その確率は，

$\dfrac{12}{36}=\dfrac{1}{3}$ である。

2回目／1回目	青1	青2	青3	白1	白2	赤1
青1	a	a	a	b	b	
青2	a	a	a	b	b	
青3	a	a	a	b	b	
白1	b	b	b			
白2	b	b	b			
赤1						

❸ 男子 190 人，女子 175 人

（解説）男子の生徒数を x 人，女子の生徒数を y 人とする。A 中学校の生徒数について，

$x + y = 365$ …①

運動部に所属している生徒数について，

$\dfrac{80}{100}x + \dfrac{60}{100}y = 257$ …②

①と②を連立方程式として解くと，

①×6－②×10 から， $-2x = -380$,

$x = 190$ …③

③を①に代入すると， $y = 175$

これらは問題に適している。

❹ (1) 下の図

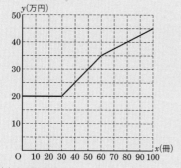

(2) 80 冊以上

（解説） (1) $x = 60$ のとき，

$y = 20 + 0.5 \times (60 - 30) = 35$

$x = 100$ のとき，

$y = 35 + 0.25 \times (100 - 60) = 45$

よって，3 点 (30, 20)，(60, 35)，(100, 45) を順に直線で結ぶ。

［参考］

$30 \leqq x \leqq 60$ のとき， $y = 0.5x + 5$

$60 \leqq x \leqq 100$ のとき， $y = 0.25x + 20$

(2) 1 冊あたりの作成費用が 5000 円となるとき，$y = 0.5x$ と表せる。このグラフを(1)のグラフにかき入れると下のようになる。

よって，交点の x 座標が 80 だから，80 冊以上のときである。

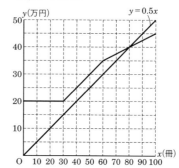

❺ （例）

△ABP と △CAQ において，

仮定から，∠APB＝∠CQA＝90° …①

△ABC は，∠BAC＝90° の直角二等辺三角形だから，

AB＝CA …②

∠CAD＋∠DAB＝90°

$\ell /\!/ m$ より，

∠DAB＋∠BAP＝∠PAD＝90° だから，

∠CAD＝∠BAP …③

$\ell /\!/ n$ より，平行線の錯角は等しいから，

∠CAD＝∠ACQ …④

③，④から，∠BAP＝∠ACQ …⑤

①，②，⑤より，直角三角形の斜辺と 1 つの鋭角がそれぞれ等しいから，

△ABP≡△CAQ